中国美术·设计分类全集

视觉传达设计
图书整体设计基础

THE COMPLETE
WORKS OF CHINESE
ART DESIGN CLASSIFICATION

[设计基础卷]

辽宁美术出版社

图书在版编目（ＣＩＰ）数据

视觉传达设计：图书整体设计基础 ／ 吴东等编著
. --沈阳:辽宁美术出版社，2013.3
（中国美术·设计分类全集）
ISBN 978-7-5314-5379-6

Ⅰ. ①视… Ⅱ. ①吴… Ⅲ. ①书籍装帧—设计 Ⅳ.
①TS881

中国版本图书馆CIP数据核字(2013)第056771号

出 版 者：辽宁美术出版社
地 址：沈阳市和平区民族北街29号 邮编：110001
发 行 者：辽宁美术出版社
印 刷 者：辽宁美术印刷厂
开 本：889mm×1194mm 1/16
印 张：32.5
字 数：580千字
出版时间：2013年3月第1版
印刷时间：2013年3月第1次印刷
责任编辑：苍晓东 李 彤 申虹霓 郭 丹 方 伟
技术编辑：鲁 浪 徐 杰 霍 磊
责任校对：张亚迪 徐丽娟 黄 鲲
ISBN 978-7-5314-5379-6
定 价：190.00元

邮购部电话：024-83833008
E-mail:lnmscbs@163.com
http://www.lnmscbs.com
图书如有印装质量问题请与出版部联系调换
出版部电话：024-23835227

总目录/CONTENTS

The Complete–
works

Chinese of
Design art Classifi –
cation

Art
Design

of Works

序言

　　自20世纪80年代始，随着中国全面推进改革开放，中国的艺术设计也在观念上、功能上与创作水平上发生了深刻的变化，并对中国社会经济的发展产生了积极的影响。作为发展中国家，中国当代艺术设计不可避免地受到西方和日本设计的影响，同时中国艺术设计的起步也明显地受到香港、台湾地区的直接影响。经过短短二十余年的努力，中国艺术设计水平得到了惊人的提升，在全球一体化的背景下，中国的艺术设计正在成为国际艺术设计的一个重要组成部分。

　　近年来，中国艺术设计领域也在不断演化、更新，融合了更多的新学科、新概念，艺术设计教学也不断开拓、不断细化、不断整合。其形态范畴从传统的建筑设计（包含环境艺术设计）、产品设计、视觉传达设计、服装设计延展到动画设计、信息设计、多媒体设计、设计管理策划、设计批评等诸多方向。

　　实用与完美结合的设计观念始终是艺术设计宗旨和终极目标。我社精心推出的图书馆配书《版式设计》《插图创意设计》《品牌形象设计》《书籍装帧设计》便是有很强实用价值的艺术设计类系列丛书。这些艺术设计作品不是简单的信息罗列、空间再造、产品功能或图形文字的构成，而是大多结合其文化背景和实际商业需求来进行艺术设计创作，其手法也是多样的，从直观到隐喻，从抽象到具象，从无序到有序，力求把美感与功能达至完美的统一。读者可以从本套丛书中领略到这些艺术设计作品是如何与受众沟通交流的。他山之石，可以攻玉，也许我们能在这些优秀艺术设计作品中得到借鉴和启迪。

Preface

Since 1980s, along with fully reforming and opening up in China, Chinese artistic designing has undergone profound changes from concept, function as well as creation level. It also makes an active effect on economic development in our society. As a developing country, of course, our modern artistic designing is influenced by Japan and Western countries, at the same time, our artistic designing is also influenced directly by Hong Kong, Taiwan. Only after about 20 years' efforts, the level of Chinese artistic designing has been improved by surprise. In the social background of global integration, Chinese artistic designing has been being an important part of International artistic designing.

In recent years, Chinese artistic designing has experienced a constant evolution, being renewed with more new subjects and new concepts, at the same time, artistic designing teaching has development, specification and integration continuously, the formation category of which has been extended from traditional Architectural Design (including environment artistic designing), product designing, Visual Communication Designing, costume designing to animation designing, information designing, multi-media designing, design planning management, design criticism etc. aspects.

The purpose and the final target of artistic designing are to connect perfect designing idea with practical use. Our agency published elaborately for library called Design of Animation, Color of Animation, Animation Style Design, Animation Scene Design, Audio-visual Language of Animation, belonging to a series of artistic design book, all of which are full of strong practical value. These artistic designing products are not simply listed information, reconstructing space, describing the functions or showing pictures together. They are the creative artistic design based on their culture background and real commercial requirements with various designing methods from intuition to obscure vision, from abstraction to specification, from disorder to order, trying to connect sense of beauty and function perfectly. Readers could understand how these artistic designing products communicate with audience. "Stones from other hills may serve to polish jade." We would get some enlightenment and learn some significance from these excellent artistic designing products.

The Complete–
works

第一篇/版式设计

Chinese of
Design art Classifi –
cation

Art
Design

of Works
Complete

编著/吴 烨

目录 contents

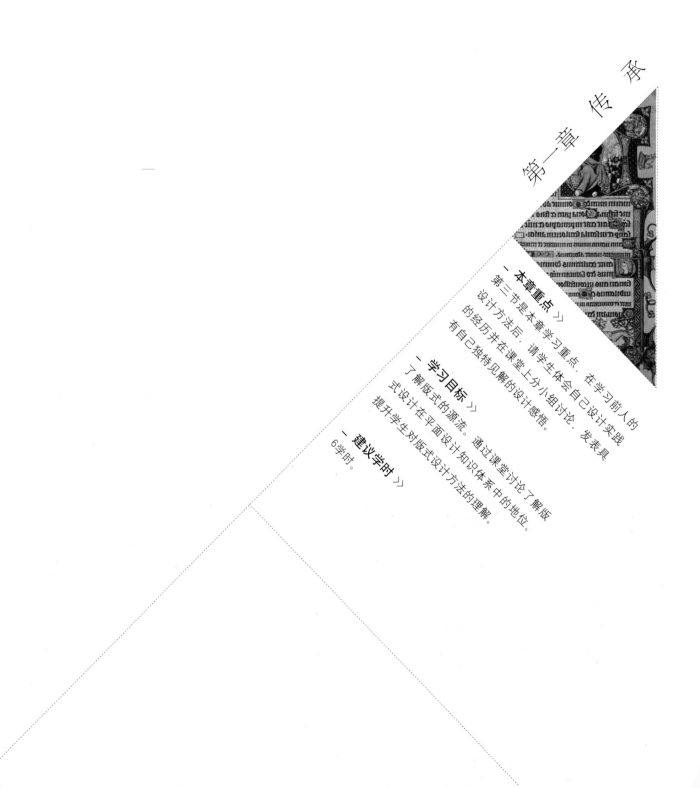

第一章 传承

本章重点》

第三节是本章学习重点，在学习前人的设计方法后，请学生体会自己设计实践的经历并在课堂上分小组讨论，发表具有自己独特见解的设计感悟。

学习目标》

了解版式的源流。通过课堂讨论了解版式设计在平面设计知识体系中的地位。提升学生对版式设计方法的理解。

建议学时》

6学时。

第一章　传承

第一节 ///// 版式的源流

一、文字、版式起源

1.汉字、版式的历史

汉字已经有了近6000年的历史。文字是人类传达感情、表达思想的工具。记录语言的图形符号是世界上最古老的文字，除了中国文字外，还有苏美人、巴比伦人的楔形文字、埃及人的圣书文字和中美洲的玛雅文字，这些文字造就了古文明的历史成就。中国文字的主要发展历史，包括甲骨文、金文、大篆、小篆、隶书、草书、行书、楷书、老宋等。书籍形式发展经历了卷轴装、经折装、旋风装、蝴蝶装、包背装、线装的演变。

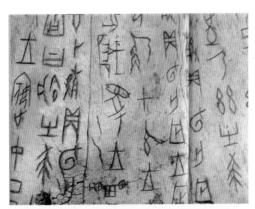

甲骨文

石刻

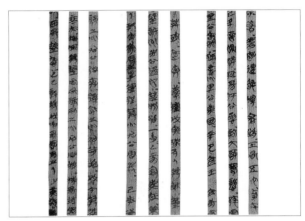

简策

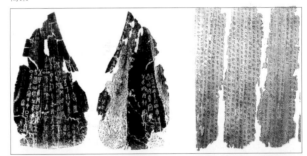

帛书

中国古典书籍形式　卷轴装

中国古典书籍形式 经折装

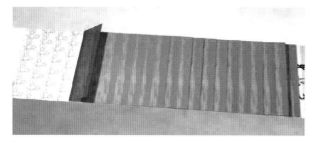

中国古典书籍形式 旋风装

中国古典书籍形式 蝴蝶装

中国古典书籍形式 包背装

中国古典书籍形式 线装

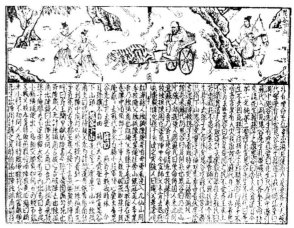

中国古典版式

2.拉丁文字起源

拉丁字母起源于图画，它的祖先是复杂的埃及象形字。大约6000年前在古埃及的西奈半岛产生了每个单词有一个图画的象形文字。经过了腓尼基亚的子音字母到希腊的表音字母，这时的文字是从右向左写的，左右倒转的字母也很多。最后罗马字母继承了希腊字母的一个变种，并把它拉近到今天的拉丁字母，从这里开始了拉丁字母历史有现实意义的第一页。

当时的腓尼基亚人对祖先的30个符号加以归纳整理，合并为22个简略的形体。后来，腓尼基亚人的22个字母传到了爱琴海岸，被希腊人所利用。公元前1世纪，罗马实行共和时，改变了直线形的希腊字体，采用了拉丁人的风格明快、带夸张圆形的23个字母。最后，古罗马帝国为了控制欧洲，强化语言文字沟通形式一致，也为了适应欧洲各民族的语言需要，由I派生出J，由V派生出U和W，遂完成了26个拉丁字母，形成了完整的拉丁文字系统。

罗马字母时代最重要的是公元1到2世纪与古罗马建筑同时产生的在凯旋门、胜利柱和出土石碑上的严正典雅、匀称美观和完全成熟了的罗马大写体。文艺复兴时期的艺术家们称赞它是理想的古典形式，并把它作为

古埃及的象形文字

中世纪的手抄本之一

中世纪的手抄本之二

学习古典大写字母的范体。它的特征是字脚的形状与纪念柱的柱头相似，与柱身十分和谐，字母的宽窄比例适当美观，构成了罗马大写体完美的整体。

西方历史上有记载的版面形式出现在古巴比伦，约公元前3000年。两河流域的苏美尔人最先创造了原始版面的形式。

二、印刷时代

1.古腾堡时期

时间：约1450年—约1500年。

在金属活字印刷技术的发明之前，西方的平面设计主要依赖于手抄本和木版印刷。手抄本的设计特点主要是：广泛采用插图和广泛进行书籍、字体的装饰，注重大写字母特别是首字母的装饰，风格华丽；注重插图的设计，采用的插图与文章内容密切相关，对于插图边框讲究装饰。木版印刷是西方在掌握了中国的造纸和印刷技术之后才开始盛行的。

15世纪前后，由于经济和文化的迅速发展，手抄本和木版印刷都已经无法满足社会对于书籍的越来越大的需求，因此西方各国都设法发明新的、效率高的印刷方法。约在1439年到1440年期间，古腾堡已经开始研究印刷技术了。他采用铅为材料造字模，利用金属字模进

中世纪的手抄本之三

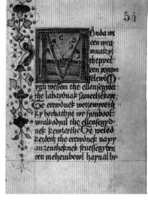

中世纪的手抄本之四

行印刷。他用了十多年时间，才印出他的第一本完整的书，称之为《三十一行书信集》，是西方最早的活字印刷品。古腾堡对于金属活字及金属活字印刷的发明，使具有现代意义的"排版"印刷取代旧式的木版印刷成为可能，为催生真正意义上的"版面设计"清除了技术障碍，从而拉开了西方平面设计大发展的序幕。

2.文艺复兴时期

时间：约14世纪—约16世纪上半叶。

文艺复兴标志着从中世纪到现代时期的过渡。从文

学、艺术的特点来看，是把古罗马、古希腊的风格加以发挥，达到淋漓尽致的地步。随着古典艺术、建筑及人文主义复兴，涌现出了如达·芬奇、米开朗琪罗等著名的艺术大师，对于平面设计而言，更多的是反映在书籍插图上，从而大大地扩展了读者的视野和想象的空间。

文艺复兴时期的平面设计，最显著的一个特色是对于花卉图案装饰的喜爱。书籍中大量采用花卉、卷草图案装饰，文字外部全部用这类图案环绕。显得非常典雅和浪漫。无论是在字体设计上还是在版面设计上，都讲究工整、简洁，首字母装饰是主要的装饰因素，往往采用卷草环绕首字母，使整体设计具有工整中有变化的特点。版面布局崇尚对称的古典风格。

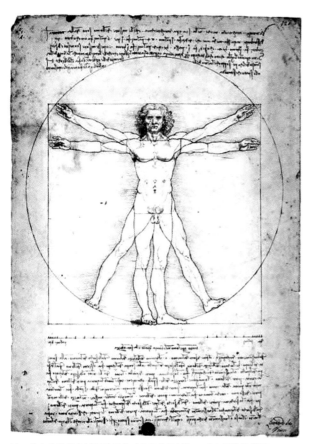

达·芬奇为数学家帕西欧里的《神奇的比例》一书中所做的插图

意大利文艺复兴时期，印刷和平面设计的重要代表人物阿杜斯·玛努提斯于1501年首创 "口袋书"的袖珍尺寸书籍（罗马诗人维吉尔的作品《歌剧》），开创了日后称为"口袋书"的先河。该书全部采用斜体字体印刷，这是世界上第一本全部采用斜体印刷的书籍。

三、后印刷时代

平面设计经过文艺复兴时期有声有色的发展之后，在整个17世纪显得比较沉寂。除了世界上第一张报纸《阿维沙关系报》日报于1609年在德国的奥格斯堡问世这一重要的突破之外，其他就较少巨大的成就。但是18世纪的情况就大不一样了，巴洛克、洛可可等相继给沉寂了许久的平面设计带来了全新的发展。

1.巴洛克风格

时间：约1550年—约1760年。

巴洛克风格总的来说，是一种过分强调雕琢和装饰奇异的艺术和建筑风格，倾向于豪华、浮夸，并将建筑、绘画、雕塑结合成一个整体，追求动势的起伏，以求造成幻象的建筑形式。巴洛克风格酷爱曲线和斜线，剧烈扭转，做壮观的游戏，展示一切可以造成人们惊奇赞叹的东西。巴洛克风格的平面设计，追求的是严肃、高贵、丰富、高雅，其特征是采用大胆的曲线结构、繁杂的装饰和无联系部分间的整体平衡，版面布局比较讲究对称，色彩设计强烈。

2.洛可可风格

时间：约1720年—约1770年。

洛可可风格是一种紧跟巴洛克风格之后起源于18世纪欧洲的艺术风格，它是精心刻意地用大量的涡卷形字体、树叶及动物形体点缀装饰的艺术风格，尤其是在建筑和装饰艺术领域，因过度装饰而造成表现形式过分讲究，具有矫饰的优雅之感。

洛可可风格的平面设计，强调浪漫情调，大量采用

"C"形和"S"形曲线纹样作为装饰手段，色彩上比较柔和，广泛采用淡雅的色彩设计，比如粉红、粉蓝、粉绿等，也大量采用金色和象牙白色，版面布局往往采用非对称（均衡）的排列方法，字体也时常采用花哨的书体，花体字成为书籍封面和扉页上最常用的字体。版面华丽，给人以浮华纤巧、温柔典雅之感。

3."现代"版面的雏形

随着时间的推移，平面设计界和印刷出版界以及广大读者对弥漫已久的矫饰的"洛可可风格"越来越感到厌倦，渴望创造出一种新的设计风格来取代矫揉造作的洛可可风格。意大利人波多尼成为肩负起这个时代责任的设计家，他创造出的"现代"体系以及对"现代"版面的探索影响到后来的平面设计的发展。

所谓"现代"体系，是依托罗马体发展出来的一个新的具有系列字体的体系，被视为新罗马体。这种字体体系的特点是：非常清晰典雅，又较之古典的罗马体具有更良好的传达功能。

4.工业革命

时间：约1760年—约1840年。

古罗马花草图案装饰的罗马体字母X

古罗马花草图案装饰的罗马体字母A

古罗马花草图案装饰的罗马体字母D

古罗马花草图案装饰的罗马体字母Z

古罗马花草图案装饰的罗马体字母Q

随着生产力和社会总收入的急剧提高,巨大的社会需求直接促进了平面设计的大发展:产品自身需要设计、产品包装需要设计、产品广告需要设计、大量的出版物需要设计。因此可以说,现代平面设计是工业革命的直接后果。工业化大生产为手工业制作时代画上了句号,从而导致各行各业的日益精细的劳动分工,当然也包括平面设计——字体设计、版面设计、印刷加工等各个环节走上了专业化分工的道路。从平面设计角度来看,工业革命除了促进了专业化分工之外,在这个时期里摄影技术和彩色石版印刷技术的发明,更是极大地推动了平面设计的快速发展。

(1)欧美字体设计大爆炸

英文字母,原来唯一的功能是阅读性的传达功能,而在商业活动中,字母不再单是组成单词的一个部分,它本身也被要求具有商业象征性,能够以独具个性、特征鲜明、强烈有力的形式起到宣传的形式作用。这种要求自然造成字体设计的大兴盛。在19世纪初叶短短的几十年中,涌现出了无数种新字体。

(2)木刻版海报在商业广告上的广泛应用

木刻海报兴盛于1830年,衰退于1870年。古老的木刻技术之所以在这一时期得到进一步的发展,主要是由于商业海报对于具有精致细节装饰的字体和大尺寸字体的需求所造成的,因为当时的金属铸字技术均难以满足上述字体需求,而造成木刻海报衰退的主要原因有两个方面:一方面是彩色石版印刷的发展,无论是在印刷质量还是在生产便利性方面,均超过了旧式的活字排版印刷方式,自然而然地就取代了木刻活字印刷;另一方面是一些娱乐业的衰落导致海报的需求量骤减造成的。

(3)印刷、排版技术的突破性革命

在印刷技术方面取得突破性革命的是,蒸汽动力印刷机和造纸机的发明及改进,大大降低了印刷成本,使印刷品真正能够服务大众、服务社会。在排版技术方面取得突破性革命的是,机械排版取代了传统手工排版,解决了阻碍印刷速度提高的一大障碍。1830年前后,印刷业开始进入鼎盛时期,各种印刷品如书籍、报纸等大量出版,直接促进了平面设计的发展。

5.维多利亚时期

时间:1837年—1914年

亚历山大利娜·维多利亚自1837年登基,在位时间长达2/3世纪,这个时期被称为"维多利亚时期",历史学家往往把维多利亚时期的结束时间定为1914年第一次世界大战爆发时为止。

维多利亚时期的设计,最显著的一个特点就是对中世纪哥特艺术的推崇,与巴洛克风格相似,矫揉造作、烦琐装饰、异国风气占了非常重要的地位,维多利亚时代的设计通常是感情奔放、色彩绚烂,显得豪华瑰丽,具有强烈的视觉冲击力,但略显得轻薄、烦琐,易给人以矫揉造作之感。维多利亚时期往往把欧洲和美国,特别是英语国家亦包括其中,这个时期对于设计的很多重要贡献都是来自美国的。维多利亚时期的上半期,平面设计风格主要在于追求烦琐、华贵、复杂装饰的效果,因此出现了烦琐的"美术字"风气。字体设计为了达到华贵、花哨的效果,广泛使用了类似阴影体、各种装饰体。版面编排上的烦琐、讲究版面布局的对称也是这个时期平面设计的重要特征。

维多利亚时期的下半期,平面设计的烦琐装饰风格,因为金属活字的出现和新的插图制版技术的刺激,达到了登峰造极的地步。字体设计家在软金属材料上直接刻制新的花哨字体,

然后通过电解的方法,制成印刷模版。彩色石版印刷的发明和发展,更是给平面设计的烦琐装饰化带来了几乎无所不能的手段。

6.工艺美术运动

时间:1864年—约1896年

"工艺美术运动"起源于英国,其背景是工业革命以后的工业化大生产和维多利亚时期的烦琐装饰导致设计

颓败，英国和其他国家的设计师希望通过复兴中世纪的手工艺传统，从哥特艺术、自然形态及日本装饰设计中寻求借鉴，来扭转这种设计状况，从而引发的一场设计领域的国际运动。

这场运动的理论指导是英国美术评论家和作家约翰·拉斯金，主要代表人物是艺术家、诗人威廉·莫里斯，他在1860年前后开设了世界上第一家设计事务所，通过自己具有鲜明"工艺美术"运动风格的设计实践，促进了英国和世界的设计发展。在莫里斯的设计中，广泛采用植物的纹样和自然形态，大量的装饰都有东方式的、特别是日本式的平面装饰特征，以卷草、花卉、鸟类等为装饰动机，展示出新的平面设计风格和特殊的艺术品位。

"工艺美术运动"从英国发起后于19世纪80年代传到其他欧美国家，并影响了几乎所有欧美国家的设计风格，从而促使欧洲和美国掀起了另外一个规模更大的设计运动——"新艺术"运动。

威廉·莫里斯《呼啸平原的故事》

7. 新艺术运动

时间：约1890年—约1910年

"新艺术"运动是在欧美产生和发展的一次的装饰艺术运动，其影响面几乎波及所有的设计领域，包括雕塑和绘画艺术都受到它的影响，是一次非常重要的、强调手工艺传统的、并具有相当影响力的形式主义运动。

"新艺术"运动与"工艺美术"运动有着许多相似之处，但是二者亦存在明显区别："工艺美术"运动比较重视中世纪的哥特风格，"新艺术"运动则基本放弃传统装饰风格的借鉴，强调自然主义倾向，在装饰上突出表现曲线和有机形态。体现在平面设计上，大量地采用花卉、植物、昆虫作为装饰手段，风格细腻、装饰性强，常被称为"女性风格"，与简单朴实的"工艺美术"运动风格强调比较男性化的哥特风格形成鲜明对照。

另外，象征主义作为19世纪末的一个显著的艺术运动流派，对"新艺术"运动也造成了一定的影响。象征主义，其理论基础是主观的唯心主义，反对写实主义与印象主义，主张用晦涩难解的语言刺激感官，产生恍惚、迷离的神秘联想，即所为"象征"。高更是象征派美术运动的先导者。

这个时期具有代表性的平面设计大师有：被称之为"现代海报之父"的朱利斯·谢列特（法国）、

英国工艺美术运用作品

亨利德·图卢兹·劳德里克　JobT 香烟广告

亨利德·图卢兹·劳德里克（法国）和最典型的"新艺术"设计风格代表人物阿尔丰斯·穆卡（法国）、彼德·贝伦斯（德国）等。

8.现代艺术运动

时间：约 20 世纪初—约 20 世纪 60 年代

现代艺术运动时期大约从 20 世纪初的"野兽主义"运动开始，其源流可以追溯到法国的印象主义，止于第二次世界大战结束时期美国的"抽象表现主义"运动结束，前后历经了半个多世纪。

在众多的现代艺术运动中，有不少对于现代平面设计带来了相当程度的影响，特别是形式风格上的影响。其中以立体主义的形式、未来主义的思想观念、达达主义的版面编排、超现实主义对于插图和版面的影响最大。

（1）野兽主义对平面设计的影响

在 1905 年的巴黎秋季沙龙中，展出了一批风格狂野、艺术语言夸张、变形而颇有表现力的作品，被人们称作"野兽群"，由此"野兽主义"（Fauvism）得名。野兽主义虽然持续的时间不长，但它以强烈的装饰性趣味和形式感对包括平面设计在内的现代艺术，产生了深远的影响。

（2）立体主义对平面设计的影响

立体主义运动起源于法国印象派大师保罗·塞尚，塞尚提出"物体的演化都是从原本物体的边与角简化而来的"，他所说的："自然的一切，都可以从球形、圆锥形，圆筒形去求得"，成为立体派的绘画理论。立体派的画家重视直线，忽视曲线，运用基本形体开始几何学上的构图，把所画的物体打破成许多不同的小平面，强调画中要把物体的长、宽、高、深度同时表现出来。立体派艺术受到黑人雕刻及东方绘画的影响，其创作方法是对物体由四面八方的观察，然后将物体打破肢解，再由画家的主观意识将碎片整理凑合，完成一个完整的艺术。

立体主义最重要的奠基人是来自西班牙的帕布罗·毕加索和法国的乔治·布拉克。立体主义绘画是在 1907 年以毕加索的作品《亚维农的少女》为标志开始的，该

德比罗　平面广告　1829 年

毕加索　《格尔尼卡》　1937 年

运动从1908年开始一直延续到20世纪20年代中期为止，对20世纪初期的前卫艺术家带来非常重大的影响，并直接导致了新艺术运动的出现，如达达主义、超现实主义、未来主义和其他形式的抽象艺术等。可以说立体主义是20世纪初期的现代主义艺术运动的核心和源泉。

另外特别要提到的是毕加索和布拉克于1912年发明的拼贴绘画技术，使绘画的色彩表现、画面的结构和肌理更加复杂，为丰富平面设计的表现形式及视觉效果起到了有益的启示。

（3）未来主义运动

未来主义运动是于20世纪初期在意大利出现的一场具有影响深刻的现代主义艺术运动。虽然未来主义只有短短的五六年，但是未来主义的观念给之后的达达主义及现代抽象艺术带来了很大的影响。未来主义的准则简单来说就是"动就是美"，反对任何传统的艺术形式，认为真正艺术创作的灵感来源于意大利和欧洲的技术成就，而不是古典的传统。其核心是表现对象的移动感、震动感，趋向表达速度和运动。

反映在平面设计上主要是自由文字风格的形成，文字不再是表达内容的工具，文字在未来主义艺术家手中，成为视觉的因素，成为类似绘画图形一样的结构材料，可以自由安排，自由布局，不受任何固有的原则限

福特纳多·德比罗　版面设计　1927年

制，在版面编排上，推翻所有的传统编排方法，强调字母的混乱编排造成的韵律感，而不是它们所代表和传达的实质意义。

未来主义在平面设计上的高度自由的编排，后来被国际主义风格所否定。但在20世纪80年代到至90年代，又被设计界重新得到重视，成为时尚。

（4）达达主义运动对平面设计的影响

达达主义运动发生于第一次大战期间，由马谢·杜象在纽约领导，影响到现在艺术活动中的每个新艺术运动，现代艺术可以说都是达达的变奏或展开。达达主义主要的发展时期是1915年至1922年，是高度无政府主义的艺术运动。其强调自我，非理性，荒谬和怪诞，杂乱无章和混乱，是特殊时代的写照。

达达主义对平面设计的影响最大的是在于以拼贴方法设计版面，以照片的摄影拼贴方法来创作插图，及版面编排上的无规律化、自由化，也是重在视觉效果，与未来主义有相似之处。差不多同时期出现的构成主义和风格派，在具体的视觉设计上，与达达和未来有相当类似的地方。达达主义运动对于传统的大胆突破，对偶然性、机会性的强调，对于传统版面设计原则的突破，都对平面设计具有很大影响。达达主义对未来主义的精神

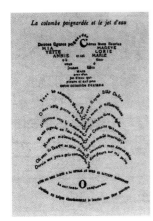

阿波里涅　《书法》
诗歌版面　1918年

马利耐蒂　《每天晚上她一遍又一遍
读着前方炮友给她的信》1919年

海报

杜斯伯格《稻草人进行曲》
1922 年

海报

和形式加以探索和发展,继而为超现实主义的产生奠定了基础。

（5）超现实主义对平面设计的影响

超现实主义是继达达主义之后重要的现代主义艺术运动。超现实主义的正式开端是1924年《超现实主义宣言》发表的时候,首先在法国展开,立即受西班牙画家的欢迎,很快普及到全世界,影响到了美术、文学、雕刻、戏剧、戏剧舞台、电影、建筑等艺术领域,所以超现实

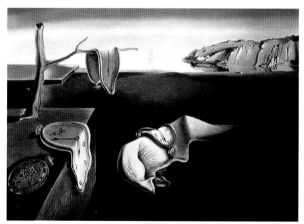

达利 《记忆的永恒》1913 年

主义可以说是影响全世界的新文艺运动。1945年后"新具象"在巴黎兴起,超现实主义才渐渐没落。

超现实主义认为"美是在解放了的意识中那些不可思议的幻象与梦境",所以超现实主义是一种超理性、超意识的艺术。超现实主义的画家不受理性主义的限制而凭本能及想象,表现超现实的题材。他们自由自在地生活在一种时空交错的空间,不受空间与时间的束缚,表现出比现实世界更真实更有意义的精神世界。超现实主义艺术创作的核心,是表现艺术家自己的心理状态、思想状态,比如梦、下意识、潜意识。

超现实主义的代表艺术家有:安德烈·马松、林恩·马格里特、依佛斯·唐吉、萨尔瓦多·达利。超现实主义对平面设计的影响主要是意识形态和精神方面的。在设计观念上,对于启迪创造性有一定的促进作用。

9.装饰艺术运动

装饰艺术运动是在20世纪20—30年代在法国、英国、美国等国家展开的设计运动,它与欧洲的现代主义运动几乎同时发生,彼此都有一定的影响。

随着现代化与工业化逐渐改变了人们的生活方式,艺术家们也尝试着寻找一种新的装饰使产品形式符合现代生活特征。1925年在巴黎举办了大型展览"装饰艺术展览",该展览向人们展示了"新艺术"运动后的建筑与装饰风格,在思想与形式上是对"新艺术"运动的矫饰的反动,它反对古典主义与自然主义及单纯手工艺形态,而主张机械之美,从现代设计发展历程看,它是具有积极的时代意义的。"装饰艺术"运动并非单纯的一种风格式样运动,它在很大程度上还属于传统的设计运动。即以新的装饰替代旧的装饰,其主要贡献是对现代内容在造型与色彩上的表现,显出时代特征。"装饰艺术"重视色彩明快、线条清晰和具有装饰意味,同时非常注重平面上的装饰构图,大量采用曲折线、成棱角的面、抽象的色彩构成,产生高度装饰的效果。

在"装饰艺术"运动的影响之下,以及现代主义艺

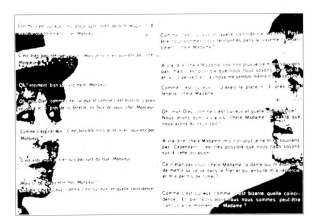

罗伯特·玛辛《秃头歌女》

罗伯特·玛辛《秃头歌女》

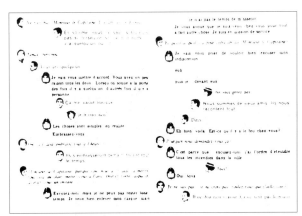

罗伯特·玛辛《秃头歌女》

罗伯特·玛辛《秃头歌女》

罗伯特·玛辛《秃头歌女》

罗伯特·玛辛《秃头歌女》

术运动特别是立体主义运动的影响下，欧美一些国家出现了以海报为中心的新平面设计运动，该运动以绘画为设计的核心，同时又受现代主义艺术运动影响，因此称为"图画现代主义"运动，这个运动的新风格和形式对于日后的现代商业海报发展有很大的影响作用。

10.现代主义设计运动

现代设计的思想和形式基础主要源于"构成主义"、"风格派"和"包豪斯"这三个现代主义设计运动最重要的核心，这三个运动主要集中在俄国、荷兰和德国三个国家开始进行试验。俄国的"构成主义"运动是意识形态上旗帜鲜明地提出设计为无产阶级服务的一个运动，而荷兰的"风格派"运动则是集中于新的美学原则探索的单纯美学运动，德国的"现代设计"运动从德意志"工作同盟"开始，到包豪斯设计学院为高潮，集欧洲各国设计运动之大成，初步完成了现代主义运动的任务，初步搭起现代主义设计的结构，战后影响到世界各地，成为战后"国际主义设计运动"的基础。

（1）俄国构成主义设计运动（约1917年—1924年）

构成主义设计运动，是俄国十月革命胜利前后产生的前卫艺术运动和设计运动，为抽象艺术的一种。

构成主义的特征主要有：简单、明确，采用简明的纵横版面编排为基础，以简单的几何形和纵横结构来进行平面装饰，强调几何图形与对比。构成主义的探索，从根本上改变了艺术的"内容决定形式"的原则，其立场是"形式决定内容"。构成主义的三个基本原则是：技术性、肌理、构成。

构成主义在设计上集大成的主要代表是李西斯基，他对于构成主义的平面设计风格影响最大。其设计具有强烈的构成主义特色：简单、明确，采用简明扼要的纵横版面编排为基础，字体全部是无装饰线体，平面装饰的基础仅仅是简单的几何图形和纵横结构而已。他在平面设计上另外一个重大贡献是广泛地采用照片剪贴来设计插图和海报。他可以说是现代平面设计最重要的创始人之一。

构成主义为后来的现代主义和国际主义形成打下了基础。

罗钦科《左翼艺术》
杂志封面　1923年

李西斯基《主题》
杂志封面　1922年

（2）风格派（1917年—1931年）

风格派是荷兰的现代艺术运动，又称"新造型主义"，是与构成主义运动并驾齐驱的重要现代主义设计运动之一。蒙德里安是它的领袖。风格派追求和谐、宁静、有秩序，造型中拒绝使用具象元素，认为艺术不需要表现个别性和特殊性，而应该以抽象的元素去获得人类共通的纯粹精神。他们主张艺术语言的抽象化与单纯性，表现数学精神。作品《红、黄、蓝、构图》是蒙德里安艺术思想最集中的表现。他创造的图像风格精确、简练和均衡，对于现代绘画、建筑和实用工艺美术设计产生了不可忽视的影响。

风格派的第一次宣言中表达了两点创作的立场：第一，新的文化应在普遍性与个人性之间取得平衡。第二，要放弃自然形及（既有）建筑的形，重新追求一个新的文化基础。在对形的探讨上：强调红、黄、蓝、白、黑的原色使用；直线及直角方块的形的使用；非对称的轮廓的使用。

风格派在平面设计上的集中体现出来的特点是：高度理性，完全采用简单的纵横编排方式，字体完全采用无装饰线体，除了黑白方块或长方形之外，基本没有其他装饰，直线方块组合文字成了基本全部的视觉内容，在版面编排上采用非对称方式，但是追求非对称之中的视觉平衡。

海伦道恩 海报 1923 年

杜斯伯格 杂志封面 1919 年

（3）包豪斯（1919 年—1933 年）

包豪斯即指1919年由德国著名的建筑家沃尔特·格罗佩斯在德国魏玛市建立的"国立包豪斯学院"，是欧洲现代主义设计集大成的核心。对于平面设计而言，包豪斯所奠定的思想基础和风格基础具有重要而决定性的意义，"二战"之后的国际主义平面风格在很大程度上是在包豪斯基础上发展起来的。

赫伯特·拜耶 封面设计 1926 年

尤斯夫·埃尔博斯 1925 年

11.国际主义设计运动

时间：20 世纪 50 年代至今。

这种风格影响平面设计达20年之久，直到目前它的影响依然存在，并且成为当代平面设计中最重要的风格之一。

国际主义风格的特点是，力图通过简单的网络结构和近乎标准化的版面公式达到设计上的统一性。具体来讲，这种风格往往采用方格网为设计基础，在方格网上的各种平面因素的排版方式基本是采用非对称式的，无论是字体还是插图、照片、标志等，都规范地安排在这个框架中，在排版上往往出现简单的纵横结构，而字体也往往采用简单明确的无饰字体，因此得到的平面效果非常公式化和标准化，故而具有简明而准确的视觉特点，对于国际化的传达目的来说是非常有利的。正是这个原因它才能在很短的时间内普及，并在近半个多世纪的时间中长久不衰。

但是国际主义风格也比较板，流于程式。给人一种千篇一律、单调、缺乏情调的设计特征。

12.当代艺术运动

20世纪有两次巨大的艺术革命，世纪之初到第二次世界大战前后的现代艺术运动是其中的一次，影响深远，并且形成了我们现在称为"经典现代主义"的全部内容和形式。另一次就是20世纪60年代以"波普"运动开始直至目前的当代艺术运动。在波普艺术的带动下，出现了很多不同的新艺术形式，如观念艺术、大地艺术、人体艺术等，艺术变得繁杂而多样。

（1）波普艺术

波普艺术严格地来说是起源于英国，但真正爆发出影响力却是在20世纪60年代的纽约，在20世纪60年达到高潮，到1970年左右开始衰落。波普艺术将当时的艺术带回物质的现实而成为一种通俗文化，这种艺术使得当时以电视，杂志或连环图画为消遣的一般大众感到相当的亲切。它打破了1940年以来抽象表现主义艺术对严肃艺术的垄断，把日常生活与大量制造的物品与过去艺术家视为精神标杆的理想形式主义摆在同等重要的地位，高尚艺术与通俗文化的鸿沟从此消失，开拓了通俗、庸俗、大众化、游戏化、绝对客观主义创作的新途径。波普艺术与立体主义一样，是现代艺术史的转折点之一。

波普艺术对包括平面设计、服装设计等在内的当代设计及艺术的影响极大。尤其是它的雅俗共赏迎合了大众的审美情趣，在当代包括广告设计在内的平面设计中应用十分广泛。字母、涂鸦、抽象夸张的图案，都是波普主义的明显特征。

波普艺术在创作中广泛运用与大众文化密切相关的当代现成品，这些物品是机械的，大量生产的，广为流行的，低成本的，是借助于大众传播工具（电视、报纸和其他印刷物）作为素材和题材的。在运用它们作为手段时，为了吸引人必须新奇、活泼，性感，以刺激大众的注意力引起他们的消费感。

（2）后现代主义

后现代主义是20世纪60年代以来欧美各国（主要是美国）继现代主义之后前卫美术思潮的总称，又称后现代派。带动了包括平面设计、产品设计等在内的其他设计领域的后现代主义设计运动，尤其在产品设计领域表现得更为突出。

后现代主义艺术具有以下明显特征：装饰主义，象征主义，折中主义，形式主义，有意图的游戏，形式偶然的设计，形式无序的等级，技术精巧，艺术对象，距离，综合和对立结合处理，中心和分散混合的方式，等等。

四、影像发展

在当代的平面设计中，摄影的地位举足轻重，但摄影的发明初衷并非为了改善平面设计，它是人类力图捕捉视觉形象的探索过程中的伟大成就。最早的摄影技术是由法国人约瑟夫·尼伯斯于1820年前后发明的，直到1871年，才由纽约发明家约翰·莫斯开始尝试将其用于印刷制版。1875年，法国人查尔斯·吉洛特在巴黎开设

安迪·沃霍尔 《玛丽莲·梦露》

了法国第一家照相制版公司。在整个19世纪下半叶，都有大量的人从事印刷的摄影制版探索，包括摄影的彩色印刷试验，尽管摄影制版技术从整体上来说还不完善，但由于其价格低廉、速度快捷、图像质量真实精细，所以还是有越来越多的印刷厂家开始采用这个技术制版，特别是用来制作插图版面，从而使手工插图在平面设计中的应用范围越来越小。

另外值得一提的是照相制版技术的完善，通过摄影的方法，字体和其他平面元素都可以完全自由地缩放处理，设计的自由度大大增加，设计和制作时间上也大大缩短了，更为重要的是生产成本大幅度地降低了。到20世纪60年代末，照相制版技术基本完全取代了陈旧的金属排版技术。这个技术因素对于设计的促进有着巨大的作用。

在平面设计中最早把摄影运用于创造性设计活动的是瑞士设计家赫伯特·玛特。玛特对于立体主义有很深刻的理解，特别对于立体主义后期采用的拼贴方法感兴趣，对于摄影的艺术表现、利用摄影拼贴组成比较主观的平面设计抱有强烈的欲望，并全力以赴地将摄影作为设计手法运用到设计中。20世纪30年代，他设计出一系列的瑞士国家旅游局的旅游海报，广泛采用强烈的黑白、纵横、色彩和形象的对比，采用摄影、版面编排和字体的混合组合而形成的拼贴画面，利用照相机的不寻常角度，得到非常特别的平面效果，具有很强的感染力。

第二节 ///// 版式设计在平面设计中的地位

在目前许多国外的设计院校的课程体系中，版式设计是一门相当重要的专业课程。在德国、美国的一些学校里，版式设计课不仅进行平面设计方面的学习，同时还进行立体空间方面的研究。

在整体现代设计教学的课程体系中，版式设计有着特定的地位。许多院校将设计课程分为三个主要阶段：基础课程、专业基础课程和专业设计课程。版式设计属于专业基础课程。

在版式设计以前的基础课程，特别是设计基础课程（平面构成、色彩构成、立体构成，装饰图案、平面形态等），对各种设计要素，如形态的类别、构成和变化，色彩的基本现象和规律，不同肌理的生成与组合，不同构成和构图方法等方面进行了全面的学习研究，为版式设计课程奠定了基础。

版式设计课程是针对形态、色彩、空间、肌理等设计要素和构成要素在图、文表现可能性及与表现内容关系中进行全面的学习研究，为以后的专业设计打下基础。

版式设计以后的专业设计课程，如招贴设计、书籍设计、网页设计、平面广告设计等，是在特定的表达介质上的版面研究。

所以版式设计在平面设计体系中是一个承上启下的重要环节。

基础课程：设计素描、设计色彩

设计基础：平面构成、色彩构成、立体构成、装饰图案、平面形态等

工具类课程：Photoshop、Illustrator、摄影基础、印刷工艺等

专业基础课程：字体设计、图形创意、版式设计

专业设计课程：招贴设计、书籍设计、网页设计、平面广告设计等

第三节 ///// 版式设计方法

设计师在辛勤的设计实践中，经过大量的设计感悟，总结出各种设计方法的套路。下面介绍几种行之有效的设计方法，不论是书籍设计、报纸设计、杂志设计、包装设计、网页设计甚至是平面设计以外的设计都能从中受益。

一、模版套用式设计

设计师在平时没有设计任务的时候就积极积累基础版式，形成一个模版库。在获得设计任务后，把图片、文字直接放进合适的模版里，用最快的时间完成理想的版面设计。

二、图片优先式设计

设计过程是以寻找图片素材作为开始的，一切的后续形式安排都是根据第一步的素材形式进行延展的。排版需要设计师尤其重视图片素材的特征，要求挖掘其设计表现潜力，以清晰的视觉、详尽的内容加强创意。

三、平实质朴式设计

设计师往往会去追求大创意、大视觉，认为那些才能体现设计的真谛，体现设计师的能力。其实不然，有时候平实、质朴也是一种大设计，用一颗平常、宁静的心去完成简单的设计。20世纪美苏冷战时，为解决宇航员在太空中书写问题，美国花大量资金研究可以在失重条件下书写的钢笔，而苏联就直接使用铅笔。

四、换位式设计

设计的任何产物都是为人服务的，我们在进行一项设计时要以用户的角度去换位思考。用户在使用我们的设计时获得的体验及他的思考、欲望、限制都需要我们进行提前的评估。

五、约定俗成式设计

我们的一些生活规律、习惯做法已经成为固定的"公理"，我们只需要分析客户的意图、功能性的需要，直接利用人们的习惯做法去完成设计。

六、一题多解式设计

视觉是一门表现艺术，它不像数学题目只有唯一正确答案。同一个内容，我们可以做很多种视觉排版样式，都是正确答案。平面设计没有正误之分，只有好坏之分。设计师不应该循规蹈矩、本本主义，好的设计师应该有思想，有主见，言之有理，能够自圆其说的设计都是好设计。

[复习参考题]

◎ 请口述你所知道的版式设计方法，并且对什么情况下怎么使用进行讨论。

[实训案例]

◎ 分析汉字的产生历史，运用各个时期的汉字进行排版练习，发掘其形式特色。

◎ 对比大小写的26个拉丁字母，进行形状、灰度、大小概括，归纳出其节奏起伏。

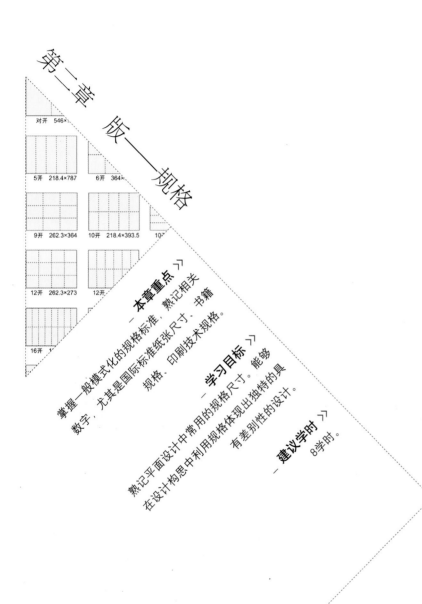

第二章 版一规格

对开 546×...

5开 218.4×787   6开 364×...

9开 262.3×364   10开 218.4×393.5   10...

12开 262.3×273   12开...

16开 1...

》本章重点 —

掌握一般模式化的规格标准，熟记相关数字，尤其是国际标准纸张尺寸、书籍规格、印刷技术规格。

》学习目标 —

熟记平面设计中常用的规格尺寸。能够在设计构思中利用规格体现出独特的具有差别性的设计。

》建议学时 —

8学时。

第二章 版——规格

在现代平面设计中，设计师以多样的视觉传达方式，高效率地传递信息。平面作品千姿百态，和读者进行各种"人机"交流。一方面我们要掌握模式化的规格尺度，另一方面设计师又需要在创作中不断灵活创新规格的使用。规格是版式设计的第一步，我们不能因为重视字体设计、图形设计而忽略设计中规格对读者阅读效果的重大作用。

第一节 ///// 国际标准纸张尺寸规格

在图形设计和印刷行业中使用的纸张公共尺寸规格（除北美之外）是国际标准纸张尺寸规格[ISO sheet sizes]。ISO（国际标准组织）使用公制（米制）系统，纸张采用毫米度量单位。A0纸张(841mm × 1189mm)是一平方米，小规格的依次为A1，A2，A3，A4。

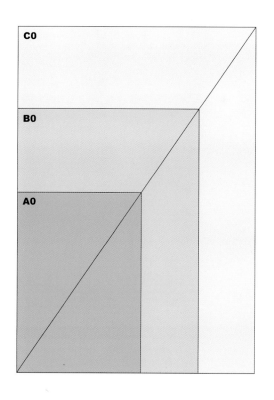

国际标准化组织的ISO216定义了当今世界上大多数国家所使用纸张尺寸的国际标准。此标准源自德国，在1922年通过，定义了A、B、C三组纸张尺寸，其中包括最常用的A4纸张尺寸。

A组纸张尺寸的长宽比都是$1:\sqrt{2}$。A0指面积为1平方米，长宽比为$1:\sqrt{2}$的纸张。接下来的A1、A2、A3等纸张尺寸，都是定义成将编号少一号的纸张沿着长边对折，然后舍去到最接近的毫米值。最常用到的纸张尺寸是A4，它的大小是210mm × 297mm。

B组纸张尺寸是编号相同与编号少一号的A组纸张的几何平均。举例来说，B1是A1和A0的几何平均。同样，C组纸张尺寸是编号相同的A、B组纸张的几何平均。举例来说，C2是B2和A2的几何平均。

C组纸张尺寸主要使用于信封。一张A4大小的纸张可以刚好放进一个C4大小的信封。如果你把A4纸张对折变成A5纸张，那它就可以刚好放进C5大小的信封，同理类推。ISO216的格式遵循着的$1:\sqrt{2}$比率，放在一起的两张纸有着相同的长宽比和侧边。这个特性简化了很多事，例如：把两张A4纸张缩小影印成一张A5纸张；把一张A4纸张放大影印到一张A3纸张；影印并放大A4纸张的一半到一张A4纸张，等等。

这个标准最主要的障碍是美国和加拿大，它们仍然使用信度（Letter），Legal，Executive纸张尺寸系统。加拿大用的是一种P组纸张尺寸，它其实是美国用的纸张尺寸，然后取最接近的公制尺寸。

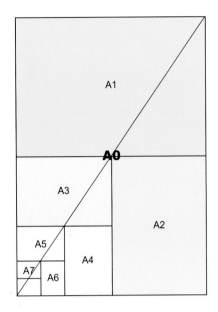

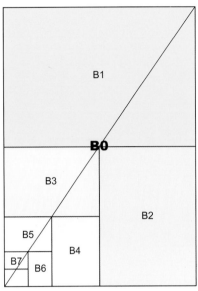

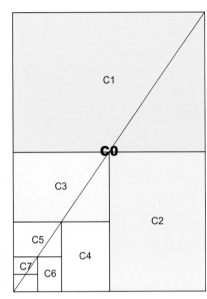

A组

规格	尺寸(mm)
A0	841×1189
A1	594×841
A2	420×594
A3	297×420
A4	210×297
A5	148×210
A6	105×148
A7	74×105
A8	52×74
A9	37×52
A10	26×37

B组

规格	尺寸(mm)
B0	1000×1414
B1	707×1000
B2	500×707
B3	353×500
B4	250×353
B5	176×250
B6	125×176
B7	88×125
B8	62×88
B9	44×62
B10	31×44

C组

规格	尺寸(mm)
C0	917×1297
C1	648×917
C2	458×648
C3	324×458
C4	229×324
C5	162×229
C6	114×162
C7/6	81×162
C7	81×114
C8	57×81
C9	40×57
C10	28×40
DL	110×220

　　一般用于书刊印刷的全张纸的规格有以下几种：787mm × 1092mm、850mm × 1168mm 、880mm × 1230mm、889mm × 1194mm 等。

　　787 号纸为正度纸张，做出的书刊除去修边以后的成品为正度开本，常见尺寸为8开：368mm × 260 mm；16开：260mm × 184 mm；32开：184mm × 130 mm。

　　850 号为大度纸张，成品就为大度开本，如大度16开、大度32开等，常见尺寸为8开：285mm × 420mm；

16开：210mm × 285mm；32开：203mm × 140mm，其中8开尺寸如果用做报纸印刷的话，一般是不修边的，所以要比上面给出的尺寸稍大。

880号和889号纸张，主要用于异形开本和国际开本。印刷书刊用纸的大小取决于出版社要求出书的成品尺寸，以及排版、印刷技术。

第二节 ///// 户内外媒体的规格

一、名词解释

1. 写真

写真一般是指户内使用的，它输出的画面一般只有几平方米大小。如在展览会上厂家使用的广告小画面。输出机型如HP5000，一般幅宽为1.5米。写真机使用的介质一般是PP纸、灯片，墨水使用水性墨水。在输出图像完毕还要覆膜、裱板才算成品，输出分辨率可以达到300~1200DPI，它的色彩比较饱和、清晰。写真耗材可分为背胶、海报、灯片、照片贴、车贴等。

2. 喷绘

喷绘一般是指户外广告画面输出，它输出的画面很大，如高速公路旁众多的广告牌画面就是喷绘机输出。输出机型有：NRU SALSA 3200、彩神3200等，一般是3.2米的最大幅宽。喷绘机使用的介质一般都是广告布（俗称灯箱布），墨水使用油性墨水，喷绘公司为保证画面的持久性，一般画面色彩比显示器上的颜色要深一点的。它实际输出的图像分辨率一般只需有30~45DPI（按照印刷要求对比），画面实际尺寸比较大的，有上百平方米的面积。喷绘也可用背胶纸，用于地贴、墙贴、桌面贴。一般喷绘清晰度没有写真高，颜色会根据气温和时间的变化而褪色，但效果和保存时间相对写真要长很多。

3. 易拉宝及X展架

展架类型。收放自如，携带方便，移动灵活，很受欢迎。一般尺寸A1 0.8m × 2m，落地式易拉宝1.2m × 2m。

二、制作要求

户内展板型：因较近距离观看，喷绘要求精度较高，材料多采用PP胶、背胶等较细腻的材质，其成品可卷起携带方便，也可直接裱KT板，镶边框。

户外型：户外喷绘的规格大小不等，一般的广告招牌有十几米，浑厚大气的户外喷绘多达几十米。多以灯箱布为主，分内打灯光（透明）和外打灯光（不透明）两种。具有较强的抗老化耐高温、拉力、风吹雨淋等特点。

电梯广告宣传画：成品尺寸为550mm × 400mm，工艺制作多采用高精度写真，以水晶玻璃8+5mm斜边、打孔，支架式装饰钉安装。

三、设计要求

1. 图像分辨率要求：

写真一般情况要求72DPI/英寸就可以了，如果图像过大可以适当地降分辨率，控制新建文件在200M以内即可。

2. 图像模式要求

喷绘统一使用CMYK模式四色喷绘。它的颜色与印刷色有所不同，在作图的时候应该按照印刷标准走，喷绘公司会调整画面颜色和小样接近。

写真可以使用CMKY模式，也可以使用RGB模式。注意在RGB中大红的值用CMYK定义，即M=100，Y=100。

3.图像黑色部分要求

喷绘和写真图像中都严禁有单一黑色值，必须添加C、M、Y色，组成混合黑。注意把黑色部分改为四色黑做成：C=50，M=50，Y=50，K=100，否则画面上会出现黑色部分有横道，影响整体效果。

4.图像储存要求

喷绘和写真的图像最好储存为 TIFF 格式，不压缩的格式。其实用 JPG 也未尝不可，但压缩比必须高于8，不然画面质量无保证。对于原始图片小，拉大后模糊的情况，可适量增加杂点来解决。

5.喷绘的尺寸

画面要放出血，如果机器缩布的话，不放出血，那打印出来的尺寸比电脑上的尺寸要小。尤其是大画面的更明显。一般出血是1米放0.1米的出血。

第三节 //// 招贴（海报）的尺寸与样式

在国外，招贴的大小有标准尺寸。按英制标准，招贴中最基本的一种尺寸是 30 英寸×20 英寸(508mm×762mm)，相当于国内对开纸大小，依照这一基本标准尺寸，又发展出其他标准尺寸：30 英寸×40 英寸、60英寸×40 英寸、60 英寸×120 英寸、10 英寸×6.8 英寸和 10 英寸×20 英寸。大尺寸是由多张纸拼贴而成，例如最大标准尺寸 10 英尺×20 英尺是由 48 张 30 英寸×20 英寸的纸拼贴而成的，相当于我国 24 张全开纸大小。专门吸引步行者看的招贴一般贴在商业区公共汽车候车亭和高速公路区域，并以 60 英寸×40 英寸大小的招贴为多。而设在公共信息墙和广告信息场所的招贴(如伦敦地铁车站的墙上)以 30 英寸×20 英寸的招贴和 30 英寸×40 英寸的招贴为多。

美国最常用的招贴规格有四种：1张一幅(508mm×762mm)、3张一幅、24张一幅和 30 张一幅，其中最常用的是 24 张一幅，属巨幅招贴画，一般贴在人行道旁行人必经之处和售货地点。

国内常用海报：大四开：580mm×430mm，大对开：860mm×580mm

工艺：多采用157g铜版纸，4C+0C印刷(单面四色)，过光胶或亚胶，切成品，背贴双面胶。

第四节 //// 信封、信笺及其他办公用品

一、信封国家标准

1.信封一律采用横式，信封的封舌应在信封正面的右边或上边，国际信封的封舌应在信封正面的上边。

2.B6、DL、ZL 号国内信封应选用每平方米不低于80g 的 B 等信封用纸Ⅰ、Ⅱ型；C5、C4 号国内信封应选用每平方米不低于100g 的 B 等信封用纸Ⅰ、Ⅱ型；国际信封应选用每平方米不低于100g 的 A 等信封用纸Ⅰ、Ⅱ型。信封用纸的技术要求应符合 QB／T2234《信封用纸》的规定，纸张反射率不得低于 38.0%。

3.信封正面左上角的邮政编码框格颜色为金红色，色标为 PAN TONE1795C。

4.信封正面左上角距离左边 90mm，距离上边26mm 的范围为机器阅读扫描区，除红框外不得印任何图案和文字。

5.信封正面距离右边 55mm～160mm，距离底边20mm 以下的区域为条码打印区，应保持空白。

6.信封的任何地方不得印广告。

7.信封上可印美术图案，其位置在正面距离上边26mm以下的左边区域，占用面积不得超过正面面积的18%。超出美术图案区的区域应保持信封用纸原色。

8.信封背面的右下角应印有印制单位、数量、出厂日期、监制单位和监制证号等内容，

可印上印制单位的电话号码。

二、信封尺寸

C6号 162mm × 114mm 新增加国际规格

B6号 176mm × 125mm 与现行 3 号信封一致

DL号 220mm × 110mm 与现行 5 号信封一致

ZL号 230mm × 120mm 与现行 6 号信封一致

C5号 229mm × 162mm 与现行 7 号信封一致

C4号 324mm × 229mm 与现行 9 号信封一致

三、信笺尺寸

大 16 开 21cm × 28.5cm、正 16 开 19cm × 26cm、

大 32 开 14.5cm × 21cm、正 32 开 13cm × 19cm、

大 48 开 10.5cm × 19cm、正 48 开 9.5cm × 17.5cm、

大 64 开 10.5cm × 14.5cm、正 64 开 9.5cm × 13cm

信笺常用纸张：70g/80g 胶版纸

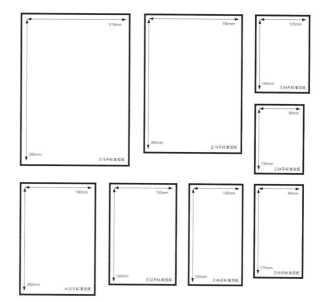

四、旗类

桌旗：210mm × 140mm（与桌面成 75° 夹角）

竖旗：750mm × 1500mm

大企业司旗 1440mm × 960mm 960mm × 640mm（中小型）

五、票据

多联单、票据：多采用无碳复写纸，有二联、三联、四联，纸的颜色有：白、淡蓝、淡绿、淡红、淡黄。纸张厚度一般为40g～60g。

规格：尺寸可根据实际需要自行设定。

印刷：多为单色，或双色。可打流水号(从起始号至结尾号，可由客户自定)。胶头或胶左。

六、不干胶、镭射防伪标

常作为产品的标签，有纸类、金属膜类，镭射激光防伪标此系列品种较多，工艺亦不同，在设计时可根据需要选择不同材质和工艺。

印刷：分单色、四色、过光胶或亚胶。

第五节 ///// 书籍的规格

一、书籍开本的类型和规格

1.大型本

12开以上的开本。适用于图表较多,篇幅较大的厚部头著作或期刊印刷。

2.中型本

16开到32开的所有开本。此属一般开本,适用范围较广,各类书籍印刷均可应用。

3.小型本

适用于手册、工具书、通俗读物或但篇文献,如46开、60开、50开、44开、40开等。

我们平时所见的图书均为16开以下的,因为只有不超过16开的书才能方便读者的阅读。在实际工作中,由于各印刷厂的技术条件不同,常有略大、略小的现象。在实践中,同一种开本,由于纸张和印刷装订条件的不同,会设计成不同的形状,如方长开本、正扁开本、横竖开本等。同样的开本,因纸张的不同所形成不同的形状,有的偏长、有的呈方。

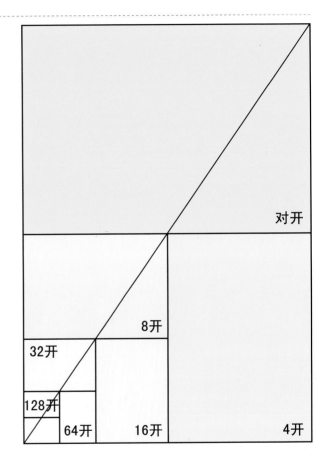

二、不同类型的图书与开本

1.理论类书籍,学术类书籍,中、小学生教材及通俗读物。篇幅较多,开本较大,常选用32开或大32开,便于携带、存放,适于案头翻阅。

2.科技类图书及大专教材、高等学校教材。因容量较大,文字、图表多,一般采用大开本,适合采用16开。但现在有一些教材改为大32开。

3.文学书籍常为方便读者而使用32开。诗集、散文集开本更小,如42开、36开等。

4.儿童读物。一般采用小开本,如24开、64开,小巧玲珑,但也有不少儿童读物,特别是绘画本读物选用16开甚至是大16开,图文并茂,倒也不失为一种适用的开本。

5.大型画集、摄影画册。有6开、8开、12开、大16开等,小型画册宜用24开、40开等等。

6.工具书中的百科全书、《辞海》等厚重渊博,一般用大开本,如16开。小字典、手册之类可用较小开本,如64开。

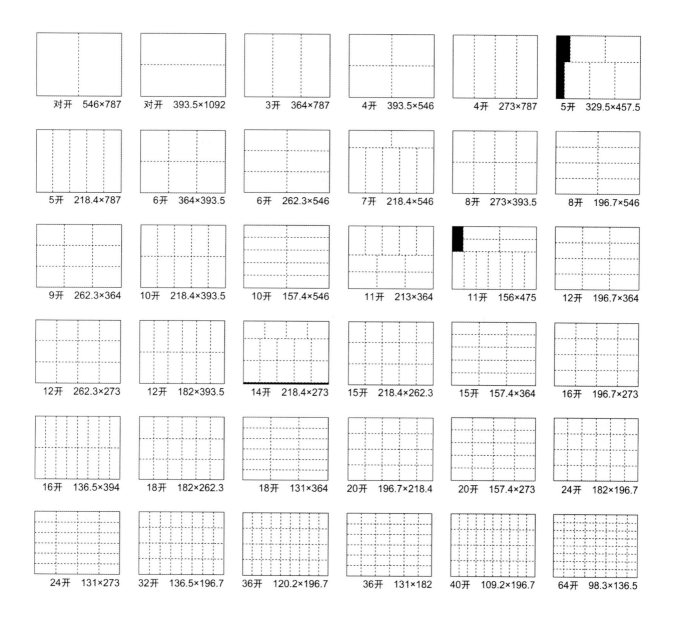

对开 546×787	对开 393.5×1092	3开 364×787	4开 393.5×546	4开 273×787	5开 329.5×457.5
5开 218.4×787	6开 364×393.5	6开 262.3×546	7开 218.4×546	8开 273×393.5	8开 196.7×546
9开 262.3×364	10开 218.4×393.5	10开 157.4×546	11开 213×364	11开 156×475	12开 196.7×364
12开 262.3×273	12开 182×393.5	14开 218.4×273	15开 218.4×262.3	15开 157.4×364	16开 196.7×273
16开 136.5×394	18开 182×262.3	18开 131×364	20开 196.7×218.4	20开 157.4×273	24开 182×196.7
24开 131×273	32开 136.5×196.7	36开 120.2×196.7	36开 131×182	40开 109.2×196.7	64开 98.3×136.5

7.印刷画册的排印要将大小横竖不同的作品安排得当，又要充分利用纸张，故常用近似正方形的开本，如6开、12开、20开、24开等，如果是中国画，还要考虑其独特的狭长幅面而采用长方形开本。又比如期刊。一般采用16开本和大16开本。大16开本是国际上通用的开本。

8.篇幅多的图书开本较大，否则页数太多，不易装订。

第六节 ///// 折页及宣传册

一、折页常用尺寸

1.折页广告的标准尺寸

(A4)210mm×285mm，文件封套的标准尺寸：220mm×305mm

2.宣传单页（16开小海报）

成品尺寸：210mm×285mm

工艺：多采用157g铜版纸，4C+4C印刷（正反面的四色印刷），可印专色、专金、专银，切成品。

3.二折页

常用的成品尺寸：95mm×210mm

展开尺寸：190mm×210mm

工艺：多采用157g铜版纸，4C+4C印刷，可印专色、专金、专银，切成品、压痕。

4.宣传彩页（三折页）

成品尺寸：210mm×95mm

展开尺寸：210mm×285mm

工艺：多采用157g铜版纸，4C+4C印刷，切成品、压痕。

32开三折页打开是4开，16开三折页打开是对开。

二、宣传画册

一般成品尺寸：210mm×285mm

工艺：封面多为230g铜版或亚粉纸过亚胶或光胶。内页157g或128g铜版纸或亚粉纸，4C+4C印刷，骑马钉。页数较多时可用锁线胶装。

封套：封套属画册的一种，好处是可针对不同客户灵活应用，避免浪费。

常规尺寸：220mm×300mm

工艺：多采用230～350g铜版纸或亚粉纸，也可以用特种工艺纸。4C+4C印刷，可以印专色、击凹凸、局部UV、过光胶或亚胶、烫铂、啤、粘等工艺。插页则

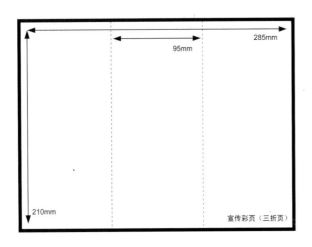

宣传彩页（三折页）

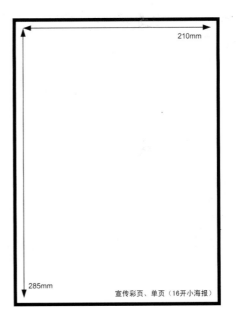

宣传彩页、单页（16开小海报）

为正规尺寸210mm × 285mm ，其他工艺与彩页相同。

三、标书

封面多采用皮纹纸或特种工艺纸，或四色彩印后裱

双灰板，内页157g 或 128g 铜版或亚粉纸，也可用书写纸、数码彩印，锁线胶装，可打孔装订。

第七节 ///// 卡片

一、名片尺寸

横版：90mm × 55mm（方角）、85 × 54mm（圆角）

竖版：50mm × 90mm（方角）、54 × 85mm（圆角）

方版：90mm × 90mm、90 × 95mm

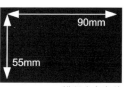

横版方角名片

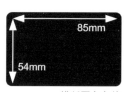

横版圆角名片

竖版方角名片

竖版圆角名片

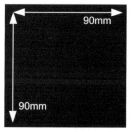

方版名片1

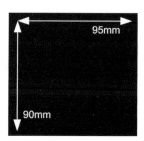

方版名片2

二、IC卡尺寸

IC卡尺寸是指卡基的尺寸，对于常用ID-1型卡，要求标准尺寸为：

宽：85.60mm（最大85.72mm，最小85.47mm）

高：53.98mm（最大54.03mm，最小53.92mm）

厚：0.76mm（公差为 ± 0.08mm）

三、胸牌尺寸

大号：110mm × 80mm

小号：20mm × 20mm

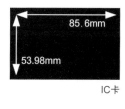

IC卡

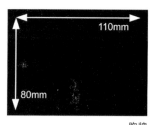

胸牌

四、身份证尺寸

85.6mm × 54.0mm × 1.0mm

注：上岗证、出入证、参观证、员工证、学生卡、工作卡、智能卡、工卡、积分卡、ID卡、PVC卡、会员卡、贵宾卡同身份证大小。

五、服饰吊卡、标签

多采用250～350g铜版或单粉卡纸，4C+4C或4C+0印刷，可印专色和烫铂（金、银、宝石蓝等）、过光胶或亚胶、局部UV、凹凸、切或啤、打孔等工艺。

第八节 ///// CD 及 DVD

一、 CD 及 DVD 规格

普通标准 120 型光盘

尺寸：外径 120mm、内径 15mm

厚度：1.2mm

容量：DVD 4.7GB；CD 650MB/700MB/800MB/890MB

印刷尺寸：外径 118mm 或 116mm；内径 38mm，也有印刷到 20mm 或 36mm

凹槽圆环直径：33.6mm（不同的盘稍有差异，也有没凹槽的）

盘面印刷的部分要向内缩进 1mm 左右

迷你盘 80 型光盘

尺寸：外径 80mm，内径 21mm

厚度：1.2mm

容量：39～54MB 不等

印刷尺寸：外径 78mm；内径 38mm，也有印刷到 20mm 或 36mm 的。

凹槽圆环直径：33.6mm（不同的盘稍有差异，也有没凹槽的）

盘面印刷的部分要向内缩进 1mm 左右

名片光盘

尺寸：外径 56mm × 86mm，60mm × 86mm；内径 22mm

厚度：1.2mm

容量：39～54MB 不等

双弧形光盘

尺寸：外径 56mm × 86mm，60mm × 86mm；内径 22mm

厚度：1.2mm

容量：30MB/50MB

异型光盘

尺寸：可定制

厚度：1.2mm

容量：50MB/87MB/140MB/200MB

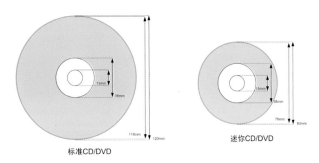

标准CD/DVD　　　迷你CD/DVD

标准CD/DVD　　　迷你CD/DVD

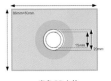

商务CD卡片　　　双弧形CD

二、 CD 及 DVD 包装盒国际标准尺寸

一般的单片 CD 盒：142mm × 126mm × 10mm

薄型：142mm × 126mm × 6mm

双片装 DVD 盒：136mm × 190mm × 15.5mm

大圆盘透明厚盒　尺寸：142mm×125mm×10mm 型号：塑料盒

名片光盘盒　尺寸：99mm×61mm×5mm　型号：塑料盒

光盘包附有盒　尺寸：274mm×185mm　型号：

全色印刷

标准的光盘盒的尺寸为：封面：124mm×120mm，封底：150mm×118mm，两边各留出5.5mm作为翻边。但设计还是要根据你们具体需要的包装来定尺寸。

第九节 //// 网络广告规格

国际上规定的标准的广告尺寸有下面八种，并且每一种广告规格的使用也都有一定的范围。

（1）120mm×120mm，这种广告规格适用于产品或新闻照片展示。

（2）120mm×60mm，这种广告规格主要用于做LOGO使用。

（3）120mm×90mm，主要应用于产品演示或大型LOGO。

（4）125mm×125mm，这种规格适于表现照片效果的图像广告。

（5）234mm×60mm，这种规格适用于框架或左右形式主页的广告链接。

（6）392mm×72mm，主要用于有较多图片展示的广告条，用于页眉或页脚。

（7）468mm×60mm，应用最为广泛的广告条尺寸，用于页眉或页脚。

（8）88mm×31mm，主要用于网页链接或网站小型LOGO。

第十节 //// 包装

一、手提袋

规格：可按内容物大小而定，材料一般采用230～300g白卡（单粉卡纸）或灰卡。

工艺：多采用4C+0C印刷（或专色）、过光胶或亚胶，可烫铂、击凹凸、UV等工艺。手提绳有多种色彩可供选择，通常选用以手提袋主色调相和谐的色彩。

标准尺寸：400mm×285mm×80mm。另外几种常用的尺寸：220(宽)mm×60(厚)mm×320(高)mm、310(宽)mm×85(厚)mm×280(高)mm、305(宽)mm×115(厚)mm×410(高)mm

二、药品包装

多采用250～350g白底白卡纸（单粉卡纸），或灰底白卡纸。也可用金卡纸和银卡纸。应根据实际需要和产品档次选择不同材质。

印刷：多以4C+0或4C+1C印刷，可印专色(专金或专银)。

后道工艺：有过光胶、亚胶、局部UV、磨砂、烫铂（有金色、银色、宝石蓝色等多种色彩的金属质感膜供选择）或过防伪膜（使他人无法仿造）、击凹凸、和啤、粘等工艺。

三、烟酒类包装

多采用300～350g白底白卡纸（单粉卡纸），或灰底白卡纸。较大的盒可用250+250g对裱，也可用金卡纸和银卡纸。应根据实际需要和产品档次选择不同材质。

印刷：多以4C+0或4C+1C印刷，可印专色、专金或专银。

后道工艺：有过光胶、亚胶、局部UV、磨砂、烫铂（有金色、银色、宝石蓝色等多种色彩的金属质感膜供选择）或过防伪膜（使他人无法仿造）、击凹凸、和啤、粘等工艺。(礼品式酒盒参考礼品盒类)

四、月饼类高档礼品盒

多采用 157g 铜版纸裱双灰板或白板，也可用布纹纸或其他特种工艺纸。

印刷：多以4C+0C印刷，可印专色(专金或专银)。

后道工艺：有过光胶、亚胶、局部UV、磨砂、压纹、烫铂（有金色、银色、宝石蓝色等多种色彩的金属质感膜供选择）或过防伪膜（使他人无法仿造）、内盒常用发泡胶裱丝绸绒布、海绵或植绒吸塑等材料。后道工艺多以手工精心制作，选用材料应根据产品需要和档次来选择，具有美观大方、高贵典雅之艺术品位。

五、保健类礼品盒

多采用157g铜版纸裱双灰板或白板，也可用布纹纸或其他特种工艺纸。

印刷：多以4+0C印刷，可印专色、专金或专银。

后道工艺：有过光胶、亚胶、局部UV、磨砂、压纹、烫铂（有金色、银色、宝石蓝色等多种色彩的金属质感膜供选择）或过防伪膜（使他人无法仿造）、内盒(内卡) 有模型式和分隔式，模型式常用发泡胶裱丝绸绒布、海绵或植绒吸塑等材料。后道工艺多以手工精心制作。选用材料按产品需要和档次来选择，确保美、观经济实用。

六、普通电子类礼品盒

如手机盒等。材料多采用157～210g铜版纸或哑粉纸，裱800～1200g双灰板，也可用布纹纸或其他彩色特种工艺纸。

印刷：多以4C+0C印刷，可印专色 (专金或专银)。

后道工艺：有过光胶、亚胶、局部UV、压纹、烫铂（有金色、银色、宝石蓝色等多种色彩的金属质感膜供选择）或过防伪膜（使他人难以仿造），内裱纸为157g铜版纸，不印刷。

内盒（内卡）：常用发泡胶内衬丝绸绒布、海绵或植绒吸塑等材料。盒开口处嵌入两片磁铁，后道工艺多以手工精心制作。此种造型为书盒式，选用材料按实际产品需要和档次来选择，确保安全防振、美观、经济、时尚。

七、IT类电子产品

此类品种较多，较具代表性如主板、显卡等。多采用250～300g白卡或灰卡纸，四色彩印，裱W9(白色)或B9（黄色）坑。

印刷：多以4C+0C印刷，可印专色。

后道工艺：有过光胶、亚胶、局部UV、烫铂（有金色、银色、宝石蓝色等多种色彩的金属质感膜供选择）或过防伪膜（难以仿造）内盒(内卡) 常以坑纸或卡纸为材料，根据内容物的结构而合理设计。也可用发泡胶、纸托、海绵或植绒吸塑等材料。选用材料应按产品实际需要，确保美观、稳固、经济实惠。

八、大纸箱

作为产品的外包装箱，设计生产上要考虑其包装物在运输方面的安全性，以及产品自身体积重量，根据承受能力选择适当的材料。

印刷：多采用单色，外观设计上可采用企业或产品的标识、名称，还要有安全性标志，图案力求美观大方。

规格：可根据产品及填充物自行设定。

九、植绒吸塑

为产品内包装的填充、固定和装饰物。

规格：可随产品以及外盒的大小而设定。

工艺：有吸塑和植绒等。厚度：0.1～10mm不等。

第十一节 ///// 印刷

一、关于印刷

1.一般纸张印刷可分为黑白印刷、专色印刷、四色印刷，超过四色印刷为多色印刷。

2.物体、金属表面印刷图案、文字可分为：丝网印刷、移印、烫印（金、银）、柔版印刷（塑料制品）。

3.传统印刷制版一般包括胶印PS版（把图文信息制成胶片）和纸版轻印刷(也称速印)。随着市场的发展，商务活动的节奏和变化越来越快，即时的商务要求，成就了印刷技术的重大变革。商业短版印刷、数码商务快印CTP应运而生（不用制版直接印刷）。

4.文字排版文件，质量要求不高的短版零活印刷，可采用纸版（氧化锌版）轻印，节省版费、压缩印刷成本、节约时间，快速高效。

二、常用纸张及特性

1.拷贝纸：17g正度规格，用于增值税票、礼品内包装，一般是纯白色。

2.打字纸：28g正度规格，用于联单表格，有七种色分：白红、黄、蓝、绿、淡绿、紫色。

3.有光纸：35～40g正度规格，一面有光，用于联单、表格、便笺，为低档印刷纸张。

4.书写纸：50～100g大度、正度均有，用于低档印刷品，以国产纸最多。

5.双胶纸：60～180g大度、正度均有，用于中档印刷品以国产合资及进口常见。无光泽，适合印刷文字，单色图或专色，除非特别需要，不适合印刷彩色照片，色彩和层次都跟铜版纸不一样，色彩灰暗，无光泽。

6.新闻纸：55～60g滚筒纸，正度纸，报纸选用。

7.无碳纸：40～150g大度、正度均有，有直接复写功能，分上、中、下纸，上、中、下纸不能调换或翻用，纸价不同，有七种颜色，常用于联单、表格。

8.铜版纸：

普铜：80～400g正度、大度均有，最常用纸张，表面光泽好，适合各种色彩效果。

无光铜：80～400g正度、大度均有，常用纸，表面无光泽，适合文字较多或空白较多的印件，视觉柔和，应避免用大底色，否则失去了无光效果，而且印后不容易干燥。

单铜：80～400g正度、大度均有，卡纸类，正面质地同铜版纸，适合表现色彩，背面同胶版纸，适合专色或文字。用于纸盒、纸箱、手挽袋、药盒等中高档印刷。

双铜：80～400g正度、大度均有，用于高档印刷品。

9.亚粉纸：105～400g用于雅观、高档彩印。

10.灰底白板纸：200g以上，上白底灰，用于包装类。

11.白卡纸：200g，双面白，用于中档包装类。

12.牛皮纸：60～200g，用于包装、纸箱、文件袋、档案袋、信封。

13.特种纸：又称艺术纸，种类繁多，一般以进口纸常见，主要用于封面、装饰品、工艺品、精品等印刷，能满足不同的设计要求。但需要注意的是在特种纸上印四色图，颜色和层次都要受到影响，最好选用颜色鲜艳、色调明快的图片，另外需要注意的是避免用大底色，一方面失去了特种纸的纹理效果，另一方面也不易干燥。

三、印刷纸张常用规格尺寸

1.纸张的尺寸（见第一节 国际标准纸张尺寸规格）

2.纸张的单位：

（1）克：一平方米的重量(长×宽÷2)=g为重量。

（2）令：500张纸单位称：令(出厂规格)。

（3）吨：与平常单位一样1吨=1000公斤，用于算纸价。

四、印前设计的工作流程

1.明确设计及印刷要求，接受客户资料。

2.设计：包括输入文字、图像、创意、拼版。

3.出黑白或彩色校稿、让客户修改。

4.按校稿修改。

5.再次出校稿，让客户修改，直到定稿。

6.让客户签字后出菲林。

7.印前打样。

8.送交印刷打样，让客户看是否有问题，如无问题，让客户签字。印前设计全部工作即告完成。如果打样中有问题，还得修改，重新输出菲林。

五、图像分辨率

高分辨率的图像比相同大小的低分辨率的图像包含的像素多，图像信息也较多，表现细节更清楚，这也就是考虑输出因素确定图像分辨率的一个原因。由于图像的用途不一，因此应根据图像用途来确定分辨率。如一幅图像若用于在屏幕上显示，则分辨率为72dpi或96dpi即可；若用于600dpi的打印机输出，则需要150dpi的图像分辨率；若要进行印刷，则需要300dpi的高分辨率才行。图像分辨率应恰当设定：若分辨率太高，运行速度慢，占用的磁盘空间大，不符合高效原则；若分辨率太低，影响图像细节的表达，不符合高质量原则。

六、专色和专色印刷

专色是指在印刷时，不是通过印刷C、M、Y、K四色合成这种颜色，而是专门用一种特定的油墨来印刷该颜色。专色油墨是由印刷厂预先混合好或油墨厂生产的。对于印刷品的每一种专色，在印刷时都有专门的一个色版对应。使用专色可使颜色更准确。尽管在计算机上不能准确地表示颜色，但通过标准颜色匹配系统的预印色样卡，能看到该颜色在纸张上的准确的颜色，如

Pantone彩色匹配系统就创建了很详细的色样卡。

对于设计中设定的非标准专色颜色，印刷厂不一定准确地调配出来，而且在屏幕上也无法看到准确的颜色，所以若不是特殊的需求，就不要轻易使用自己定义的专色。

[复习参考题]

◎ 什么是国际标准纸张尺寸规格？
◎ 户外媒体有哪些制作方法？
◎ 书籍的开本类型是什么？
◎ 请列举不同类型的包装常用纸张。
◎ 请说明印刷的常用纸张及特性。

[实训案例]

◎ 为王力宏歌曲专辑设计CD盘面及包装。

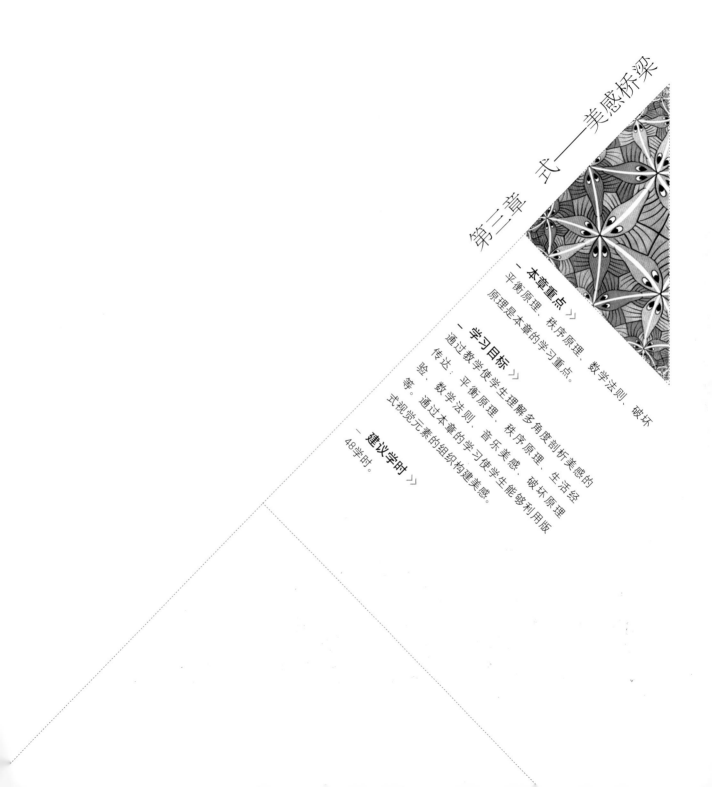

第三章

形式——美感桥梁

一、本章重点》

平衡原理、秩序原理、数学法则、破坏原理是本章的学习重点。

二、学习目标》

通过教学使学生理解多角度剖析美感的传达：平衡原理、秩序原理、生活经验、数学法则、音乐美感、破坏原理等。通过本章的学习使学生能够利用版式视觉元素的组织构建美感。

三、建议学时》

48学时。

第三章 式——美感桥梁

美好的视觉依靠视觉形式来实现，视觉形式是传递信息的美感桥梁。版面形式设计可以依靠人们对世界认识的普遍规律来实现。有些时候我们做设计感觉版面很不舒服，但又不知道该如何调整，实际上就是我们缺少一种依据，一种对美感追求的普遍原理。这一章节，我们对形式原理从不同的几个角度进行总结，目的在于帮助大家寻找一种更为科学的美感桥梁。

第一节 ////// 平衡原理

我们都有这样的体验，走路时不慎绊到，一个跟跄马上就要跌倒，可是在摇晃挣扎几下后，竟然没有倒下去，化险为夷，身体又保持平衡了。这就是人们对平衡的一种本能维护能力。人们力求保持身体的平衡，也成为一种对待视觉的标准。自然科学中的平衡是指物体或系统的一种状态。处于平衡状态的物体或者系统，除非受到外界的影响，它本身不能有任何自发的变化。一个平衡的版式可以看成是由一系列的元素构成的视觉体系，但最终状态可以给人们一种恒久的稳定感。平衡遵循动、等、定、变的原则。动：平衡是动态的。拿一个蓄水池举例，它是有进水和出水的。等：平衡中得到的与失去的总保持相等。就好像进水总等于出水，才能保持水面高度不变。对于平面设计，元素的安排也可以是具有一定趋势的，可以通过形式的设计构成膨胀和缩减的概念，使读者感觉到下一时刻的平衡。定：保持平衡的特点就是平衡总保持稳定。变：当平衡的一边改变时，另一边也会随之改变以达到新的平衡。我们在推敲画面形式的时候，平衡点的两边分量的多少可以通过诸多版式视觉元素来实现：文字的大小、文字的多少、色彩、肌理、动势等，同时平衡点两边的分量还与人的心理联想有关，如电影《骇客帝国》中人物的年龄、性别、阅历、职位，角色的正反都预示了不同的分量感。

但是平衡并非是视觉艺术目的，平衡带来的含义是我们更应该关注的。阿恩海姆曾提到"平衡帮助显示意义时它的功能才算是真正发挥出来"。

一、对称

人类具有感知世界的意识以来就对世界具有天生的

《骇客帝国》中的人物

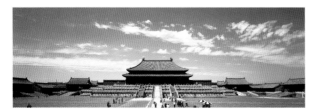

故宫建筑

工业造型

民俗剪纸

民俗剪纸

国徽

模仿能力，人类生活在丰富多彩的世界里，特殊的形态给人一种特殊的含义。人们发现自己的身体、花朵、昆虫的翅膀、动物的身躯等大自然的造物都具有对称的形式，人类本能地追求对称，营造一种顺天的潜在心里暗示。故宫、塔、神像、碑等建筑展示了王权及神权的威严、神圣。对称带来了一种庄重、稳重、安定、完整的感觉。继而在社会造物结构中得以大量发展。建筑的门、窗、院落，汽车、飞机、自行车等交通工具，锅、碗、筷、叉、花瓶等生活用品，双喜、窗花、对联等装饰无不体现对称之美。

解析几何中对称分为点对称和线对称。

1.点对称——如果一个图形绕着点旋转180°后与原图形完全重合，那么我们就称图形是关于定点的对称。

2.线对称——如果一个图形沿着一条直线翻折后图形完全重合，那么我们称图形关于直线对称。

对称指轴的两边或周围形象的对应等同或近似。

对称在实际版式设计应用中的理解：

点对称　埃舍尔作品

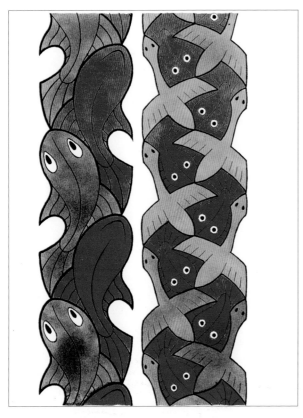

线对称　埃舍尔作品

1. 对称是平衡原理中的特殊状态。

2. 人们在自然界中对对称的理解,普遍认为是沿垂直轴左右对应的关系。沿水平轴上下对应常常被理解为倒影、镜象。

3. 版式设计中的对称强调的是一种格式的等同即框架的对应,而不是数学中的严格一一对应。

4. 对称也是一种特殊的重复。可以理解成复制→平移→翻转。

5. 中心对称版式是特殊的对称形式,有两条以上的对称轴。

6. 单调的对称形式并非能得到美感。对称是诸形式美感中的重要语素。

7. 古典著作、经典文献、官方文件、政治文稿多采

MUDC DESIGN workshop　海报

海报

海报

页面设计

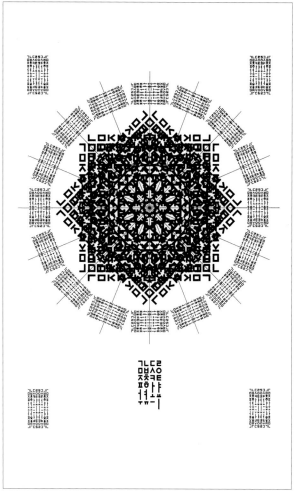

安尚秀 海报

取对称形式，塑造严肃、严谨的气氛。

二、力场

版式设计的视觉是由众多力复合下的平衡。力的共同作用，你争我抢构成了戏剧化效果。版式形态的艺术性就取决于这种"剧情"的丰富性。作为设计师应该很好地安排我们的演员，通过它们矛盾的冲突，演绎缔造我们的视觉舞台。在安排它们在什么位置做什么之前，我们必须深刻地认识它们。

对物理学中力的感受，版式设计不像自然科学那样准确无误的计算，但是人们对自然理解的经验为视觉艺术提供了依据。普通的人都生活在自然物理规律下，通过将物理规律的视觉转化，形成了符合人们经验的共鸣。在形式表现中，需要设计师对抽象的字、图、空间有符合逻辑的心理判断。

页面中视觉力的产生有以下规律。从一个矩形空白页面开始，四个边限定了页面的区域。在这个范围里我们会本能地极力寻找特殊点。连接对角线产生交点，我们寻找到第一个特殊点——几何中心点。这里的四个边及几何中心点是我们最应该关注的位置，是力集中体现的位置。

思考元素以不同位置放置所产生的力的感受。

当元素安排在底边边线附近

当元素安排在顶边边线附近

当元素安排在左边边线附近

当元素安排在右边边线附近

当元素以特定形式排列所产生的力的感受。

当元素安排在几何中心点附近，几何中心点就像是一个平衡的支点，元素越靠近支点越稳固，越远离支点越显元素的重量感加强。这也是判断元素重力感觉强弱的一个标志点。

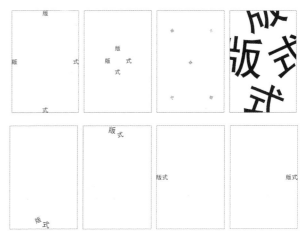

元素以不同位置放置力的变化

元素以不同位置放置力的变化

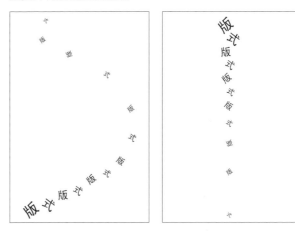

元素以不同位置放置力的变化

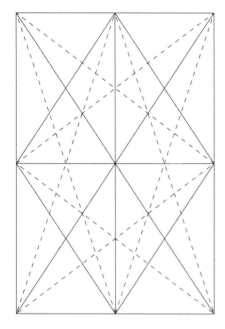

版面结构分析

　　版面中视觉中心并非和几何中心重合，视觉中心往往是处于略高于几何中心点的位置。

　　解释一：

　　几何中心点是一个判断元素重量感强弱的参考点，人们潜意识里具有预示运动趋势的能力。当元素受重力影响一定会下落，在它即将落在几何中心的位置前是最稳定的，假若未判断提前量，下一时刻会落在几何中心点之下，失去平衡。

　　理解二：

　　当我们置身于没有栏杆的高楼或悬崖的边缘时，会产生一种本能的不安感。我们情不自禁地蹲下。当我们分别坐在飞驰转弯的小面包车和轿车里，会感觉轿车安全得多。由此可以判断，人们心理认可"下"比"上"重一些，可以带来更多的安全感。所以我们目测一个垂直线段的中心时，都会比真正的中心略高一些。

　　版式设计是视觉艺术，在判断审美标准时目测的视觉中心要比工具度量的几何中心更具有意义。

　　反之，对于版面上下分量的安排，我们会将下部分安排的略重于上部分。

学生拼贴　　　　　学生拼贴

学生拼贴

学生拼贴　　　　　　　学生拼贴　　　　　　　海报

插图　　　　　　　插图　　　　　　　页面设计　　　　　　　海报

电影海报　　　　　　　电影海报　　　　　　　电影海报

三、均衡

均衡指在假定的中心线或支点的两侧，形象各异而量感等同。

若对称可以理解为一种机械的、原始的平衡，那么均衡就灵活许多。价值观念、心理变化、生活经验等构建了人们微妙的对量感判断的尺度。在理想条件下，普遍规律如下。

1.版面的左右分量。由于人们普遍的右手习惯，右手可以承担了比左手更重的支撑力。版面右侧安排的量感略重一些也理所当然。

2.版面的上下分量。由人们对视觉中心的理解（见上一节），所以下半部分安排略为重的量感是平衡的心理判断。

3.个体数量多少的量感判断。数量越多，量感越重。

4.大与小的量感判断。体积越大，量感越重。

5.形状的量感判断。规则几何形重于无规则形。

6.色彩的量感判断。低明度的重于高明度的。低纯度的重于高纯度的。冷色的重于暖色的。

7.肌理的量感判断。粗糙的重于光滑的。密集的重于疏松的。坚硬的重于柔软的。无序的重于有序的。

8.特殊与一般的量感判断。特殊的重于一般的。

9.运动的与静止的量感判断。静止的重于运动的。

10.动势的量感判断。动势的起点重于动势的方向。

视觉艺术中的"动势"还会产生"动势重力"，动势可以使重力加大。动势表现物体的运动方向，既表现为画面中形体的运动趋势，也体现在笔触、肌理的表现上。

11.人与物的量感判断。人重于物。

12.物与物的量感判断。高等动物重于低等动物。动物重于静物。静物重于风景。

13.人与人的量感判断。年长的重于年轻的。正面角色重于反面角色。男性重于女性。能力经验强的重于能力经验弱的。身份显贵的重于身份平庸的。

14.关于均衡与不均衡的相对性。我们做一个实验：对比自己的照片和镜子中的形象。认为镜子中的自己更加"正确"，而照片或者DV中的自己显得十分陌生，不自然。我们习惯了的是镜子中的形象，认为那是均衡的，当发生左右颠倒后就成了新的画面，失去了原有的平衡，所以我们感觉不自然。艺术史论家沃尔夫林认为："如果将一幅画变成它镜子中照出来的样子，那么这幅画从外表到意义就全然改变了。"人们在观看一幅画的时候总是习惯于从左到右，当左右颠倒时，均衡有可能变为不均衡。

意大利著名建筑师鲁诺·塞维认为："对称性是古典主义的一个原则，而非对称性是现代语言的一个原则。"现代版式设计形式中，均衡的大量使用取得了主导地位。不对称结构冲破对称的布局，使版面更趋于自由形式。

阿奈特·兰芷　海报

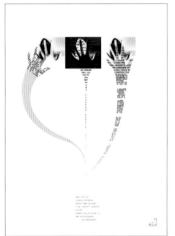

David Montinho Vilas boas　页面设计

页面设计

海报

江苏艺术职业教育集团　名片

MUDC DESIGN workshop　海报

雷又西　《狂热者》海报

海报

海报

海报

第二节 ///// 秩序原理

在日常生活中我们都有这样的体会，生活用品杂乱的摆放不仅浪费空间而且不便查找，使人心情低落。整齐有序的摆放，既方便又美观。格式塔心理学中提到相似性原则，即相同或相似的形象在组合时容易获得整体感，并且弱化视觉引起的心理紧张。中国有句老话："人以类聚，物以群分。"当我们将设计元素进行整一化、秩序化的排列后，能够给人一种愉悦的心理感受。我们在进行版式设计时，要表达的信息内容多少不一，这就需要设计师能够进行视觉化的处理，进行有目的的传达。

秩序性

一、重复

重复指不分主次的反复并置。可以理解为多次拷贝后排列的结果，元素排列的距离方式一致。人们去阅读一个重复形式，通过了解排列就可以把握住视觉的全部。阅读的过程得到了两个关键信息：一、并置的结构框架。二、单个形体。阅读变得十分有序，可以在短时间内得到全部信息量，形成了明确的语义传达。

重复的形式导致了图案化的艺术效果，将单个形体特征弱化，变成了整体的微小一部分。单个形体所承担的信息含义变得微不足道，形成了一种整体装饰视觉效果。在阅兵式上，观看通过天安门广场的队列时，我们得到的信息是"一支整齐的队伍"，而不是"某人的五官很端正"，就是由于重复所带来的弱化个体含义的效果。

埃舍尔 《对称画》

埃舍尔 《对称画》

苏格兰科学家大卫·布鲁斯特1818年发明的万花筒，利用成60°角的三片矩形镜面进行无限复制单位图形而形成一个新的图像。哪怕是毫无美感的碎彩色纸片，经过无限的重复后也得到了美丽的令人遐想的奇异图像。将本来有限的设计元素，变成了空间上无限扩展的图像。

二、渐变

　　渐变指元素的逐渐改变。在渐变的过程中，改变是均等的，这一过程离不开重复。渐变是特殊的重复。渐变的过程很重要，改变的程度太大，速度太快，就容易失去渐变所特有的规律性，给人以不连贯和视觉上的跃动感。反之，如果改变的程度太慢，会变生重复之感，但慢的渐变在设计中会显示出细致的效果。

　　版式设计中渐变可以分为形态的渐变和色彩的渐变。

　　奥地利物理学家施米德从以下几个方面诠释了渐变：单元素的逐渐加宽；逐渐的倾斜变化；单元素的逐渐缩减；单元素的逐渐位移；逐渐的角度变化；以上5种的任意组合。

　　色彩的变化可以分为色相、明度、纯度所形成的变化。

页面设计

埃舍尔作品　　　　　　　　　　　　海报

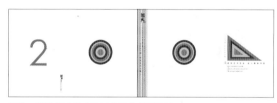

埃舍尔作品

三、方向

方向指正对的位置和前进的目标。方向的指引在版式设计中具有引导视线的作用。就像电影中的时间轨迹一样，读者阅读版面时视觉及心理的变化轨迹也是具有一定引导意义的。人眼在阅读时只能有一个视觉焦点，阅读过程中视觉有自然流动的习惯，也就形成了一个阅读顺序，体现出一种比较明显的方向感。这种视觉的前后关系就是视觉流程。

视线的流动方向具有一般性规律：由大到小，由动到静，由特殊到一般等。

版面中最基础的形态源于点，点的移动形成了线，线具有方向性。可以概括为水平方向、垂直方向、倾斜方向。

在具体设计中，方向的灵活使用具有视觉引导作用，如图封面勒口"4"图形指引的方向正好是读者即将打开书阅读的方向，起到了暗示翻开书页进行下一步阅读。

吴烨　2004 学生毕业设计作品集封面设计

海报

海报

艺术设计

学生作品 张亚萍 页面设计

页面设计 学生拼贴

页面设计

插画

四、对齐

对齐指使两个以上形态配合或接触得整齐。在版式设计中，对齐可以确定形态的位置，使我们的阅读沿着稳定的视线移动，具有秩序性。需要注意由于要对齐的元素形状会有差异，在几何对齐后会感觉具有误差。版式设计中真正的对齐应该是一种视觉的对齐。

起始的对齐；结束的对齐；上边的对齐；下边的对齐；中轴线的对齐；以上几种对齐的混合表现。

海报

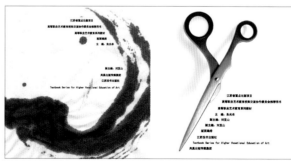

学生作品　杨洋　页面设计

页面设计　　　　　页面设计

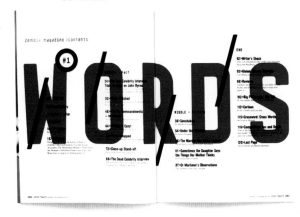

ICON　歌舞剧海报

五、间隔

　　合理的间隔可以带来井然有序的版面效果。间隔也可以理解为距离，它是一种心理上的亲近程度。据说，两个陌生人的距离是1米以外，一般朋友的距离在0.5米左右，好朋友的距离在0.1米，爱人的距离为0。间隔可以表现出版面中各元素之间的关系。

页面设计

Nidlaus Troxler 《Jazz音乐会》海报

六、分割

分割指整体切割为部分。这里的整体和部分是相对的,对于一张海报,它的整体可以是一张纸,通过分割有的地方我们限定安排文字,对于安排文字的部分,我们又可以再次分割成不同内容的文字,有标题、正文、重要信息、解释说明、英文对照等。第一次分割的部分是下一级分割的整体。所以分割是相对的,可以无限地进行下去。但是合理的设计并不是将分割"进行到底"。有尺度的分割可以产生秩序性,过细的分割反而过犹不及。好的版面分割是版式框架构成的第一步。

对于版面的分割,我们可以依据两个原则:

1. 审美性

杂乱无章的分割必然会产生琐碎无理的感觉。分割必须是有意识的设计行为才能产生美。

等形分割;等量分割;数列分割;感性分割。

2. 功能性

分割不是为了分而分的,形式必然和功用联系起来。分割后的部分,必须承担一定的意义。在分割后的区域里我们设计什么样的文字、什么样的图形都应该有所考虑。假如我们要安排的图片是16张我们分割的部分就必须可以正好放下16张。如果我们需要留出一个标题区域,那我们可以分割17份。

《破攻》 NIKE

页面设计

页面设计

页面设计

学生拼贴　　　　　　　　　学生拼贴

七、统一

统一是指构成要素的组合结果在视觉上取得的稳定感、整体感和统一感，是各种对立或非对立的形式因素有机组合而构成的和谐整体。美国建筑理论家哈姆林指出："最伟大的艺术是把繁杂的多样变成最高度的统一。"版面设计也要求有整体感，保持风格上的一致。根据总体设计的原则来把握内容的主次，使局部服从整体。版面各视觉要素间要能够形成和谐的关系，而不是孤立地存在。在设计中要突出核心元素，使标题的长短、字号的大小、字体的区别、栏宽的差异、组合的主次等各个部分的特征得到体现，形成统一的整体感。

页面设计

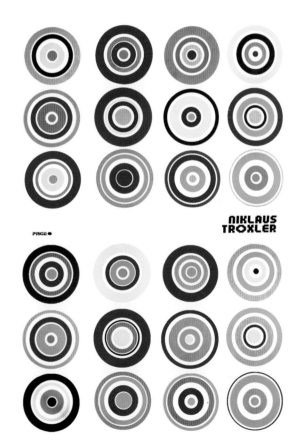

书籍封面

系列海报

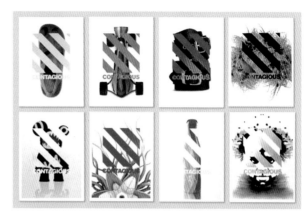

系列海报

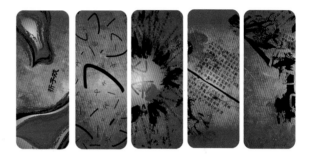

学生作品 孙海艳 《折子戏》卡片

盘面设计

海报

第三节 ///// 生活经验

人类认识世界是从实践开始的,身体的构造及生活习惯决定了我们特有的视觉思维模式。所谓的"本能"、"直觉"其实是一种必然结果。通过制造"陷阱"使读者落入我们的 "圈套"。

一、透视

透视可以简单地理解为在二维平面上表现三维空间。

1.中国有句话"一叶障目",这是人们生活中眼睛对近大远小的判断。近＝大,远＝小,所以大＝近,小＝远,人们很自然地理解为大小是判断远近的一个依据。

2.当人们看东西看不清楚的时候,会很自然地走近去看,甚至拿在手里仔细端详。人们的经验这样认为:近＝清晰,远＝模糊,所以清晰＝近,模糊＝远。这里的模糊和清晰指轮廓的精细及色彩的艳丽。清晰与模糊是判断远近的另一个依据。

3.物体受光,产生明暗变化形成体积感。离我们眼睛近的感觉层次丰富,远的明暗感觉比较弱。所以,层次丰富＝近,层次贫瘠＝远。

蒋华 《宁波大学学生作品展》海报

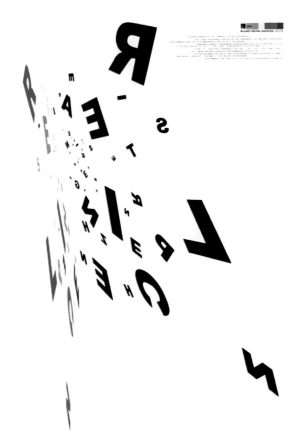

海报

二、 右手习惯

右手比左手更经常的偏重使用习惯称为右手习惯。

20 世纪 80 年代初，美国纽约州立大学的科学家彼得·欧文博士在研究病理学现象时发现，左撇子极容易染上某些免疫疾病，他据此大胆假设左撇子的免疫能力低下，并进行实验。当对包括 12 名左撇子在内的 88 名实验对象用了神经镇静药物之后，发现几乎所有左撇子的脑电图都表现出极强烈的大脑反应，有的甚至看上去像正在发作的癫痫病患者，并出现了精神迟滞和学习功能紊乱的症状。根据这个实验结果，欧文推断，在人类祖先尚处在以草料为食的时代时，常常误食内含有与神经镇静剂相类似的有毒植物，由于右撇子对有毒物质的

海报

学生作品　毛晨燕　手拎袋　　　　海报

忍受力要比左撇子强得多，所以，右撇子在自然界中也就理所当然地具有更强的生存能力。右手成为大多数人的行为习惯，大多数国家在社会公共秩序及产品设计中也以右手习惯作为标准。

据英国《FHM》杂志数据显示，每年有 2500 个美国左撇子因为无法适应右撇子们的规则的生理原因被夺去生命。我们可以做个实验，拿起一把剪刀剪你右衣袖上的脱线来试试，生命危险是没有，划道伤口还是有可能的。所以我们必须顺从大众习惯在版式设计中通过对右手关系的强调来完成我们的设计表达。

三、书写、阅读习惯

人们从左到右、从上至下依次书写、阅读时的习惯称书写、阅读习惯。

1. 中国传统书籍的排版方式是从上至下、从右向左

从汉字的书写方式来看是最适合竖行书写的。在竖行书写的方式下，汉字写起来流畅连贯，有一气呵成之势，横行书写则容易出现停顿现象，难成气势。所以，书法作品大都是竖行书写的，偶见横行作品，其艺术性也往往比不上竖行作品。其原因是汉字发展过程中自然而

然地形成了适合竖行书写的特点。汉字由横、竖、撇、捺、折五种基本笔画组成，这些笔画互相交错进行二维布置。写汉字时，总是由左角或上面起笔，收笔处大致可以分为两大类，一类是在右上角补上一点，或向右上提笔带出弯钩，这类字适合在右边横着写下一个字，但其仅占汉字的少部分；另一类是在右下角或下面收笔处，或者收笔于中间，这类字适合在下面竖着写下一个字，占汉字的大部分。

下面我们来分析古人换行的问题。这是由简策的特点决定的，向左换行要求简策自右向左卷起，写满字的简条可以很方便地在左手指端处卷出，要查看前文时只需持刀或笔的右手手腕抬起卷出的简条即可。由于这一点，决定了古人向左换行的书写习惯。

2.现代科学排版方式从左到右、从上至下

据记载，1955 年 1 月 1 日，《光明日报》首次采用把从上到下竖排版改变为横排版，并刊登一篇题为《为本报改为横排告读者》的文章。著名学者郭沫若、胡愈之等积极响应。

从左到右、从上至下的排版习惯是具有以下科学性的。

（1）横版的科学性。人类的眼睛左右视角为 120°，上下视角为 90°。横看比竖看要宽，阅读时眼和头部运动较小，省力，不易疲劳。有人专门做了一项实验，挑选 10 名优等生，让他们阅读从同一张《中国青年报》上精心选择的抒情短文。结果差距明显：横排版的阅读速度是竖排版的 1.345 倍。

（2）从左到右的科学性。单个字的书写顺序是自左

学生作业

诗文自由编排　　　　　　学生拼贴

学生作品　眭菊香　页面设计

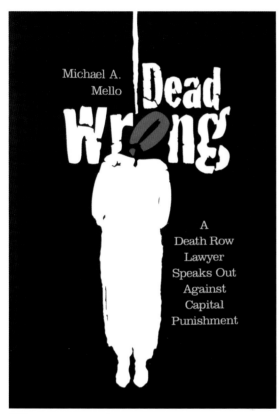

海报

页面设计

向右的，如果顺序相反，那么先写出的部分就会被笔尖遮住，从而导致不容易把字写漂亮。

（3）这种排版方式可以和各种数、理、化公式、拉丁字母文字的排版习惯相统一。拉丁字母单词、阿拉伯数字如果竖排很难识别，不符合视觉习惯，必须横排。

（4）可提高纸张利用率。

四、思维惯性

惯性思维，指人习惯性地因循以前的思路思考问题，仿佛物体运动的惯性。惯性思维常会造成思考事情时有些盲点，且缺少创新或改变的可能性。给大家讲三个生活中的故事来进行理解。

故事一，很多人小时候玩过这样一个游戏：你先不停地说"月亮"，别人问："后羿射的是什么？"你肯定会不假思索地说"月亮"。

故事二，有一个学者给他的学徒们讲了一个故事：五金店里面来了一个哑巴，他想买一个钉子。他对着服务员左手做拿钉子状，右手做握锤状，用右手锤左手。服务员给了他一把锤子。哑巴摇摇头，用右手指左手。服务员给了他一枚钉子，哑巴很满意，就离开了。这时五金店又来了一个盲人，他想买一把剪刀。这时，学者就

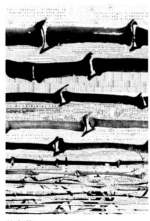

韩家英 《融合》 海报

埃舍尔作品

埃舍尔作品

问：这个盲人怎样以最快捷的方式买到剪刀呢？一个学徒说，他只要用手作剪东西状就可以了。其他学徒也纷纷表示赞成。学者笑着说，你们都错了，盲人只要开口讲一声就行。学徒们一想，发现自己的确是错了，因为他们都用惯性思维思考问题。

故事三，有一个科学家做了一个实验：他请了50名志愿者看房间内所有蓝色的物体30秒。然后请他们闭上眼睛，问他们看到了多少个红色的物体、绿色的物体和黄色的物体。这下他们都傻眼了，因为他们只专注蓝色的物体，没有专注其他颜色的物体。

五、吸引

吸引指的是人对于事物所抱的积极态度。具有吸引元素的版面更容易得到读者的关注。

生理吸引：异性形象的吸引。

海报

拜金吸引：金钱形象的吸引。

摄影

新异吸引：新奇、怪异形象的吸引。

电影海报

电影海报　　　　　　　电影海报

爱好吸引：自身兴趣的关注性。

页面设计

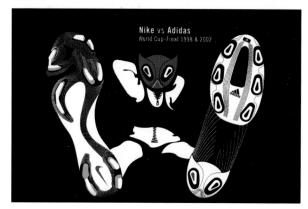

页面设计

第四节 ///// 音乐美感

一、节奏

节奏是指音乐运动中音的长短和强弱阶段性的变化。节奏离不开重复。音的高低、轻重、长短、音节和停顿的数目，押韵的方式和位置、段落、章节的构造都可以运用重复形成节奏变化。

自然界中充满节奏，山川起伏跌宕、动植物生活规律、生老病死、太阳黑子活动周期、公转自转、四季的更替，昼夜的交替。人类身体的各种反映，如孩子的啼哭，走路时手臂不自觉地前后摆动，在书写时指与腕的移动，也都具有简单的规律和节奏。

在版式设计中，字、词、句、段落、篇章、色彩、肌理等视觉的组合都可以构成丰富多彩的节奏形式。

页面设计

页面设计

海报

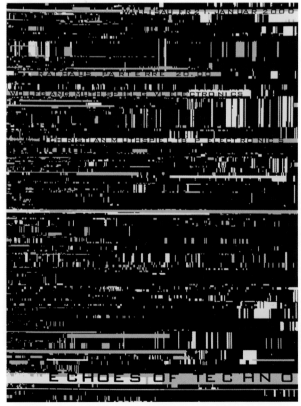

海报

海报

学生拼贴

孙奕沁　学生拼贴

页面设计

二、韵律

韵律指音乐中的声韵和节律，诗词中的平仄格式和押韵规则。音乐中的韵律包括语言的腔调、声音的高低、语势的轻重缓急和声调的抑扬顿挫。诗词中韵律指：①平仄，主要是讲究平声和仄声的协调。②对偶，在韵文特别是格律诗中，对偶的工巧是要求比较严的，诗词中一般是句对，在赋和八股文中还有多句对和段对。③押韵，指同韵的字在适当的地方（如停顿点），有规律地重复出现。在版式设计中，通过图文的面积、体量、疏密、虚实、肌理、重叠等变化来实现韵律。

思考：根据诗词进行视觉化具有韵律感的排版。

1.《天净沙·秋思》（元）　马致远

枯藤老树昏鸦，小桥流水人家，古道西风瘦马。夕阳西下，断肠人在天涯。

2.《声声慢》（宋）　李清照

寻寻觅觅，冷冷清清，凄凄惨惨戚戚。乍暖还寒时候，最难将息。

三杯两盏淡酒，怎敌他、晚来风急？雁过也，正伤心，却是旧时相识。

满地黄花堆积。憔悴损，如今有谁堪摘？守着窗儿，独自怎生得黑？

梧桐更兼细雨，到黄昏、点点滴滴。这次第，怎一个愁字了得！

可口可乐 logo

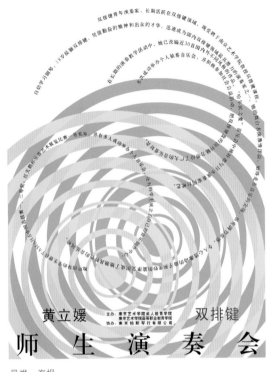

吴烨　海报

海报

海报

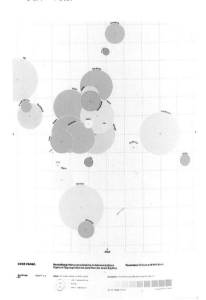

海报

海报

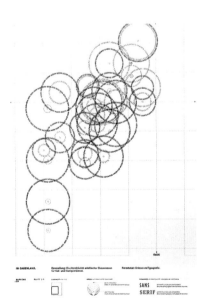

海报

三、织体

织体指多声音乐作品中各声部的组合形态，包括纵向结合和横向结合关系。

Niklaus Troxler 《Jazz音乐会》海报

Niklaus Troxler 《Jazz音乐会》海报

Niklaus Troxler 《Jazz音乐会》海报

Niklaus Troxler 《Jazz音乐会》海报

Niklaus Troxler 《Jazz音乐会》海报

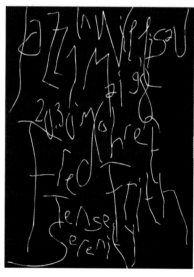

Niklaus Troxler 《Jazz音乐会》海报

四、旋律

韵律指声音经过艺术构思而形成的有组织、有节奏的和谐运动。它建立在一定的调式和节拍的基础上，按一定的音高、时值和音量构成的，具有逻辑因素的单声部进行。

Niklaus Troxler 《Jazz 音乐会》 海报

Niklaus Troxler 《Jazz 音乐会》 海报

Niklaus Troxler 《Jazz 音乐会》 海报

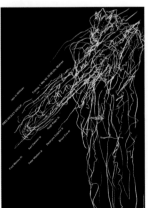

Niklaus Troxler 《Jazz 音乐会》 海报

页面设计

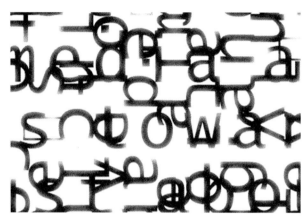

页面设计

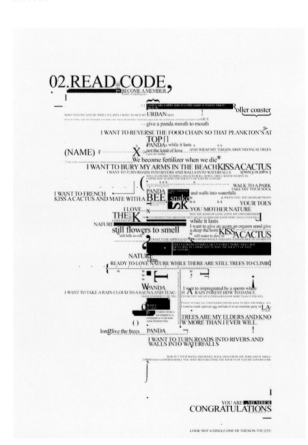

Brechbuhl Erich 海报

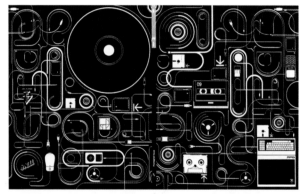

页面设计

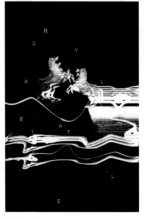

Stefan Lucut 海报

海报

第五节 ///// 数学法则

一、数列及几何形

数列关系产生了各部分之间的对比程度。古希腊毕达哥拉斯学派认为数学的比例关系决定了事物的构造及事物之间的和谐。提出"黄金分割",其比率是1:1.618。等比数列、等差数列也可以形成特殊的和谐关系。

一些特殊的数列:

a、 a+r、a+2r、……a+(n-1)

1、2、3、5、8、13……p、q、(p+q)

海报

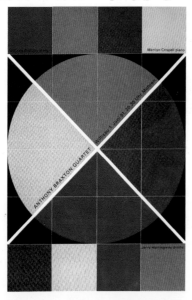

海报

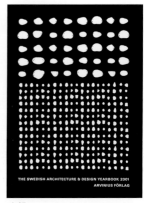

海报

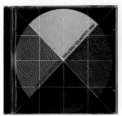
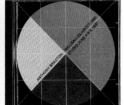

光盘

海报

海报

学生拼贴

二、加法（本知识点侧重设计方法）

在进行版式美感构筑的时候就像是盖房子，一块材料一块材料地添加。我们把这种行为理解是加法。在"加"之后使单位元素变成整体的一部分，而不是割裂的一块。如果我们的作品在完成后，仍然感觉空洞、单薄，即使不需要再添加内容，我们也可以在形式上添加，给以视觉的饱满感。在进行加法设计的时候要注意形式语言明确，元素之间的内在联系清楚，重点突出等方面思考。

解决问题：版面"空""单调"

三、减法（本知识点侧重设计方法）

当设计师一味追求视觉的丰富性时，往往会忽视版面空间气息的流动、节奏的变化及视觉整体感受。这时候我们需要减去一些多余的元素，尽可能地把不必要的元素去掉，以求简洁、明了。减法和加法贯穿于设计行为全过程，往往是多一分显挤，少一分显空，设计师需要不断地推敲，达到最完美的境地。

解决问题：版面"满""堵""矛盾""含糊""冗繁"

四、乘法（本知识点侧重设计方法）

乘法指版式中"复制"，"复杂化"的使用，目的是"繁化语言"。 版式设计中，当要传达的信息内容少时，我们会利用形式尽可能地使画面丰富，塑造复杂的视觉形式。我们需要利用一些形式技巧进行抽象表现，以削弱"空"的内容感受，使视觉感觉"多"。

五、除法（本知识点侧重设计方法）

除法指版式中的"概括""归纳""简化语言"。 当要传达的信息内容多时，我们会进行秩序化的设计，尽可能地使画面单一，显得"少"。把多个元素、多种形式归入一个比较接近的范畴，以提升整体感，形成统一性。

可以从以下几方面进行除法设计：

（1）色彩除法：把同类色进行概括，减少变化。也可以把对比色进行同化，减弱对比，形成一致感。

（2）手法除法：把形式语言特点进行归纳，表现手法进行同化，形成一致的语言格调。

（3）形态除法：把形状、面积、大小、方向、位置进行统一化的处理。

六、相切（内切、外切）、相交、包含、相离

版式设计元素之间的位置关系

多媒体视觉

多媒体视觉

多媒体视觉

多媒体视觉

七、"1+1 ≠ 2"（本知识点侧重设计方法）

根据格式塔心理学，两个形态的叠加并不等于它们分别传达含义的总和。即视觉整体不等于各个元素的相加。在进行版式设计时有"一动百动"的特点。当我们进行设计修改时，一个元素位置的改变，本来均衡的画面就失去平衡，需要牵动更多元素的调整。

第六节 ///// 破坏原理

戏剧剧情的发展需要矛盾来推进，版式设计也是如此。当我们的画面非常"完美"时，实际是呆板、无生气的表现。好的版面应该活泼、自由，充满对旧事物、旧形式的破坏。以下几种破坏方式是对前面形式法则的进一步理解。

一、对平衡的破坏——动势

平衡的版式是稳定的、恒久的，但是也缺少刺激的感受，缺乏时尚性、动感性。我们要尝试打破这种平稳形成新视觉版式。

Johngodfrey 海报

电影海报

电影海报

电影海报

二、对重复、渐变的破坏——异变

在重复形式中会失去视觉流动，俗称的"花眼"就是因为无法把握阅读重点造成的心理紧张。通过异变的处理，阅读变得有重点，而不是眼睛游离在画面中不知要看什么。

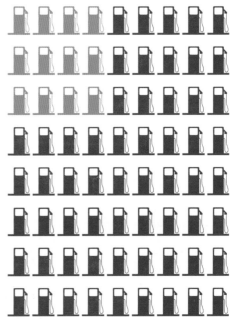

海报

电影海报

EASYSCRIPT , German

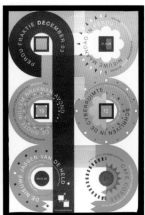

系列海报

三、对方向的破坏——"角"

当版面中出现方向不一致的形式时，便形成了"角"。人的视线会向两个方向相交的点移动，然后停留片刻继续向"角"指引的方向前进。这就形成了视觉流动变化。相交产生的角度越小其指向性就越强，相反"十字"相交产生的视觉引导最弱，但图式矛盾性最强。

Niklaus Troxler 《77—99海报巡回展》海报

Niklaus Troxler 《Jazz音乐会》海报

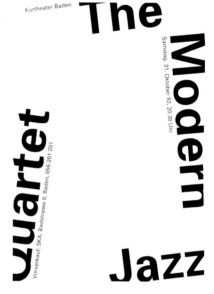

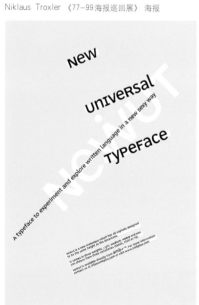

海报

海报

海报

四、对逻辑空间的破坏——空间混淆、矛盾空间

不符合逻辑的正负叠加图形，不符合透视规则的形式都属于对逻辑空间的破坏，可以形成新异的视觉吸引。

Niklaus Troxler 《Jazz音乐会》海报

埃舍尔作品

埃舍尔作品

埃舍尔作品

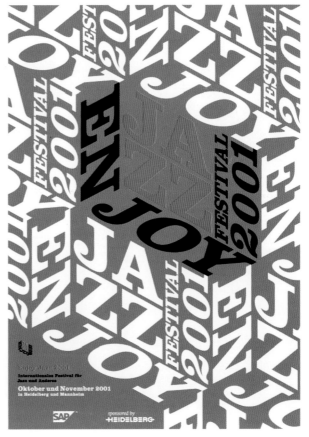

海报

五、 对"平涂"的破坏——虚实、疏密

虚实是指艺术作品中所呈现出的清晰与模糊、明确与含混的关系，也指空间的有与无的关系。疏密指视觉艺术中形象的组织或元素的组合在空间位置的聚散关系。版面中视觉元素的处理手法较单一时，可以采用虚实、疏密来破坏呆板的局面。

一般来说，近处的物体实，远处的物体虚；刻画具体的实，描绘含混的虚；对比强烈的实，对比微弱的虚；静止的物体较实，运动的物体较虚。在版式设计中，文字表现为实，空白表现为虚；黑色一般为实，白色一般为虚。

疏具有空阔、平静感，密具有丰富或拥挤、紧张感。一般来说，元素集中则密，元素稀少则疏；分割较细则密，块面较大则疏；细节丰富则密，细节较少则疏；纹样繁多则密，纹样舒展则疏；肌理纹路清晰、排列紧凑则密，肌理纹路模糊、排列松散则疏。

海报

多媒体视觉

装置设计

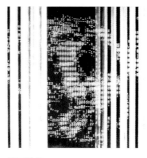

装置设计

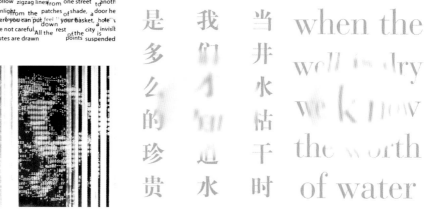

王序 海报

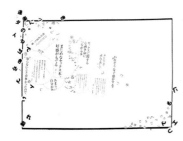

学生拼贴　周蓉

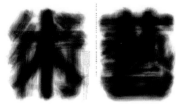

何见平　海报

学生拼贴

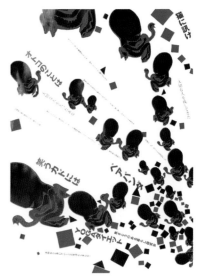

学生拼贴　蒋敏

海报

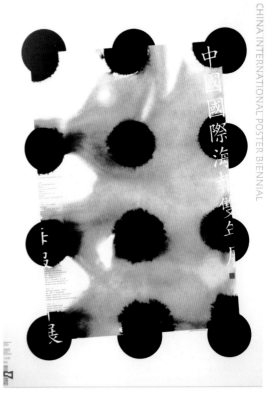

海报

六、对统一的破坏——对比

所有元素彼此和谐相处的效果叫统一。运用对比来破坏统一的形式，形成趣味的视觉变化。对比指两个在质或量上都截然不同的构成要素，同时或继时地配置在一起时，出现的整体知觉上加大相互间特性差的现象。在视觉艺术中，对比可以增强不同要素之间所具有的特性，形成张力，打破呆板、单调的格局，通过矛盾和冲突，使设计更加富有生气，产生明朗、肯定、强烈的视觉效果，给人深刻的印象。这种相互对立性质的要素，从形式上可以分形状、色彩、肌理、手法等，在心理上形成冷暖、刚柔、动静、轻重、虚实等感觉。形的对比包括点的大小、线的长短、粗细、曲直对比，面的大小对比，形状的方向性对比，动态形与静态形的对比以及各种元素组织上的虚实、疏密对比等。版式设计中的字体大小对比，字可以大到一整面，也可小到一个点，大小组合是自由的。

海报

海报

页面设计

电影海报

页面设计

编排视觉

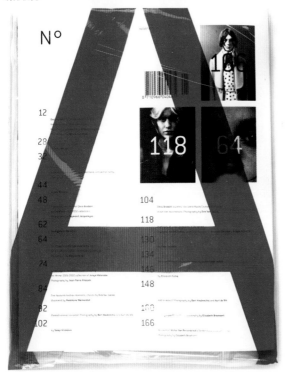

页面设计

电影海报

电影海报

七、对尺度的破坏──"大"与"小"的感受

尺度是指某种物的大小、尺寸与人相适应的程度。我们有时候需要打破正常的尺度感受，形成"大""小"不同的感受，以获得美感。

安尚秀　海报

安尚秀　海报

安尚秀　海报

页面设计

海报　　　　　　　　　学生拼贴

学生拼贴　吴一清

八、对完美的破坏——残缺之美

　　如果事事都能完美的话，你会发现这并不会很美好。只有在一幅图画中有疏漏之处，才能体现出复杂之处绘描的巧妙。只有在歌曲中有细微的低声，才能烘托

页面设计

页面设计

出高潮时的美妙。高潮需要低谷作为铺垫，一切的完美都在不完美中形成。在自然界，风总是在最温柔的时候醉人，雨总是在最纤细的时候飘逸，花总是在将凋零的时候令人怜爱，夜总是在最深冷的时候使人希冀。版式设计中，我们会把完整的形式进行破坏以求自然之美。

海报

页面设计　　　　海报

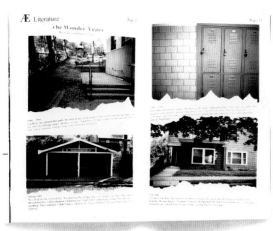

页面设计

蒋华　《苏州印象》

蒋华　《苏州印象》

九、对常规状态的破坏——反常态

我们运用不符合逻辑的视觉效果、不寻常的表现形式进行设计，产生奇趣的效果。打破正常情况下人们对世界的认识，比如正反、质感、空间、顺序、因果等。

页面设计

页面设计

学生作品　屈牧　页面设计　　　海报

海报

海报

海报

海报

海报

海报

第七节 ///// 本章综述

好的版式设计总是赏心悦目，其依靠的是形式美感，本章节介绍了一部分版式设计中比较实用的形式设计技巧。许多形式原理之间处于流通的关系，就像我们生活中的事物一样，统一于一个整体的世界系统之中。例如节奏中蕴涵着重复，方向中也蕴涵着平衡等原理。一幅版式作品，其形式是诸多形式法则的综合，我们要灵活地去使用这些原理。

电影片头

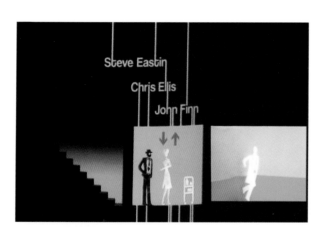

电影片头

电影片头

电影片头

电影片头

电影片头

电影片头

电影片头

页面设计

页面设计

[复习参考题]

◎ 什么是形式美法则中的平衡原理、秩序原理?

◎ 什么是虚实、疏密?

◎ 渐变的形式有哪些?

[实训案例]

◎ 请运用"0~9"作为元素分别制作"秩序原理"中的形式法则。

要求:电脑形式排版,尺寸A4,使用软件Illustrator。

◎ 使用从报纸、杂志上裁减下来的文字、图片在32K卡纸上进行拼贴练习。

要求:分别表现"音乐美感"中的形式法则。

◎ 综合形式训练:以《时间》为主题,元素和设计方法不限,重点表现形式美感。

要求:尺寸A0,电脑制作,软件不限,出图。

第四章　版式网格设计

本章重点 》

轴线、矩形风格的网格设计在设计中的运用较广泛，是本章的学习重点。

学习目标 》

通过学习教学使学生了解什么是网格设计，网格设计的意义是什么。能够使学生利用几种常用网格设计进行具体版面设计的应用。

建议学时 》

8学时。

第四章　版式网格设计

　　版式网格是指版面设计中的骨架，是设计的辅助工具。我们将版面运用网格划分，网格作为一种参考线使我们对文字、图片等元素的安排有依据，有规则，形成结构严谨的视觉。需要注意的是网格线在版式中是隐藏的参考线，并非实体元素。

第一节 ///// 轴线

　　轴线指的是围绕线进行的排版，用线对版面进行骨架的设置是最简单的一种网格设计形式。通常情况下，用尽可能少的轴线进行框架安排，可以脉络比较清晰，一个版面如果划分多个轴线，会削弱轴线的框架结构，以致版面冗杂。轴线网格设计可分为：垂直轴线、倾斜轴线、折线、弧形轴线等。

海报

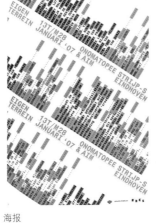

海报

金毓婷《1／4英里》 海报

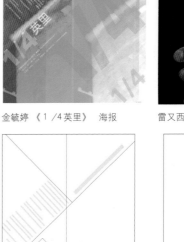

雷又西《联盟》 海报

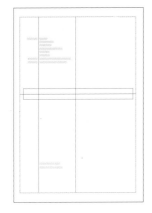

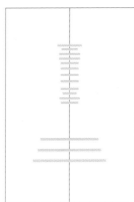

第二节 ///// 放射线

由一个焦点中心扩展、延伸的线的结构我们理解成放射线网格。在版式中，文字的排版线条、图形的形状，甚至抽象元素的趋势都是沿着一个中心点进行发散的。

设计中需要注意由于文字的排版方向不一定都是和水平线、垂直线平行的，阅读时会有难易程度的不同，所以要将重要的信息内容尽量排在易读的位置。放射线网格设计可以分为：直线放射、弧线放射、角度放射等。

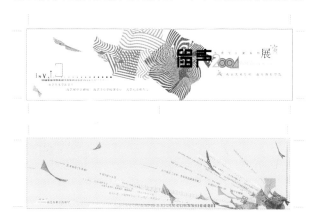

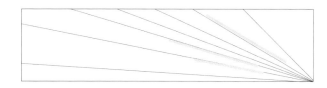

吴烨 《请柬》设计

海报

海报

页面设计

第三节 ///// 膨胀

由一组同心圆的部分弧构成的结构线是膨胀网格特点。在这样的弧线上安排文字或图形，视觉上有膨胀的气球感觉。

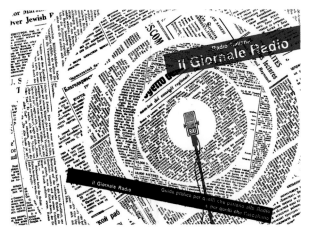

海报

海报

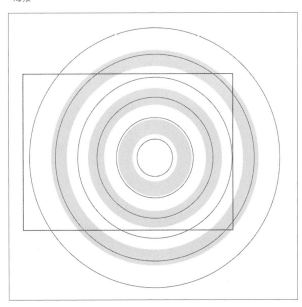

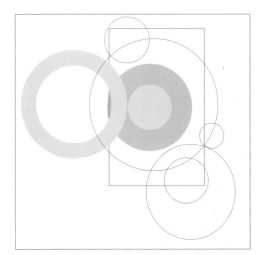

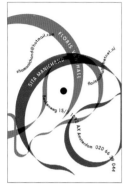
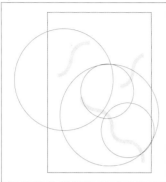

海报

页面设计

插画

页面设计

学生拼贴

页面设计

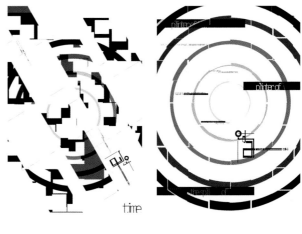

学生作品 王增 《时间碎想》 海报

第四节 ///// 矩形分割

矩形分割是最经典的网格设计。在版面中，设计水平线和垂直线使它们交织形成分割，以此来组织、约束文字、图形，形成恰当比例的空白，使页面主次分明、经纬清晰、层次多样。由矩形构成的框架结构使版面空间得到严谨、理性的分配，形成了合理、统一的视觉。在书籍正文设计及报纸设计中广泛应用。

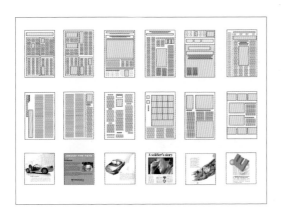

学生练习 矩形分割

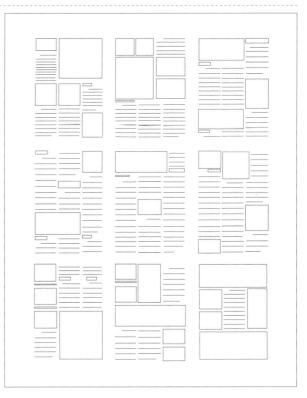

学生练习 矩形分割

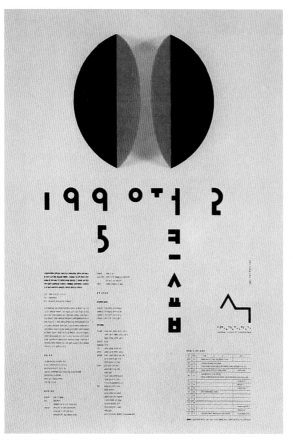

安尚秀　海报

安尚秀　海报

安尚秀　海报

[复习参考题]

◎　什么是版式网格?

◎　版式网格设计的意义是什么?

[实训案例]

◎　使用线分割进行版式网格设计。

　　要求:A4页面。使用软件 Illustrator。分别设计放射线、膨胀各4个方案,矩形分割6个方案。

第五章 版式设计原理

《 本章重点 》

文字、图形、空白原理是本章的学习重点。

《 学习目标 》

通过对平面设计视觉的不同角度分析，使学生理解版面设计的基本原理宏观把握、设计表现及设计细节的联系。

《 建议学时 》

12学时。

第五章　版式设计原理

第一节 ///// 点、线、面原理

　　设计基础的构成原理中,点、线、面作为最基本的构成元素已经被我们重视了，在专业性更强的版式设计中，点、线、面构成原理依然是我们对页面效果控制的最理想工具。在版式设计中，点、线、面是以一种更加灵活的方式展现的。

　　点：一个文字、一个单词、一个字符、字的一个笔画……

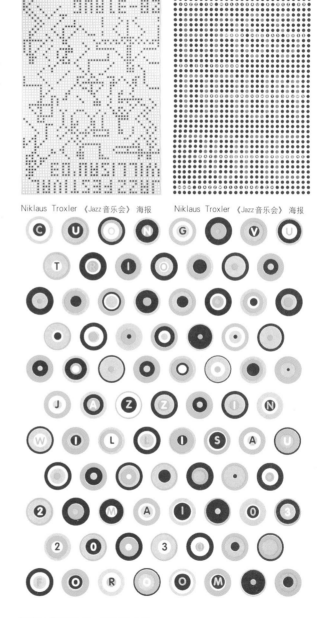

Niklaus Troxler 《Jazz音乐会》海报

Niklaus Troxler 《Jazz音乐会》海报　　　　Niklaus Troxler 《Jazz音乐会》海报

Niklaus Troxler 《Jazz音乐会》海报

线: 一行字、一条装饰线、两栏文字的间隙空白……

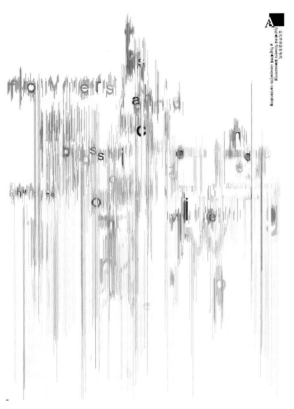

学生作品 贾成会 海报

学生作品 贾成会 海报

Niklaus Troxler 《Jazz音乐会》 海报

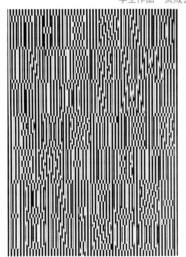

海报

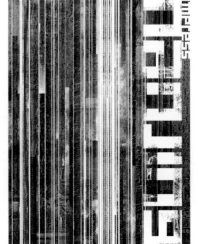

时澄 《南京印象》 海报

面：一段文字、一张图片、一个色块、一块空白……

在大多数版式设计实践中，我们会使用点、线、面综合的方法进行设计。

Niklaus Troxler 《Jazz音乐会》海报

页面设计

学生作品　何宝勇　页面设计

学生作品　何宝勇　页面设计

海报

海报

海报

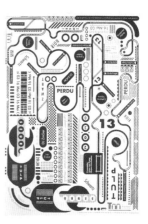

海报

第二节 ///// 黑、白、灰原理

素描要靠三大面、五大调子来实现光的微妙过渡，体现出强烈的层次感、立体感。版式设计的表达也应该是丰富多彩的，设计师应该对画面有一种去除色彩的能力。就像黑白相机一样，虽然不用色彩也能表达出色彩的感觉。

页面设计

页面设计

韩家英 《暧昧》

第三节 ///// 文字、图形、空白原理

版式设计是解决图形与图形、文字与文字、图形与文字、图文与空白之间秩序关系的设计。我们可以把复杂多变的版式设计概括成这一简单的行为标准——旨在处理文字、图形、空白的相互关系的安排。

一、文字排版

1.文字的识别性排版

对识别性文字排版的设计我们要考虑：字体、字号、字距、行距、分栏、文字的易读性等。要求做到内容传达的功能大于形式传达。不能因为过分追求形式的变化忽略读者阅读的便利性。

一般情况下同一个版面字体不应该使用过多，为了区别字功能上的差异又不能只使用一种，应该加以控制使用4种以内。如果一定要有更多的区别，可以采用同类字体来区别，如黑体、细黑、粗黑属于一类，宋体、中宋、粗宋属于一类。尽可能控制字体大的种类不要超过3种。标题文字、重点内容要用粗字体及大字号来强调。

字号的使用没有特别的规定，一般字典、手册等工具书为了容下大量的文字及便携性，字号相对较小，一般为5～7P。儿童启蒙用书一般为36P，小学一年级前字号都不应该小于18P，小学二年级至四年级一般用12～16P。9～11P对成年人阅读比较适合。报纸、杂志的字号多为7P。大量阅读小于8P的字，容易使视觉疲劳，12P以上的字每行排列的文字较少，造成换行频繁也容易造成阅读疲劳。

行距和字距要根据具体情况进行排版。一般行距必须大于字距，行距为正文字号的1/2～3/4。行距和字距会影响阅读的流畅性，如果字行比较长，行距就应该加大，否则容易阅读时窜行。行距和字距还对版面的利用率有着重要影响。

汉字横竖都可以排版，但是横版阅读效率更高，一般用于大量文字的排版。标题文字等内容量少的文字可采用竖排。体现中国传统色彩的内容可以使用竖排。英文、数理化公式、汉语拼音的排版应该遵循阅读习惯进行横排。

页面设计

页面设计

页面设计

页面设计

安尚秀 页面设计

安尚秀 页面设计

页面设计

学生作品 刘倩倩 页面设计　　学生作品 刘倩倩 页面设计

2.文字的装饰性排版

（1）文字组图：利用文字的排列形成图形效果。

视觉编排

视觉编排

视觉编排

海报　　　　　　　　　　　海报

（2）文字抽象表现：根据设计师对主题的感受进行感性的视觉传达，把文字作为视觉符号使用，文字基本失去本身的阅读性。可以把文字进行任意的拆分、放大、扭曲、变形、颠倒等设计。

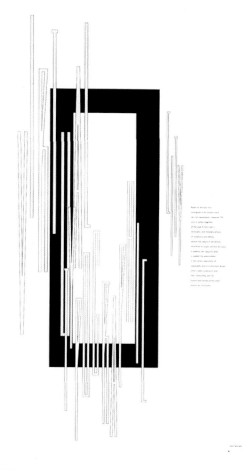

吴烨　舞台背景设计

安部俊安　页面设计

Christof Gassher　页面设计

（3）文字装饰化：一般对主题文字处理采用装饰化
手法。文字保留可识别性的同时尽量增添与其含义相一
致的美感。

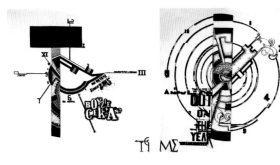

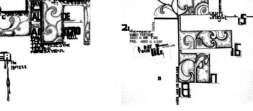

白木彰　海报

学生作品　饶媛　《time》

学生作品　熊朝香　海报

页面设计

四、空白

文字、图形组成的正形以外的部分我们理解为空白。国画中有句话描述空白形式的，就是"计白当黑"，表明了白也就是空的地方和着墨一样都是国画整体的组成部分，如何利用空间中的留白是非常重要的，也是提升艺术性的途径。在版式设计中，空白的设计和正形的设计同等重要。空白的设计是为图文作铺垫的，只有通过空白的衬托，才能显得字图的闪耀。好的空白设计不仅要重视版面率，还要讲究字与图之间的空白，字行之间、单字之间、甚至笔画与笔画之间的空白关系，最终还要考虑图文组合后与版面的整体感觉。版面率指版面上所有文字和图形所占面积与整个版面面积之比。

海报

金毓婷 《1/4英里》海报

页面设计　　　　　　　　　　　　　页面设计　　　　　　　　　　　　　页面设计

第四节 ///// 形式、内容原理

　　任何美好的视觉形式都要服从内容，否则都是毫无意义的。我们在接到一个设计任务时，首先要对其进行内容分析，是庄重的应用文，严谨的学术文献，幽默的故事，轻松的画报，还是活泼的前卫视觉等。然后进行形式语言的思考定位，选择恰当的传达形式。使形式和内容一致，就像人们在特定场合穿戴恰当的服饰一样，得体很重要。

包装设计

电影海报

[复习参考题]

◎　如何理解版式设计中的点、线、面关系？

◎　文字排版有哪些特点？

◎　图形排版有哪些特点？

◎　如何使用好版式设计中的空白？

[实训案例]

◎　用26个英文字母进行文字组图练习。

◎　为《版式设计与实训》（本书）的目录进行文字识别性排版。

　　要求：内容、尺寸同本书。文字排版具备可读性的同时具有美感，形式上能够体现本书的内容特点。具有目录的功能，方便使用。

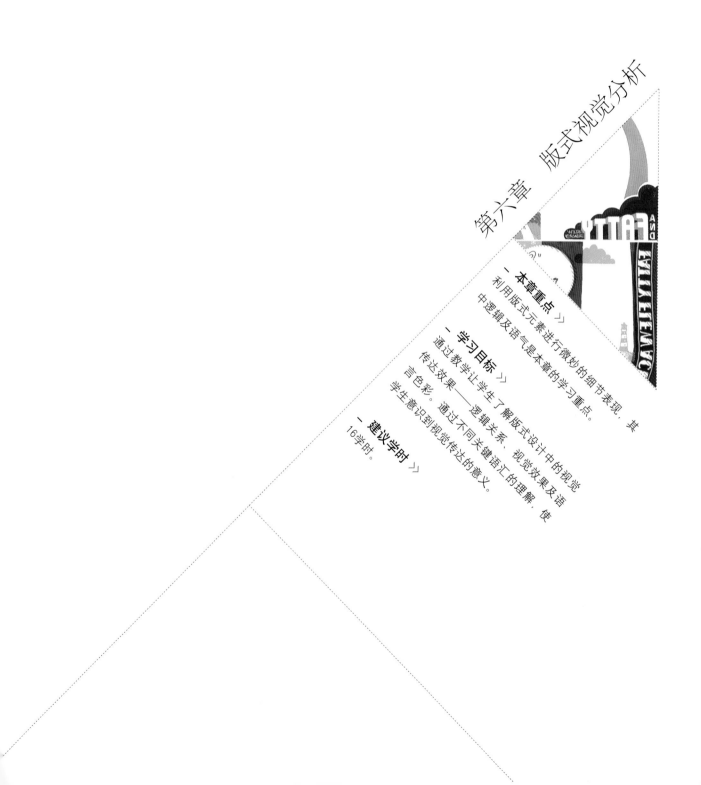

第六章 版式视觉分析

一 本章重点 》

利用版式元素进行微妙的细节表现，其中逻辑及语气是本章的学习重点。

一 学习目标 》

通过教学让学生了解版式设计中的视觉传达效果——逻辑关系、视觉效果及语言色彩。通过不同关键语汇的理解，使学生意识到视觉传达的意义。

一 建议学时 》

16学时。

第六章　版式视觉分析

第一节 ///// 逻辑

　　版式设计是一种传达设计，要依靠读者的阅读传递信息。读者能够看懂设计是设计作品价值的体现。在版式设计中合乎逻辑的排版秩序，能够更加易读，提高传达效率。

一、分类组合

　　分类指使在某方面具有共同特征的形态聚集到一起。按照不同的分类标准可以得到不同的分类结果。通过分类，类别信息被重点提取出来。阅读变得更加具有条理，使读者可以用最快的时间找到想要得到的信息。例如一份体坛的报纸，我们会把国际和国内进行区别，把足球和篮球进行区别。

　　组合指由版式中的几个个体或部分结合形成整体。进行组合时，要注意组合元素之间是否存在同类关系、对应关系。

学生作品　荆晔　页面设计

页面设计

二、层级

　　层级指阅读时不同重要程度信息的区别。一般情况下有总分关系、里外关系、优先关系。合理的层级可以引导读者的阅读。例如我们在看一份报纸的时候总是先浏览大标题，在找到我们感兴趣的内容后，才仔细阅读正文。假若我们排版的时候把正文文字排得醒目，标题文字排得不起眼，那读者找寻信息将是十分困难的。

　　1.组合与次组合：在进行版式设计时，通过对内容的理解，可以将内容分成很明确的组合关系，而组合与组合之间又存在并列关系和上下级关系，必须在视觉中得到正确表现。

　　2.主角与配角：主角指一些重要、需要强调、引起关注的部分。需要进行重点表现，例如位置置前，文字加粗，色彩对比强烈，加强装饰效果等。配角应该处于一种铺垫地位，尽量表现得平淡一些。

三、尺度

　　尺度是指版式设计中视觉元素的大小、规模、功能相对人的标准。例如邮票、书籍、海报、户外广告相对

吴烨 《招生简章》页面设计

人的阅读使用都有不同，合理的尺度安排才能被人正常阅读。

四、视觉流程

视觉流程是指人们在阅读版式作品时，视觉的自然流动，先看什么，再看什么，在哪一点停顿，停顿多长时间。由于人的视野极为有限，不能同时感受所有的物象，必须按照一定的流动顺序进行运动，来感知外部环境。版式设计中，由于视觉兴趣作用力的区域优化，图形、文字的布局，信息强弱的方向诱导，形态动势的心理暗示等方面的影响而形成视觉运动的规律。将这一规律应用到设计目的上的行为就是视觉流程设计。人们视觉流动具有一些固定的生理规律。

1.眼睛有一种停留在版面左上角的倾向。原因是人们有从左向右、从上到下的阅读习惯。

2.眼睛总是顺时针看一张图片。

3.眼睛总是首先看图片上的人，然后是汽车、鸟儿等移动的物体，最后才注意到固定的物体。

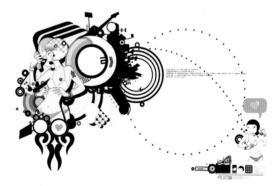

MUDC 海报

横版名片　16开书籍　标准海报

尺度比较

吴烨　招生简章　标题设计

在进行版式设计时，视觉的流程要符合人们认识的心理顺序和思维活动的逻辑顺序。版面构成要素的主次顺序应该和视觉流程一致。版式设计要在总体构想下突出重点，捕捉注意力时运用合理的视觉印象诱导，同时应该注意在视觉容量限度内保持一定强度的表现力，具备多层次、多角度的视觉效果。

五、传达一致性

传达一致性指题材、构成元素、构图、形式、追求主题的一致。

吴烨　海报

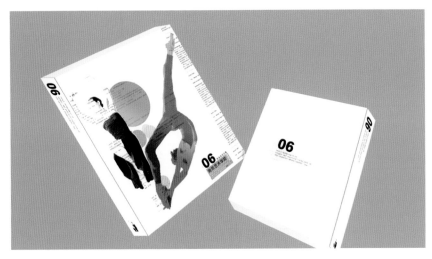

吴烨　书籍设计

第二节 ///// 效果

一、自然仿态

在版式形式中，把文字、图形的排列按照生物的自然规律进行表现叫做生物仿态。我们可以挖掘大自然中的美好形态，变成我们的排版秩序，这是一个用之不尽的形式资料库。

1.树木花草

植物的生长一般都有背地性，也就是都是根部向地心引力的方向发展，枝干向背离地心的方向发展。版面上下方向是和地心引力的方向一致的，我们要把框架的

大趋势向下发展，就像扎根一样。同时植物会尽可能地将枝条、树叶向上发展，以吸取阳光。版式中左右的排版就像是枝条的伸展。所以我们要理清版式中"主干"与"枝条"的关系。

树木的生长，具有很强烈的主从关系。树枝一定是长在主干上的，枝条一定是长在树枝上的，树叶一定是长在枝条上的……生活中人们常用树形图来表示逻辑关系，版式设计中我们会将形式像树形的发展一样不断地丰富下去。

2.生长

生长指在一定的生活条件下生物体体积和重量逐渐

学生作品　贾成会　《梅.兰.竹.菊》　海报

电影海报

增加、由小到大的过程。视觉上一样可能具有生长感。通过读者的感受及想象，这种排版构成形态就像生物体一样具有活力，在下一刻就会继续增大。

海报　　　　　　　　　　视觉艺术

3.飞溅

飞溅的液体具有自由、力量、大气、洒脱、不拘一格的气质，具有"点"的构成美感。

学生作品　樊卫民　页面设计

4.流淌

流淌是液体的特性,不同的液体又具有不同的心理暗示。血液的流淌预示着伤亡、痛苦,涓涓细流的流淌预示着悠然自得、随遇而安。在具体设计中根据流淌的色彩、形状、速度、浓度等性质进行暗示液体的概念,进而渲染主题气氛。

视觉艺术

5.气泡

气泡原指液体内的一小团空气或气体。提到气泡我们会联想到香槟酒里的气泡直往上冒,想到鱼儿吐的气泡。对气泡的模仿具有趣味性、娱乐性。

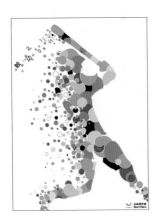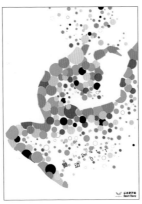

学生作品　李令海　《26届大运会》海报

6.烟雾

原意指空气中的烟或者空气中的自然云雾。烟雾的效果具有轻浮上升感,随风运动。

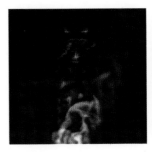

多媒体视觉　　　　　多媒体视觉

7.裂损

裂损可以分成破裂和损毁两种形态。

(1) 具有破裂玻璃线条自然扩散的放射状,以直线构成,长短参差不齐、断连不一的形态特点。

(2) 任何完整物品的缺失都可以看做损毁,例如金属罐的变形、破裂,布匹的撕裂,飞机的残骸等。

这种模仿具有残缺、自然之美。

海报

8.痕迹

俗语"水过留痕，雁去留声，人过留名"，通过对痕迹的表现可以塑造丰富的形态。例如轮胎的压痕、刷子的痕迹、人的脚印、图章印记、毛笔笔迹等。

海报

9．拟人

拟人指把物拟作人，使其具有人的外表、个性或情感。我们可以在版式设计中，把文字、符号等抽象的形态进行拟人处理，使它们具有人类的情感、动作。

易达华　字体设计

二、物理模仿

1.力

通过设计表现使抽象的元素具有受力影响。

（1）重力。从呱呱坠地的婴儿到拔地而起的高楼大厦都挣脱不了地球的束缚。人们与生俱来对这种力量的适应，成为人们对万物的本能理解，哪怕是抽象的不具有质量的文字、图形，也一样受重力的影响。

（2）浮力。物理学中的解释是液体和气体对浸在其中的物体有竖直向上的托力。浮力的方向竖直向上。人类的生活经验对浮力直观的认识是漂浮的气球、轮船，判断浮力的作用是通过被测物的密度感觉、体积感觉来实现的。

（3）万有引力。万有引力是由于物体具有质量而在物体之间产生的一种相互作用。它的大小和物体的质量以及两个物体之间的距离有关。物体的质量越大，它们之间的万有引力就越大；物体之间的距离越远，它们之间的万有引力就越小。在版式设计中，大的形态总能更强烈地吸引小的形态，同时我们也会发现两个大小近似的形态当距离安排较近时，会产生一种排斥的力。

（4）弹力。物体在力的作用下发生的形状或体积改变叫做形变。在外力停止作用后，能够恢复原状的形变叫做弹性形变。发生弹性形变的物体，会对跟它接触的物体产生力的作用，这种力叫弹力。

（5）摩擦力。两个互相接触的物体，当它们发生相对运动或有相对运动趋势时，在两物体的接触面之间有阻碍它们相对运动的作用力，这个力叫摩擦力。物体之间产生摩擦力必须要具备以下四个条件：第一，两物体相互接触。第二，两物体相互挤压，发生形变，有弹力。第三，两物体发生相对运动或相对运动趋势。第四，两物体间接触面粗糙。四个条件缺一不可。有弹力的地方不一定有摩擦力，但有摩擦力的地方一定有弹力。摩擦力是一种接触力，还是一种被动力。

（6）反作用力。力的作用是相互的。两个物体之间的作用力与反作用力，总是同时出现，并且大小相等，方向相反，沿着同一条直线分别作用在此二物体上。

2.速度

速度是描述物体运动快慢的物理量。这里对速度的模仿使抽象的字、图具有动感。

学生作品　屈牧　页面设计

3.轨迹

一个点在空间移动，它所通过的全部路径叫做这个点的轨迹。通过轨迹效果的表现可以在平面中制作出记录时间变化的效果。

吴烨　页面设计

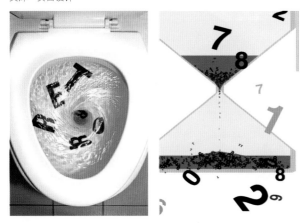

视觉小品

海报

安尚秀　海报

4.光效

物体发光以及光的反射、折射效果我们这里统称光效。

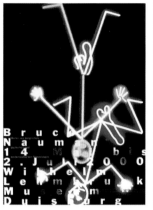
海报

海报

5.溶解

溶解指一种物质（溶质）分散于另一种物质（溶剂）中成为溶液的过程。

多媒体视觉

6.融化、熔化

融化、熔化通俗的理解是固体变为液体。例如冰在常温下自然融化，钢材在加热条件下熔化成液体等。

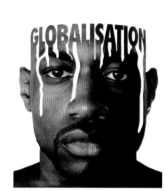
海报

海报

7.磁性

能吸引铁、钴、镍等物质的性质称为磁性。磁铁两端磁性强的区域称为磁极，一端称为北极（N极），一端称为南极（S极）。同性磁极相互排斥，异性磁极相互吸引。

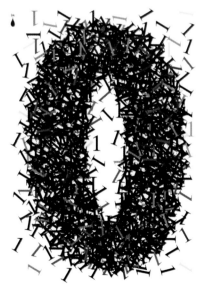
海报

8.气流

流动的空气称为气流。我们在进行阅读时感觉到气息的流动，有时候是细水长流，有时候是气势磅礴，有时候是坑坑洼洼。版面的气息流动形成了其特有的生命力。

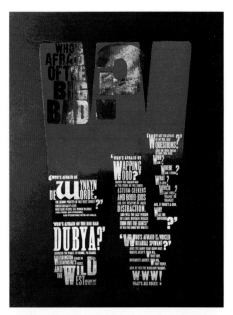

海报 "锈蚀仿效"

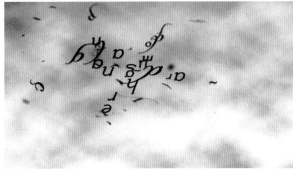

多媒体视觉

三、 化学仿效

1.锈蚀

锈蚀是空气中的氧、水蒸气及其他有害气体等作用于金属表面引起电化学作用的结果。

2.爆炸

爆炸可视为气体或蒸汽在瞬间剧烈膨胀的现象。爆炸的视觉效果具有强烈的刺激性，可以起到吸引注意的作用。

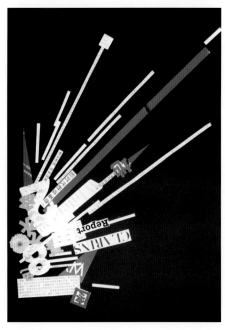

学生拼贴 "爆炸仿效"

3.燃烧

可燃物跟空气中的氧气发生的一种发光发热的剧烈的氧化反应叫做燃烧。燃烧的模仿必须要体现相应的光、色效果及发热感。

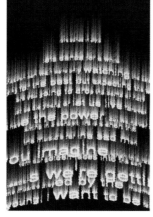

电影海报　　　　　　　　　　金毓婷　页面设计

四、层次

层次指版式设计中页面的纵深感。通过不同叠加方式体现出丰富的纵深感觉。可以通过透明度、图层叠加等方式来实现其效果。

金毓婷　《1/4英里》　海报　　　石澄　《南京印象》　海报

五、肌理

肌理指形态表面诉诸视觉或触觉的组织构造。肌理，英文texture源于拉丁语textura，有"编织"或"织物的特征"的意思。主要包括三个方面：物质结构的纹理，元素由排列所呈现的纹理，物体受外力作用生成的痕迹所呈现的纹理。光滑的肌理给人干净、润滑、贴心的感受。粗糙的肌理给人质朴、稳重的感受。疏松的肌理给人自然的、朴实的感受。密集的肌理给人坚固的、科技的感觉。裂纹肌理给人粗犷、奔放的感受。

韩湛宁　普高大院　海报

页面设计

六、 手写体、涂鸦

手写体具有真切感，能和特定的事件紧密相连，比正规的印刷字富有想象空间，具有现场意境。涂鸦更能够体现强烈的个人情感。手写体及涂鸦都是自由、随意的设计，能够给版式带来生机。

页面设计

第三节 ///// 语气

一、理性评估

多用于严肃的陈述、正规的应用文排版。在字里行间能够受到"道理"及"信服感"。

二、欢快

用于轻松、愉悦的排版内容，使读者能够体会到设计师要表达的兴奋之情。

A Look Behind the Scenes

平面广告

海报

三、调侃

幽默、诙谐、玩笑式的表达方式。

页面设计

海报　　　　　　　　　页面设计

四、游戏

具有娱乐性及互动性的设计。

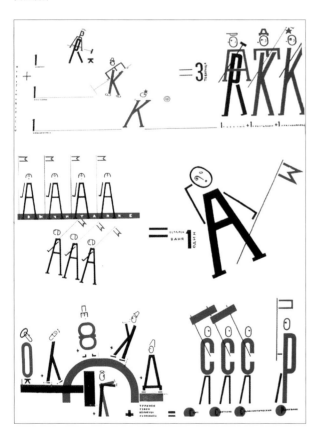

页面设计

编排视觉

五、怀旧

怀旧是一种情绪，旧物、故人、老家和逝去的岁月都是怀旧最通用的题材。

页面设计

学生作品 孙海艳 《折子戏》

六、惊叹

对异乎寻常的事物吃惊、感叹，是人们一种较强烈的情感反应。

学生作品
孙海艳 《折子戏》

[复习参考题]

◎ 什么是版式设计中的视觉流程?

◎ 什么是版式设计中的层次?

◎ 手写体、涂鸦的效果表现具有怎样的特点?

[实训案例]

◎ 运用文字排版分别制作出生长、拟人、磁性的视觉效果。文字内容不限，电脑制作，尺寸A4。

◎ 尝试手写体、涂鸦的效果表现，手绘表现，纸张不限制，尺寸8开。

第七章 版式设计实训

本章重点》
本章节的重点在各个实训项目的案例分析讲解及学生的实际灵活运用。

学习目标》
通过不同的实训案例的分析及训练,使学生将掌握的版式设计方法运动到实际中。训练学生在实际操作中遇到问题并解决问题的能力。

建议学时》
24学时。

第七章 版式设计实训

第一节 ///// VI中的文字组合

VI即Visual Identity，通译为视觉识别系统，是CIS（Corporate Identity System）中最具传播力和感染力的部分。是将CI（Corporate Identity）的非可视内容转化为静态的视觉识别符号，以丰富的多样的应用形式，在广泛的层面上进行最直接的传播。VI是以标志、标准字、标准色为核心进行展开的完整系统的视觉表达体系。标志中的文字组合及文字排版决定了视觉风格取向，是CI的精髓体现。公司可以通过其在不同媒介上的展示来树立自身的形象。

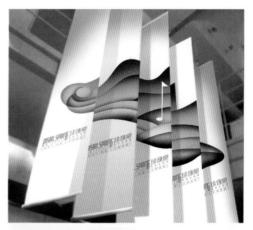

2012 奥运会VI

石澄 房地产VI

圣家堂视觉摄影 logo

曼联 logo

学生作品　名片设计　何烨

学生作品　名片设计　何烨

学生作品　名片设计　方竹珺

第二节 ///// 报纸版式

报纸是以刊载新闻和时事评论为主的定期向公众发行的印刷出版物。采用新闻纸印刷，具有轻便、便宜的特点。

报纸纸张尺寸分为全张型与半张型，全张型报纸的版心约为350～500mm，一般采用8栏、每栏宽约40mm，字号为10p，或采用国际上通用的5～7栏。

报纸版面通过矩形网格进行分栏处理。在进行报纸排版时，以自左向右的对角线为基准安排重要文章，其他位置排列次要信息。中国报纸的栏序一般左优于右，上优于下。报纸的底边也是个特殊视觉区域，应该得到重视。随着印刷与制版技术的发展，人们审美的水平提高，报纸版面设计更加趋于杂志化排版，标题醒目，视觉冲击力强，彩色印刷代替黑白印刷，版面更加自由、时尚、新颖、生动。

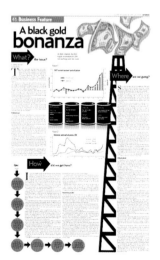

报纸页面

相对报纸版面千变万化的排版，报头是不变的。报头是指报纸第一版上方报名的地方，一般在左上角，也有的放顶上边的中间。报头上最主要的是报名，一般由名人书法题写，也有的作特别字体设计。报头下面常常用小字注明编辑出版部门、出版登记号、总期号、出版日期等。

报纸广告具有发行量大、宣传广、快速、经济的特点。报纸广告一般分为报眼、整版、半版、1/4版、通栏、半通、双通等多种规格。报纸广告排版既要符合平面广告设计传达，又要符合报纸媒介特点。

报纸页面

第三节 ///// 杂志版式

杂志版式丰富多彩，是最具创意和前卫的版式设计载体。

杂志内文排版形式多以网格为主，穿插自由版面设计。杂志封面必须有名称和期号，有类似广告宣传功能的内文摘要及主要目录以便读者在购买时辨认。封面的设计在统一中寻求变化，每期保留固定视觉识别，又以新颖的方式展示新内容。为节省成本，杂志一般不专门设置扉页、版权页等，而是将它们与目录合到一起。其版面设计一般由专栏名、篇名、作者、页码、刊号、期号、出版单位、年月、编委等组成。

《Surface》
杂志封面

《Ceci》杂志封面　　　　　《Ceci》杂志封面　　　　　《Ceci》杂志封面

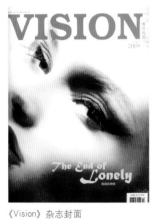

《Vision》杂志封面　　　　　　　《Vision》目录　　　　　《Vision》页内

《新潮流》封面　　　　《新潮流》目录　　　　《Vision》内页　　　　《Vision》内页

第四节 ///// 平面广告版式

平面广告版面设计一般由两部分组成：主题创意和编排形式。主题创意的表现是根据广告媒体的传播特点，运用画面、文字、语言等多种表现因素，通过设计把广告主题和创意，具体、准确、完整及生动地体现出来的过程。图形、文字、色彩是平面广告的构成要素，图形占视觉传达的大部分。文字由两个方面构成，即文案设计与字体设计。在平面广告版式设计中，图形和文字要密切配合，才会事半功倍。通过文字排版，将产品名称、标题、广告语、说明文、企业名称、地址、电话等商品信息直接传达给消费者。

时澄 海报

白木彰 海报

杂志内页广告

第五节 ///// 书籍版式

书籍是将二维纸张装订后变成三维阅读载体的设计。书籍版式设计中要解决好以下问题：

1. 书籍版面的开本大小及阅读条件。

2. 书籍版面间的延续性，对比协调关系等。看书行为不是单幅版面的阅读，而是伴随读者互动、时间延续的阅读行为。

3. 如何清晰明了地把书籍内容展示给读者。

书籍的开本也是一种语言。作为最外在的形式，开本仿佛是一本书对读者传达的第一句话。好的设计带给人良好的第一印象，而且还能体现出这本书的实用目的和艺术个性。比如，小开本可能表现了设计者对读者衣袋书包空间的体贴，大开本也许又能为读者的藏籍和礼品增添几分高雅和气派。美编们的匠心不仅体现了书的个性，而且在不知不觉中引导着读者审美观念的多元化发展。但是，万变不离其宗，"适应读者的需要"始终应是开本设计最重要的原则。决定书籍开本的4个因素：①纸张的大小；②书籍的不同性质与内容；③原稿的篇幅；④读者对象。

开本是指一本书幅面的大小，是以整张纸裁开的张数作标准来表明书的幅面大小的。把一整张纸切成幅面相等的16小页，叫16开，切成32小页叫32开，其余类推。由于整张原纸的规格有不同规格，所以，切成的小页大小也不同。把 787mm×1092mm 的纸张切成的16张小页叫小16开，或16开。把850mm×1168mm的纸张切成的16张小页叫大16开。其余类推。

确定开本后，要确定书的版心大小与位置。版心也叫版口，指书籍翻开后两页成对的双页上被印刷的面积。版心上面的空白叫上白边，下面的空白叫下白边。靠近书口和订口的空白分别叫外白边、内白边。白边的作用有助于阅读，避免版面紊乱；有利于稳定视线；有利于翻页。

版心是根据不同的书籍具体设计的，但是有很多设计师力求总结出最完美的版心比例关系。凡·德格拉夫提出德格拉夫定律（如图），可适用于任意高宽的纸张，最终得到内外白边比为1：2。

德国书籍设计家让·契克尔德提出2：3的开本比例，即版心高度与开本宽度相同，称为"页面结构的黄金定律"（如图），他把对角线和圆形的组合把页面划分为9×9的网格，最后得到文字块的高度a和页面的宽度b（图中的圆形直径）相等，并且与留白的比例正好是2：3：4：6。

随着设计的发展，书籍的版心设计更加科学、灵活、自由。

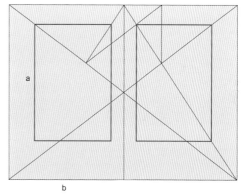

德格拉夫定律

让·契克尔德页面结构黄金定律

书籍设计

封面设计

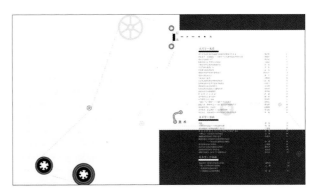

吴烨　目录设计

第六节 ///// 折页及卡片版式

　　折页、卡片等宣传品俗称小广告。根据销售季节或促销时段，针对展会、洽谈会、促销活动对消费者进行分发、赠送或邮寄，以达到宣传目的。折页、卡片的版面自成体系、丰富多彩，不受纸张、开本、大小、折叠方式、色彩、工艺的限制，是设计师展示良好视觉的舞台。最常见的折叠方式是对折页和三折页。

16k　285x210 (889x1194)

金毓婷　植树节活动卡片

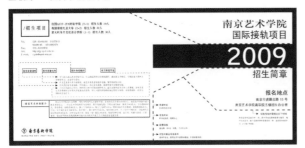

吴烨　招生简章设计

吴烨　招生简章设计

吴烨　招生简章设计

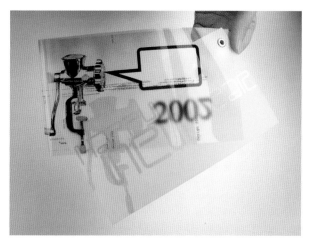

时澄 折页设计

第七节 ///// 包装版式

包装设计需要清晰地传达信息，并且需要迎合市场口味来给产品定一个视觉化的形象。由于包装是立体形态，包装的版面设计需要在特定的面上进行排版，需要考虑最佳展示面的视觉效果，非主要展示面安排次要信息。包装材料及形态各异，可以进行更加灵活、巧妙的设计构思。包装版式具有广告作用，一般情况下包含以下内容：

伏特加 包装设计

SHAPY 包装设计

酒类包装设计

1.文字信息：商品名称、用途、成分、质量、使用说明、注意事项、广告语、企业名称、联系方式、生产日期、运输储存说明、各类许可证等。

2.图形信息：企业形象、创意图形、装饰效果等。

学生作品 吴询 标签设计

饮料包装设计

RENEE VOLTAIRE 包装设计

第八节 ///// 网页、电子杂志及GUI界面版式

网页、电子杂志及GUI界面都具有互动性及多媒体性的特点。这类版式设计我们不仅要考虑页面的美观还应该考虑动画效果、声音效果及游戏性。由于它们都是以屏幕作为媒介的，必须考虑色彩区域及分辨率特点。GUI界面版面设计操作性是第一位的，要考虑功能按钮的设计一目了然，具有明确的功能指代性。电子杂志兼具杂志和多媒体的性质，版面设计时可以进行杂志版面模仿的同时加强多媒体互动。

Sunx Zhang GUI 设计

季熙 GUI 设计

CG 电子杂志设计

网页设计

第九节 ///// CD 及 DVD 盘面版式

CD 及 DVD 盘面版式属于在特定尺寸、形状下的排版。我们需要考虑在特形下编排的巧妙性，例如圆形路径的文字排版，中心放射状排版等。

光盘包装

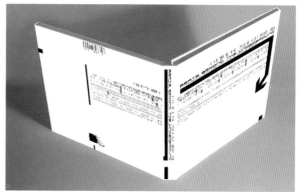

光盘包装

盘面设计　　　　　　　　　　　　　盘面设计　　　　　　　　　　　　盘面设计

第十节 ////// 释解版式

　　释解版式是一种说明性较强的实用排版。当传递相同的信息时，单纯的文字表达方式与夹杂视觉要素的表达方式，会给读者带来不同的印象。单纯的文字表现，读者理解较慢，而视觉化的处理使内容变得容易把握。为了使数据变得易懂，可以将其转化成插图或者图表。在制作地图说明位置时，不需要将现实中的每个街道细节都表现出来，那样反而使读者不易分辨。根据地图本身的主题进行设计，进行信息的提炼、概括，如果地图上标的太多多余信息，主题反而会不明确。

释解版式

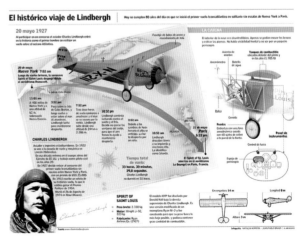

释解版式

释解版式

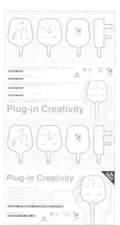

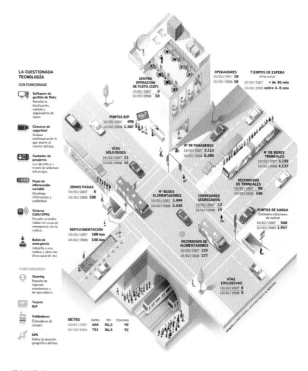

释解版式

释解版式

[复习参考题]

◎ 思考在具体实训课题中排版的尺度，即如何安排好文字图片的实际大小，以满足读者在成品中对版式的阅读？

◎ 什么是释解版式？构思如何为一房地产经销商设计表示楼盘地理位置的地图？

[实训案例]

◎ 本阶段是综合实训阶段，每节的内容都是实训点，由任课教师根据实际情况安排。

参考书目 ››

《文字设计概论》 湖南大学工业设计系、浙江大学 网络教程

《平面媒体广告创意设计》金墨 编 广告传媒设计人丛书 　（第一章 第一节部分摘录）

《艺术与视知觉》[美]鲁道夫·阿恩海姆 著 腾守尧 朱疆源 译 四川人民出版社 2001年3月

《建筑空间组合论》彭一刚 著 中国建筑工业出版社

《设计艺术美学》 章国利 著 山东教育出版社

《视觉传达设计原理》 曹方 主编 江苏美术出版社 2006年8月

《编排》蔡顺兴 编著 东南大学出版社 2006年

《美国编排设计教程》[美]金泊利·伊拉姆 著 上海人民美术出版社 2009年

《版式设计原理》[日]佐佐木刚士 著 中国青年出版社 2008年

《版式设计》[英]加文·安布罗斯 保罗·哈里斯 编著 中国青年出版社 2008年

《ONEDOTZERO MOTION BLUR》 外文图书

《THE LAST MAGAZINE》BY David Renard外文图书

《SWEDISH GRAPHIC DESIGN 2》外文图书

《AIKLAUS TROXLER》外文图书

《USE AS ONE LIKES—GRAPHIC》外文图书

《MUSA BOOK》外文图书

《TASCHEN'S1000 FAVORITE WEBSITES》外文图书

《YOUNG EUROPEAN GRAPHIC DESIGNERS》外文图书

《2007/2008 BRITISH DESIGN》外文图书

《WORLD DESIGN ANNUAL 2005》外文图书

《PHAIDON》外文图书

《TYPE IN MOTION 2》外文图书

《安尚秀》外文图书

《图像处理网》http://www.psfeng.cn/

第二篇/插图创意设计

The Complete—
works

Chinese of
Design art Classifi—
cation

Art
Design
of Works
Complete

编著/郑大弓

目录 contents

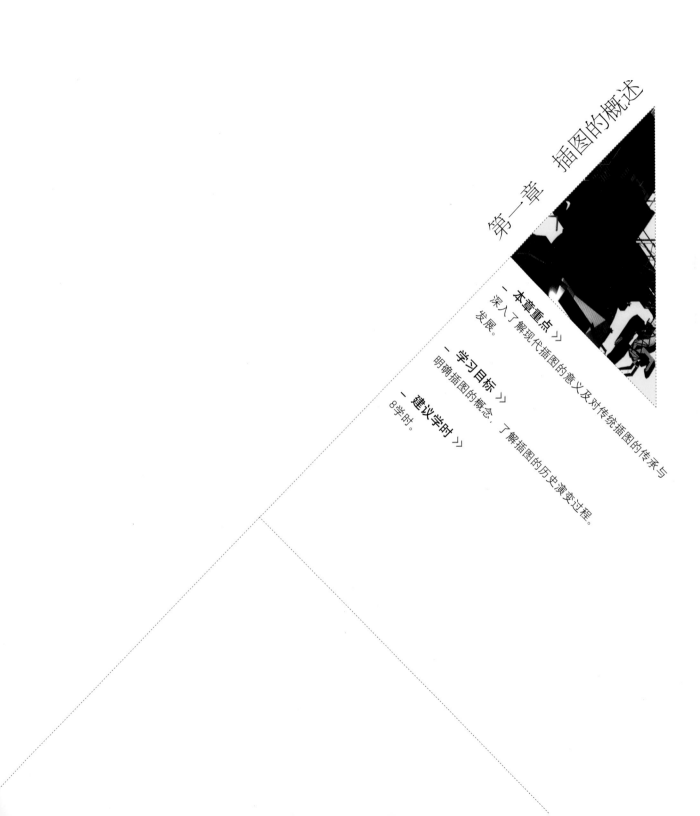

第一章 插图的概述

本章重点》
深入了解现代插图的意义及对传统插图的传承与发展。

学习目标》
明确插图的概念，了解插图的历史演变过程。

建议学时》
8学时。

第一章　插图的概述

第一节 ////// 插图的概念

通常情况下，一提起"插图"，人们自然地会想到它与书籍的关系，即我们常说的"书籍插图"或"书籍插画"。如果从插图的发展历史去审视其过程，我们就会发现，自有书籍诞生以来，图与书就息息相关，不可分割。其中插图一直在充当着先锋的角色，而且至今仍有着独特的个性与魅力。那么，"插图"与"插画"又有什么区别呢？其实，这两个在近年国内设计行业中出现频率较高的词在概念上并没有实质上的区别，基本属于同一概念范畴，只是在实际的应用中"插图"所包括的范围比"插画"更广泛一些罢了。现如今，在信息传达飞速发展的时代，插图的概念及用途也远不能从传统的概念上去解释了，它已经从表现形式到题材应用上发生了很大的变化。

社会的不断进步，信息化时代的到来，使插图创作进入了一个更加广阔、更加多元化、更加全新的天地。它已不仅仅是一种视觉的表现形式，而是越来越多地承担起传播信息的功能。现代插图的意义也随之更广泛了。

一、传统"插图"的概念

插图艺术在我国有着悠久的历史。古时，不管是画于墙上的壁画还是刻于竹简及画在纸和绢上的图像，或者是用雕版印于书中的图形，统称为"图"或"像"。从宋代开始，书籍的内文页面上出现了"上图下文"的形式，称为"出相"。如《新刻出相宫板大字西游记》、《荀子》就是这样的书籍。明清时，一般在通俗小说中，每卷前面往往附有书中人物的图像，因刻画得非常精细，因而称为"绣像"，画有每章回情节的画面称"全图"。如《绣像三国演义》、《亲刻全相演义三国志传》等（图1-1～图1-3）。

图1-1　宋代的插图书籍已突破了仅为宗教做宣传的束缚，出现了研究人生哲学的书。《荀子》插图描绘了当时的礼教、道德。插图的格式为上图下文，图文并举，刻工精湛，充分反映当时的社会面貌。据记载是陈升画，陈宁刻的，福建建安版

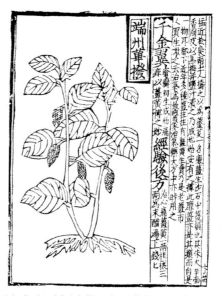

图1-2　出自《经史证类备急本草》　宋·唐慎微撰。江西漕司刻本，是我国古代医药学的瑰宝。这些插图都是为了文字而配的说明，有些则是以图为主而配有文字说明，作者运用如法而有力的铁画银钩细致地描绘了植物的根、茎等的生长变化。刻制刀法质朴、大方，十分生动

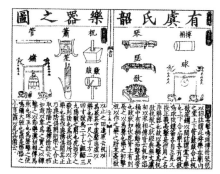

图1-3　宋代尚书图采用上图下文的形式

图1-4　出自《马利亚女王诗篇》 绘有彩图，内居首字母、经文及滑稽画的书页

图1-5　出自《彼得伯勒诗篇》 首字母D加以精绘，这些被赋予花草、鸟兽、人物等装饰纹样的花体字母，实际上已经具备了插图的基本特征。在当时这已成为典型的装饰手段

图1-6　现代书籍及文字设计当中，依然能看出古典宗教读物中字体处理的痕迹

在欧洲，"插图"的概念源自拉丁文illustration，原本有"举例说明、例证、图解、注释"的含义。与我国相似，欧洲的插图也是最先运用于宗教读物中。插图的英文单词通常称为Illustration。在中世纪手抄本中称Illumination，指圣经或祈祷文中的装饰性文字和图案造型。Illumination是英格兰撒克逊语系的lim—limm（绘画之意）和法兰西语系的luminer（给予光彩、发光之意）二者的折中语。插图的另一英文单词是icon。icon意指宗教书籍中的圣像。当时，宗教团体把教义文字和书籍视为神圣，认为书籍是神的化身，不可玷污。因此，教徒们不遗余力地对其加以装饰，甚至使用金银来修饰，以表诚心。书中以花草、鸟兽，甚至以人物作为装饰纹样的字母已经具备了插图的基础特征。插图对于传播教义、解读经文、装饰经书起到了重要作用。这种装饰手段后来被广泛地应用于自然科学书籍、文法书籍和经典作家文集等出版物中，其最初的目的是为那些不识字的人能够理解经文中的文字表达。它使书籍的表达方式增加了新一层的内容和方法，这种通过绘画方式来辅助书籍文字内容的方法，使书籍更丰富和具有直截了当的说服力和吸引力。宗教读物中的图像，从某种意义上说是西方插图艺术的起源、脉络，已经具备了"将被解释的内容视觉化，把思想和内容变作可以看得见的具体形象"的插图意味（图1-4～图1-6）。

传统"插图"概念的定义，主要源于《现代汉语词典》当中的解释："插在文字中间帮助说明内容的图画，包括科学性和艺术性的。"这一解释界定了插图主要用于以文字为信息载体的传播媒介中。

二、现代"插图"的概念

现代意义上的插图不只是简单地把书籍中的文字或信息传达的内容进行视觉形象的阐述，还要将文字中所表达的情感准确、直接地通过画面传达给读者。情节在丰富版面、传达个性的同时，也增强读者的阅读兴趣和与情节的互动性。因此，我们也可以说，现代插图的意义已不仅仅是附属于书籍和文字，而且在主动地、独立地、以个性化的方式把信息传达出来。

由此可见，插图已不是简单地对文字内容的"图解"。现代插图不只是文字内容的从属，它已由原来对文字的依赖性逐渐转变为具有独立性与积极性的特殊艺术表现形式。其功能不仅仅是"对文字做补充说明和增加版面美感"，而且也起到了"视觉信息传播"的作用。因而插图艺术也在很大程度上表现出了与纯绘画艺术诸多方面相似的特征，主要特征表现为：①书籍插图一开始的主要功能是为了让不认字的人理解其文字的意思，是为了说明一个故事，一个道理，一个事情，也是为了使读者能理解其意思，因为它具有叙述性。但它是通过图的形式表现出来的，所以也具有描绘性。形象逼真、生动的图形才能吸引读者，因此，创作者更加注重其表现力来吸引读者。②随着印刷技术及数字化程度的提高，插图已不再以原作的方式展示，但原作艺术水平的高低仍然是决定插图表现形式的主要因素。③虽然插图的风格各异，但还是有较多的插图采用写实手法，这是因为插图注重其使用性，它主要是面对大众，写实的手法能够使得更多人读懂。插图与纯艺术之间的相似特征正是插图的魅力所在，可以说一幅好的插图同时也可以成为一件优秀的艺术作品。我们应该充分发挥插图的审美作用，使其具有相对独立意义的视觉造型符号，以积极、认真的态度对待插图作品，能够使插图艺术更加具有开创性和特殊性，同时也会使所传达的视觉信息更加富于感染力。

现代插图几乎涵盖了一切设计作品中的所有图像部分，虽然它的概念因个人的理解不同而有所差异，不过从上述可以得出这样的结论："以图像方式辅助读者理解文字内容、传达商业信息、体现艺术个性或丰富版面设计等综合的艺术表现形式"，称之为"插图"。

第二节 ///// 插图的历程

我们在探寻插图的起源时，会发现插图最为基本的形式是始终延续的，而且它的发展是与传统绘画密不可分的。

距今两万年前的法国和西班牙的洞穴壁画已经向我们传递了先民对生命的渴求与愿望。尽管其中表达的某种特殊意义和信息我们已经无法理解，但还是能够从画面上辨认出具体的形象。直到公元前3000年左右，两河流域的苏美尔人用楔形文字与图像相配合来描述故事情节时，早期的"图书"已形成雏形。这种形式已具有了一定的图解性质，它常常被大量的刻绘于泥石上，以至出现了以编年史的形式将国家大事绘于墙壁上的情况。（图1-7、图1-8）

与此同时，这一时期的古埃及人也开始在纸莎、草纸、金属、石头和木头上绘制大量文字和图画。在埃及法老的陪葬品中曾发现过图文遗物，这些图画后来被看做国外插图艺术之发端和细密画的

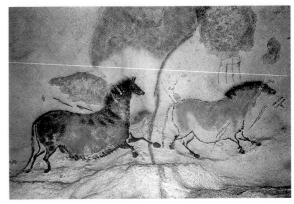

图1-7 法国拉斯科克洞穴壁画

图1-8 古代苏美尔人刻在石壁上的战争场面　　图1-9-1 古埃及法老墓中的壁画　　图1-9-2 古埃及法老墓中的壁画

初始（图1-9-1、1-9-2）。

这一传统形式也被保留于希腊艺术中。希腊文明孕育了丰富的神话、诗歌、寓言等古典文学作品，制作于公元前5世纪至公元前4世纪的瓶画向我们讲述了《荷马史诗》的故事。这些瓶画上刻有大量的颂辞和图画，接近于现代意义上的插图在这一时期已有记载（图1-10）。

14～15世纪的欧洲，文艺复兴时期出现了大量关于自然科学、地理、医学、文学等内容的书籍，而且随着基督教的传播和普及，也产生了许多插图本宗教经典。这一时期，书籍插图也逐渐产生并发展起来。10世纪的《巴黎诗篇》手绘插图堪称中世纪的经典。出版于14世纪下半叶的《大法国编年史》、15世纪出现的《贝里公爵的豪华日课经》画风朴素自然，而且对故事情节作了细致入微的描绘。这种画在羊皮纸上的细腻画法已经完全改变了中世纪以来古板僵硬的宗教绘画程序，从而使插

画进入了一个崭新的发展阶段。（图1-11-1、图1-11-2、图1-12）。

图1-11-1 宗教文集中的插图

图1-11-2 宗教文集中的插图

图1-10 希腊瓶画

图1-12 自然科学文集中的插图

图1-13 1982年发掘的甘肃大地湾地画，在我国目前五千年前的新石器时代遗址的发掘中是绝无仅有的，所以，它被称为"我国绘画艺术史上最早的、保存最完好的绘画"

在东方，以中国为代表的插图艺术的发展道路是漫长的，我国的插画也是与传统绘画艺术密不可分的。教义的传播，本身就把插画与绘画紧密地联系在一起。大量中国古代的绘画作品都体现着浓厚的插图意味（图1-13）。

尽管六朝和宋代以前的《山海经》古图已佚散不存，但根据考证，先秦时期的《山海经》都是附有插图的。而在历史所遗留下来的文物与典籍中，也存在着大量丰富的文字与图像相结合的历史资料。其中，最早体现时令、天象的是长沙楚墓出土的帛书，上面绘有多种图画形象，并附有关四时、四象、占卜和涉及女娲、炎帝、祝融等诸神的说明文字。类似的文物还有20世纪70年代发掘的马王堆帛画《社神图》、《天文气象杂占图》等。这些历史材料中的图画，一方面标志着中国传统绘画的起源，另一方面这些图文并茂的图画也说明了插图早期的基本形态，开辟了中国文化史上以图叙事的先河（图1-14）。

在诸多历史遗物中，最能代表战国时期绘画艺术成就的就是湖南长沙出土的《人物驭龙图》、《人物龙凤图》帛画。在这两幅帛画当中，我们可以发现中国古代绘画中的插图意味，它们具有非常明显的说明性特征。类似的作品特征我们还可以在后世的许多著名作品中见到，例如东晋画家顾恺之的《洛神赋图》、《女史箴图》、《列女仁智图》等传世摹本，作品中文字与图画相辅相成，相得益彰。由此看来，想要更好地了解中国插图艺术的发展，对传统绘画的参照是必然的（图1-15～图1-17）。

图1-14 虽然《山海经》古图已不存在，但现存于世的明清诸家《山海经图》中精美的畏兽异鸟图像对理解这部天下"奇书"、认识远古社会及山川信仰，有着无可替代的作用

图1-15 人物龙凤图

图1-16 人物驭龙图

图1-17-1 洛神赋图

图1-17-2 洛神赋图

在造纸术与印刷术没有发明之前，书籍只能靠手抄本作为传播的主要手段。随着印刷术的推广，书籍的出版和文字、插图的复制就更加省时、省力，并可大批量制作了，同时也使插图的形式逐渐丰富和成熟起来。此时，版画已发展成为最为主要和独特的艺术门类，它始终与插图相伴左右。中国是最早发明版画的国家。版画是在绘画艺术和雕版印刷术的基础上发展起来的，其源头可以追溯到旧石器时代（如江苏连云港将军崖岩画、河姆渡文化遗址）。商代出现了标志权力的"玺印"，它的出现具备了以"版"作为媒介物，将形象转"印"到另外的版面上，以求得"印痕"的意义。秦汉时期的画像石、画像砖和碑刻也都是用利器在各种不同的材料上镌刻而成的。其中，画像砖和一些青铜器都是以刻阴反阳的图文形式铸成，而且战国以来一直使用的印章更是与印刷用版相差无几。如果说插图和版画在中国插图史上是对孪生兄弟的话，那么印刷就是这两个兄弟间最相似的地方。插图艺术之所以能够传承和发扬，其中印刷是十分重要的，研究插图与版画艺术的历史也要与印刷联系一起（图1-18、图1-19）。

图1-19　画像砖

在2世纪我们的祖先发明了造纸术，而印刷术的发明虽然很难定论始于何时，但它给人类社会文化思想的传播与延续、科学技术的交流与发展带来了巨大的影响。我国有年代记载的就是1900年在敦煌发现的世界最古老的印刷品《金刚般若波罗蜜经》，简称《金刚经》。它卷首扉页刊记的年代是唐懿宗咸通九年（868年）采用雕版印刷而成，布局严谨，人物众多，线条流畅，气象庄严，刻画圆熟，印刷精美，展示了非常成熟的版画插图技法和形式。自五代十国起，中国的插图已用于历书和类书了。而到了宋代，随着时代的变迁、城市的繁荣与开放、市民阶层的兴起，人们对通俗文艺的需求刺激了图书的生产，插图的发展也随之进入了一个更加繁荣的时代。宋代以前的印刷品插图多见于佛教的经卷和单页的佛像，而此时由于人们对于通俗读物的需求日益增加，使各类图书大量印刷和出版。话本、戏曲插图版画在这一时期出现。著名的作品有《尚书图》、《纂图互注礼记》、《营造法式》、《梅花喜神谱》、《列女传》等。这些作品从文至图刻印俱佳，特别是科技类插图，刻绘精确，印刷细致，实用价值很高。另外，在北宋时期还出现了具有明显商业特征的广告印刷品，其中的图案也可以被认为是用于印刷的、最早的商业插图（图1-20~1-23）。

元代宗教插图继续占有重要地位，插图在实用书籍中的作用越来越被重视，如《事林广纪》是南宋末年陈元靓编的一部民间日用百科全书，既有大量的人物插图、场面描写，也有图解性质的谱表、地图。季中叶的《全相平话五种》是连环画的通俗读物，共有插图228幅。人物众多，但无雷同。表明当时的刻绘已具有了很强的造型能力。

图1-18　画像砖

图1-20 《金刚般若波罗蜜经》卷首图

图1-21 《新镌增补画像评林古今列女传》是我国最早的一部妇女长史，人物刻画生动，画面线条简洁有力，大量的留黑留白具有木刻所特有的趣味，表现形式是属于福建建安版画插图的一种风格特色

图1-22 梅花喜神谱

图1-23 北宋"济南刘家功夫针铺"的招贴画

图1-25 水浒叶子

明清时期，随着小说传奇、戏曲的繁荣，中国木版插图艺术也达到了顶峰。那时的戏曲、小说，几乎本本都有插图，甚至插图的精美与否往往成为销售旺滞的决定因素。为了在销售竞争中立于不败之地，书商们往往请著名的画家为小说绘制插图，这使明清时期的戏曲、小说插图多具较高的艺术价值。这其中有众多脍炙人口的作品，例如，明末陈洪绶（老莲）《九歌图》中的《屈子行吟》、《北西厢记》中的《窥柬》以及《水浒叶子》中众多英雄好汉的绣像等，清代萧云从的《离骚图》，任熊（任渭长）的《剑侠传》，上官周的《晚笑堂画传》等。除了木版插图外，清末年间的石版印法开始盛行，其中吴友如为《点石斋画报》所绘的插图最具代表性（图1-24～图1-29）。

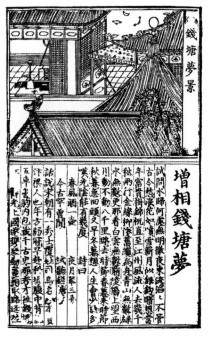

图1-24 西厢记

图1-26 离骚图

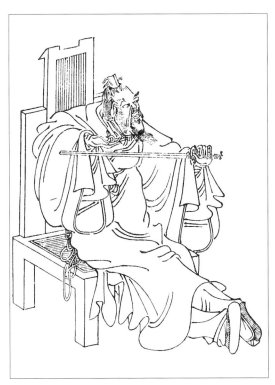

图1-27 剑侠传

图1-29-1 点石斋画报

图1-29-2 点石斋画报

纵观中国插图的历史，宋代以后，直至元、明、清，是插图快速发展的时期，在达到顶峰的同时也有所停滞不前了，这和当时的锁国政策有着很大的关系。五四运动以后，西方铜版、石版、照相制版等现代印刷术传入我国，尤其是西方文化思潮、绘画风格、艺术流派等对我国的插图艺术产生了巨大的冲击与影响，曾经一成不变的木版水印逐渐被各种新的印刷方法所取代，原来以线描为主的绘画造型方法也在各式各样的西方艺术流派、绘画形态的影响下，展现出了一种崭新的面貌。20世纪30～60年代，是新中国文学书籍插图的繁荣时期，这期间许多文艺青年走出国门到日本和欧美留学，他们回国之后积极创办美术学院，提倡中西结合、

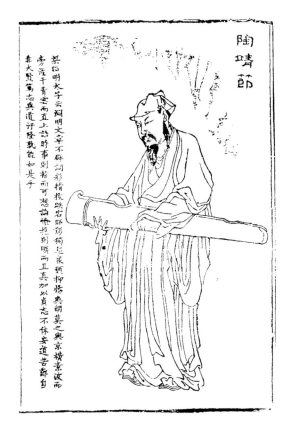

图1-28 晚笑堂画传

洋为中用的绘画风格。其中书籍装帧、插图设计中创作了《鲁迅小说全集》、《阿Q正传》、《湘西民谣》、《故乡》、《小二黑结婚》、《红岩》、《林海雪原》、《阿诗玛》、《红旗谱》等一批优秀的文学插图作品。可以说，五六十年代中国的插图艺术是继明清之后又一鼎盛的年代，它的繁荣一直持续到"文化大革命"前夕（图1-30～图1-35）。

图1-34　《阿诗玛》插图

图1-30　《鲁迅全集》插图

图1-31　《阿Q正传》插图

图1-32　《红岩》插图

图1-33　《林海雪原》插图

在西方，15世纪才有了最早的一幅木刻版插图，随着金属凹版及印刷机相继发明，15世纪60年代印刷术传遍整个欧洲。18～19世纪印刷术得到进一步的发展和完善，书籍越来越普及，插图的应用更加广泛。但这一时期的插图仍然大多附属于文学作品，在创作观念和手法上还只能算是绘画的一个分支。

现代意义上的插图于产业革命之后诞生。这时，设计从纯美术领域中逐渐分离出来，成为一门独立的学科。19世纪下半叶，英国艺术家、诗人威廉·莫里斯和作家兼哲学家约翰·拉斯金及他们倡导的"艺术和手工艺运动"对大工业生产所带来的粗劣设计和人们生活质量的下降提出了批判，他们主张恢复手工艺传统，反对机器美学。莫里斯涉猎了各个设计种类，其中包括纺织品、毛毯、墙纸、家具和版面设计，他那高度风格化的手工印制的书籍和挂毯设计被誉为英国新艺术派的杰出典范。由此发起了一场工业工艺美术运动，这场运动奠定了20世纪西方美术设计的基础，在欧洲掀起了一次影响面巨大的新艺术运动（图1-36～图1-38）。

1919年，包豪斯设计学院在德国创立，这所院校是世界上第一所完全为发展设计教育而成立的学院。它集中了20世纪初欧洲各国对于设计的新探索与试验成果。特别是荷兰的"风格派"、俄国的"构成主义"的成果，经过几十年的发展，它不仅

图1-35 清华学刊

图1-37 《沙乐美》插图 奥布里·比亚兹莱

图1-36 挂毯《Angeli Laudantes》威廉·莫里斯

图1-38 《蓓尔美尔》插图 奥布里·比亚兹莱所作的插图充满了一种富于幻想和忧郁的情绪，画面注重黑白的强烈对比。他的插图是典型新艺术运动的风格

奠定了现代设计教育的基础，同时也把现代主义设计推向了一个新的高度。也正是在这一时期，由于摄影技术的问世及完善，使绘画的表现形式也开始趋于抽象化，立体派、未来派、达达派、超现实主义、风格派、至上主义和构成主义相继产生并不断发展，它们对色彩、造型等形式语言的探索，以及纯精神性的个人情感状态的表达，都直接渗入到设计领域，从创作观念和表现形式上影响了视觉传达设计的造型语言和感受体验方式。这些都给插图带来了巨大影响和变化（图1-39～图1-42）。

"二战"期间，为了躲避战乱和纳粹的迫害，许多艺术家、设计家纷纷来到美国，源于欧洲的新思想与美国雄厚的工业基础和高度发达的市场相结合，开创了现代设计的新时代。60年代末期在非主流文化群中的一群人，他们吸收了光效应及波普艺术的表现手法，并以大众文化媒介为对象，引发了设计艺术的新浪潮。现代绘画及设计在观念、形

图1-40 《北方快车》 A. M. 卡桑德尔 其作品明显受到立体派的影响

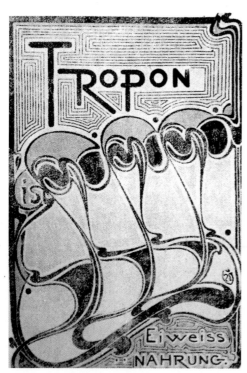

图1-39 海报《Tropon》 亨利·凡·德·维尔德 亨利·凡·德·维尔德的作品被视为20世纪绘画的先驱，他竭力呼唤推崇一种将过去最完美的装饰与实用美术融为一体的崭新的当代艺术，这幅海报被誉为第一幅具有抽象意味的招贴作品

图1-41 USSR俄国展览会海报 El. 李西茨基，他的招贴及插图作品具有明显的构成主义风格

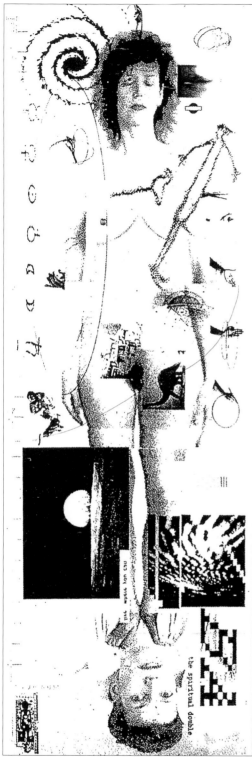

式、技术上的多样化同时也重新激发出插图表现的新活力。

到了20世纪80年代，半导体的飞跃性革命为传统图像的数字化应用奠定了决定性的技术基础。以计算机与互联网为代表的数字技术的兴起，改变了图像的流通渠道和储存方式，计算机图形艺术也就

图1-42 《它有意义吗？》内页插图 阿普里尔·格雷曼 典型的新浪潮设计

图1-43-1 计算机制作的图形

图1-43-2 计算机制作的图形

随之产生了。计算机图形改变了人们的视觉欣赏习惯、交流方式、意识形态。同时也使插图的美学观念与审美方式随之向数字化方向转变，带来了新的美学表达方式（图1-43-1、图1-43-2）。

如今插图这种特殊的艺术形式不但没有退出艺术设计舞台，而且仍然充满生机，更加关注多元化和地域化的特点，风格也日趋多样化。

[复习参考题]

◎ 选择国内各历史时期不同风格的插图作品（不少于四幅），进行临摹练习。通过临摹插图范本，深入理解"插图"的含义。

◎ 选择国外各历史时期不同风格的插图作品（不少于四幅），进行临摹练习。通过临摹插图范本，深入理解"插图"的含义。

◎ 选择国内外同一历史时期的插图作品（各两幅），进行比较练习。并结合当时社会的历史、文化背景，从插图演变过程的角度出发，撰文说明比较后的感受。

第二章 插图的分类及应用

本章重点 》

充分认识插图在现代传播媒体当中的应用及重要作用。

学习目标 》

了解插图的分类及应用范围。

建议学时 》

8学时。

第二章　插图的分类及应用

第一节 //// 艺术类插图

艺术类插图，主要指书籍装帧设计中的插图。插图一词的表意，历来主要指附于书籍文字间的图画。中国古人以图书并称，"凡有书，必有图"，泛指一切出版物中为主题内容作图解的插图。书籍中的插图具有以下三个特征：从属性、独立性和个性。从属性是指它虽然具备造型艺术的一切共性，但它只是造型艺术中的一个画种，有别于独幅画，从属于书籍的整体设计理念。独立性是指插图虽然是为文学作品服务的，但它绝不仅仅是书籍的点缀。个性是指插图画家在创作的过程中，根据自身对文学作品的体验与感受进行独特与深刻的艺术处理，从而赋予作品新的精神气质。这些特征在文学艺术类和生活科学类的书籍中都有着具体的体现。

一、文学艺术类书籍中的插图

在文学艺术类书籍中，插图艺术家在体现对书籍作附属的同时，也把个人的情感及艺术风格作为主要的创作动机而实施。插图在文学书籍中，除了说明文字内容和对书籍起装饰作用外，还可以作为独立的艺术品供观者欣赏。可以说，这类插图与纯艺术作品比较接近，它的形式可以是具象的、抽象的，也可以是漫画式的（图2-1～图2-4）。

二、生活科学类书籍中的插图

日常生活、科学技术等领域的书籍插图，也有着自身的特点。这类书籍中的插图主要是通过视觉形象解读书的内容，起补充文字难以表达的作用，因此它的形象性"语言"力求准确、实际和形象

图2-1　书籍插图

图2-2　书籍插图

化。尤其在医学和科技类这种专业性较强的书籍中，插图所表现的准确度以及形象的清晰度和有效性是最为关键的，这时其资料价值就略重于艺术价值了（图2-5～图2-8）。

图2-3　书籍插图

图2-5　科普书籍中的插图

图2-4　《小人国》书籍插图

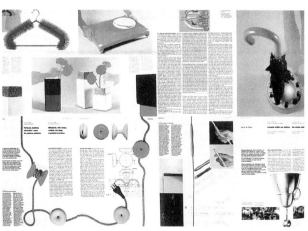

图2-6　日常生活书籍中的插图

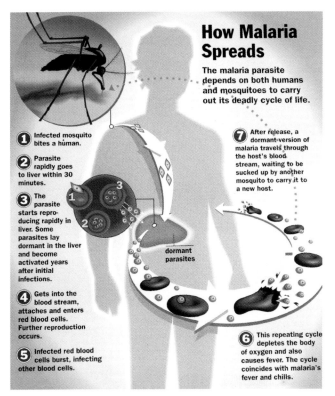

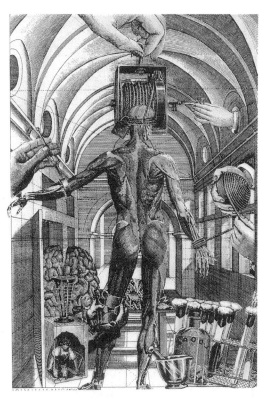

图2-7　日常生活书籍中的插图　　　　　　　　　　　　　　　　　　图2-8　医学书籍中的插图

第二节 ////// 商业类插图

　　商业类插图，简称商业插图。指一种用于商业目的的插图形式。社会的飞速发展，社会生产、生活的多种需要，大大扩展了插图的应用领域。在日益激烈的商业竞争中，我们也会经常看到插图，它们或是出现在广告招贴中、包装宣传上，或出现在影视媒体的镜头中，甚至也活跃在互联网上……这些就是现代商业插图。

　　科技进步的显著成果给插图创作带来了深刻的影响。现代商业插图代表了插图发展的新方向，扩展了传统插图的概念。这一显著的变化主要从两方面体现出来。

一、功能与作用

　　现代插图已经脱离了书籍插图的从属地位，不仅仅运用于书籍，也同时出现在广告、包装、展示等现代商业的环境中，具备了附加说明的职能，成为现代商业环境中不可缺少的文化艺术组成部分。网络消费的日益兴盛，生活节奏的加快，思想观念的更新，使人们更希望打破束缚，渴望生活的改变。商业插图已由原来的艺术表现形式逐渐具有了更广泛的文化内涵，开始寻求对人们更深层心理诉求的满足（图2-9、图2-10）。

二、表现形式

　　随着以数字化为特征的多种形式的数码绘画成为一种新的艺术门类，插图的创作与绘制也有了新的发展。这种新发展主要以计算机技术的发展为前提。计算机及绘画软件的应用，使插图的创作从用手和笔的创作阶段进入到多种方式的综合工作阶段，使现代插图有了一种全新的视觉感受。数码技术的普及，使得更多的插图爱好者也可以很容易地表现自己的艺术感受。它的操作简洁、易于修改、

图2-9　商业媒体中的插图形式

图2-10　网络中的插图

快捷高效，都是传统绘画无法代替的。

　　数字化产生的意义不亚于过去任何一场传统视觉革命。这场革命使人们对于新奇的现代科技越来越迷恋，不断地从社会学的角度追求新的信息点与知识结构。心理状态、价值取向、审美意识及时空观念的认知变化，最终影响了传播媒介在语汇上的丰富与更新。它一方面催生了新的媒体形式，另一方面也使传统的大众传媒发生了巨大变化。商业插图的创作也由以往媒体形态上的平面化、静态化以及单一化，演变为开始加强其动态的扩展节奏，并向立体化、空间化和媒体的综合化方面转变。这大大拓展了商业插图的时常空间（图2-11、图2-12）。

　　商业插图是一种视觉传达形式，也是一种现代社会信息的载体。它的内容和形式、表现技巧和艺术风格，必须要同时代的文化意识、思维方式、价值取向和生活环境相适应。商业插图很少单独作为图画出现，在现代社会基本服务于特定的对象，并借助载体出现，不仅被应用于传统的视觉形象领域，而且还越来越多地被应用于现代高科技等一切视觉化形式中，因此涵盖面非常广泛。它的媒体应用主要有以下五个方面：

1. 单行本、报纸、杂志中的插图

　　面向广大读者群的单行本，很适合使用插图。因为其表现的范围广泛，可以自由地表现书籍的特点与个性。报纸是周期性很强的印刷品形式，它是广告信息传播快捷的主要载体，发行稳定，并且具有灵活多变的时间优势和广大的覆盖面。相对其他宣传媒体而言，报纸既有对市场很强的渗透性，也有独特的商业价值。它不像影视广告那样倏忽即逝，浮光掠影，它留给观众图文并茂的明确诉求，寓知识性、趣味性、新闻性为一体，而且可以反复推出，不断加深印象，强化形象。此外插在报刊中的图像对版面设计所起到的作用以及它自身特有的艺术功能和价值，更增加了报刊的文化意趣和艺术感染力。与报纸相比较，杂志中插图的特点最为突出，因其在印刷条件方面所独具的优越性，使杂志中的插图印刷更精美，原作的还原性也更好，并且

图2-11 电脑创作的插图

图2-12 电脑辅助创作的插图

可以反复阅读，使其具有一定的保存价值，同时具有多种发行形式。因此，插图在杂志中所体现的样式最为多样（图2-13～图2-16）。

2. 宣传品广告中的插图

宣传品广告主要包括招贴广告、牌匾灯箱广告、年报样本及宣传册等广告媒体形式。

招贴（poster），又称"海报"或"宣传画"。招贴广告从广义上讲可分为文化类招贴与商业类招贴。文化类招贴主要指招贴画面本身具有较强的艺术观赏性，有些甚至可以成为独立的艺术作品，大多不以商业宣传为目的。而商业类招贴的主要功能是展现商品信息、促进消费，其主要目的是为商品宣传服务。但它们的共同特点都是以插图为表

图2-13 单行本中的插图

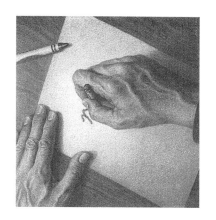

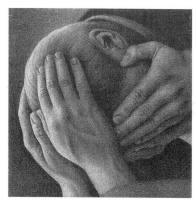

图2-15 杂志中的插图

图2-14 单行本中的插图

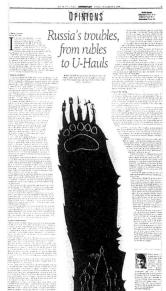

图2-16 报纸、杂志中的插画

现中心，形式多变，风格各异，具有较强的艺术性和视觉观赏性。它极强的环境适应能力也决定了它与大众之间的互动关系。在如今的户外广告媒体形式中，海报招贴仍然充当着商业宣传的重要角色，而且也是大多数插图艺术家乐于施展的舞台。国内外许多著名的画家都曾绘制过招贴画，他们的表达方式和形式语言对招贴广告的发展产生了深刻的影响。招贴的新视觉语言的形成，在相当程度上是回应时代美术思潮的结果。例如劳特累克、马格里特、毕加索、达利、康定斯基等的作品都极大地影响了当时招贴艺术的风格（图2-17～图2-23）。

牌匾灯箱广告与其说是一种独特的宣传媒体形式，还不如说是招贴广告的一种继承与发展。说继承是指它们的创作动机，因为它们都注重设计创意和形式的运用，强调视觉语言的力度。说发展是指制作技术的应用与改变，招贴海报主要以印刷的

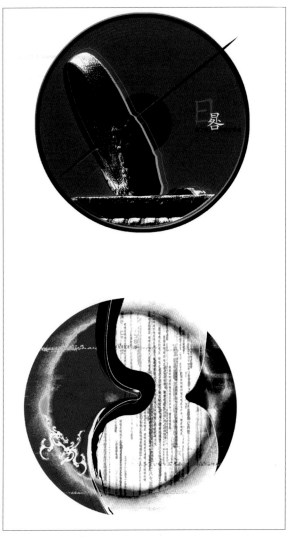

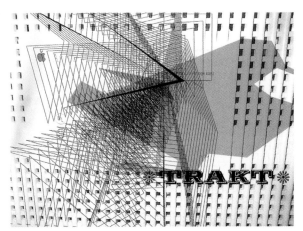

图2-18　学生招贴作品　王丽娜

图2-17　招贴作品

图2-19　招贴作品

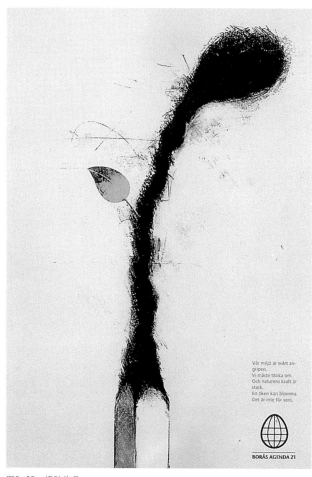

图2-20 招贴作品

图2-22 学生招贴作品 王丹妮

图2-21 招贴作品

图2-23 招贴作品

方式来完成，而牌匾灯箱宣传广告除运用了大量现代喷绘技术印刷外，有时为突出画面效果，增强视觉冲击力，也采用闪光的各色金属铝片、浮雕手法和饰以霓虹灯装饰，使广告中的插图形象更加绚丽多彩。牌匾灯箱广告由于其结构上的特殊性，所以通常被放置在人流量较大、交通线路较密集、视野较开阔的区域，所以也称"路牌广告"。这种广告形式面对的观众具有流动性、分散性，而观者对广告的关注和阅读也具有偶然性和无意性，因此传达的信息量受到了一定的限制。基于这一点，就要求路牌广告在创作内容上力求精简、准确，在艺术表现形式上突出视觉中心，插图形象要生动有趣，颜色要赏心悦目，图文编排力求一目了然，引人驻足（图2-24～图2-27）。

图2-26 图像用投影灯投射在天花板上

图2-24 路牌广告

图2-25 路标广告

图2-27 霓虹灯广告

而企业中的年度报表、样本中的插图是体现企业文化的重要手段，其表现形式也是通过摄影、手绘、图片及数码技术等手段来完成的。企业可以通过插图这种独特的艺术风格展示出自身的形象特征及企业文化。虽然受众人群不是很广泛，但对有需要的人来说应该能起到帮助作用，并且更方便查寻或转阅。另外，还有诸多广告形式，其中插图一直扮演着重要的角色，对产品信息的传播有着举足轻重的作用（图2-28～图2-33）。

图2-28　产品样本

图2-29-1　产品样本

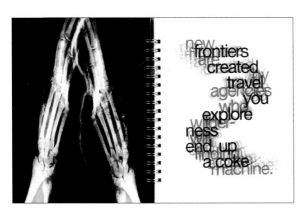

图2-29-2　产品样本

图2-30　产品样本

图2-31　产品样本

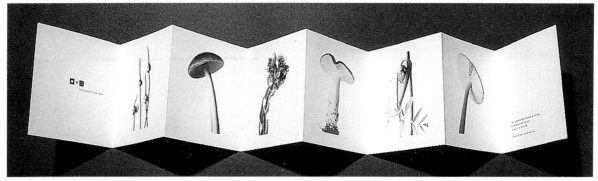

图2-32　产品样本

图2-33　产品样本

宣传品中的插画之所以受到人们的特别关注，不仅与其自身的直观性、形象性、亲民性等特征相关，更为重要的是它的"强化主题，美化商品"的独特功能。插图在宣传品中的作用就是以艺术的形式将广告主题形象化、个性化。

3. 商品包装中的插图

商品包装是商业宣传中的重要组成部分，它不仅仅是简单的广告宣传和视觉美化，同时也有着向消费者介绍产品各类信息的功能。所以，插图必将担当起重任。首先，包装设计中所容纳的信息量是有限的，消费者在一定时间内接受视觉信息的容量也是有限的，这就需要通过插图的作用来确保信息传达的准确性，而且还要注意信息的主次与追求创意构思的独特与趣味。其次，插图应与文字、品牌和色彩等视觉元素共同构成包装形象的整体，最终通过视觉表现形式，建立企业与消费者之间的和谐关系，共同营造出一个商品的品牌形象，为产品的宣传和推广服务。因此，在现代包装设计中，为了更深刻地解释商品的本质，体现商品的综合价值，我们可以通过不同的插图表现形式、丰富包装的视觉语言，用艺术的手段来更好地展示商品的独特本质与精神内涵（图2-34～图2-42）。

图2-34 唱片包装

图2-35 产品中的插图表现

图2-36 托盘上的插图

图2-37 产品包装

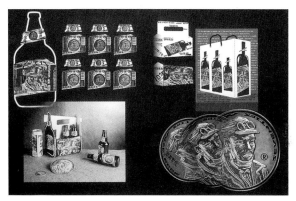

图2-38 产品包装 学生作品 史金玉

图2-39 环境展示中的插图

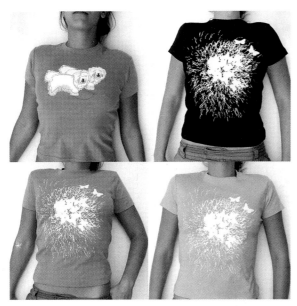

图2-40 T恤中的插图

图2-42 徽章中的插图

图2-41 产品包装

4. 网络中的插图

进入21世纪，人类社会正经历着从原子时代向数字时代的转变，互联网代表着一种崭新的信息交流方式，它使信息的传播突破了传统的政治、经济、文化的束缚。

在网络中，图片是文字以外最早引入到网络中的多媒体对象。由于科技因素的介入，使网络中的图片由原来的静态发展到动态，而且还可以和文字、声音等因素构成三维形态或虚拟空间，大大美化了网络页面的视觉美感。尤其体现在利用计算机技术进行视觉设计和生产的领域（国际上惯称"CG"行业），其中插图的好坏与否起到了决定性的作用。可以说，要使网络传播变得更有趣味、更能吸引受众，网络中插图对受众的吸引力远远地超过了单纯的文字表现。

以插图作为主要表现形式的网络图片具有灵活多变的视觉属性，其中包括静态和动态两种，但由于传播的媒体不同，使这种插图的表现形式也有着某种独特性：一个特点是图片质量不需要很高。因为网络图片一般只显示在计算机的显示器上，受显示器最小分辨率的限制，即使图片的分辨率很高，颜色深度很大，我们的肉眼也经常无法把它和一幅处理过的普通图片区分开来。一般来说，分辨率为

72dpi是大多数图片最佳选择；另一个特点是，图片要尽量小。网络页面的图片用于网络的传输，受宽带的限制，其文件尺寸在一定范围内越小越好。这也是适应信息高速公路的要求。文件的长度越小，下载的时间就会越短。网络图片的这种特点，使得网络插图的表现形式和技术应用成为一个崭新的课题，同时也产生了一些新的插图形式，"像素插图"就是现今网络中比较有特点的表现形式之一。

那什么是"像素"？"像素插图"的特点又是什么呢？当你打开计算机阅读电子邮件，或写一篇论文，或需要做一些研究，而进入因特网浏览一些历史性的影像剪辑、艺术博物馆或摄影展览，或戴上3D眼镜在计算机所装载的一个飞行模拟器程序中穿梭时，你所看到的一切实际上都是由无数个小点组成的。这些创造图像的小点（单元）就叫做像素（Pixel）。像素有些像印象派作品中的"色点"，是通过视距和色点大小的变化，由视觉混合所显现出来的。而这些"色点"在计算机中被像素划分成一个个格子，计算机通过这些格子改变每个区域的色彩或亮度，这样，文字和图像就被显示出来。

像素插图顾名思义就是以像素为单位，一点一点地去绘制出图像，有人称之为点画法或归类为像素艺术（PixelArt）。它最早出现在电脑应用程序中的图标（Icon），以及早期的8位元电子游戏，近几年来被广泛应用在网际网路、GUI（Graphic User Interface）以及移动游戏等。

像素插图是一种新兴独特的电脑插图艺术风格，它是有目的地控制每一个像素，并将像素点按照一定的原则进行有规律的、没有并排重合而绘制成的创意图像。有规律的点和创意的图像是像素插图最显著的特征。

像素作为一种艺术表现形式，它所传达的不仅仅是技术，而更多的是情趣。我们可以把像素插图分为两类：技术型与情趣型。情趣型的像素指的是那些生动、造型独特的像素小人，透过像素小人，可以很容易把握人物动作、表情、性格。在表情上变换出各种魅力，像素插图的情趣便很容易散发出来。再配上GIF动画，就更出色了。技术类的像素作为建筑作品，通过作品可以看到作者大量的像素线条应用，亮部与暗部色彩的完美过渡，不相隔点之间组成的质感效果。这需要很强的造型观念，出众的色彩感觉。真正高品质的像素作品最显著的特点是在作品中，既表现出情趣又表现出技术。

网络中的插图表现形式有很多种，随着媒体技术和宽带的发展，在不久的将来，网络上还将会展现出更加清晰、真实的影像画面，以及更为全新的图像表现形式。对于插图应用而言，网络是一个可以充分利用的空间，但也不能因为操作的便捷、方便可取的资料，就把大量的文字和图像信息塞到网络中去，而不考虑内容与形式的统一因素，那么网络作为一种信息传播媒体也就失去了自身的优势和特点。插图无论依附于什么样的媒体形式传播，都依然有形式美的法则，虽然，随着不同时代的审美法则，人们追求的目标、审美观念的不断变化，但美的本质是一样的。而作为插图创作者，在网络插图的创作中，既要考虑艺术美的法则，同时也要掌握相关的现代科技手段，这样才能在网络中创造一种愉悦的视觉环境（图2-43～图2-46）。

图2-43　像素插图

图2-44　网络广告中的插图

图2-45 网络中的图像

图2-46 网络游戏中的图像

5. 影视作品中的插图

影视广告具备了娱乐性强、视听效果出众等许多其他广告媒介所无法比拟的优势特征，而且它在普及性和吸引力等方面是独有的，因此，影视的信息传播力度、发展潜力和竞争力是有目共睹的。

影视广告中的插图，指的不是插图作品直接表现为影视作品，而是指许多影视广告作品是以商业插图为基础的。一方面是指为影视作品中做的静态插图或动画的创作，另一方面则表现为对于影视镜头画面的把握和对广告脚本的绘制。在影视作品中，动态的影像是由若干静态的画面组成的，一个镜头可以包含许多不同的构图色彩，这些使得影视广告具备了丰富的表现语言。而这些若干静态的分镜也往往是插图工作者的创作舞台。一个分镜头画面的好与差，都会直接或间接地影响着影视作品的视觉效果（图2-47～图2-50）。

图2-47　影视广告中的分镜图像

图2-48　影视广告中的分镜图像

图2-49 电影《英雄》的脚本绘制

图2-50 影视动画的造型设计

[复习参考题]

◎ 选择文学书籍类及生活科学类书籍中的插图作品各两幅，对其进行分析理解（形式与内容的和谐表现的风格），并以文字形式表达。

◎ 查找相关实例资料进行市场调研，并进行素材采集，分析插图在各种商业媒体中的应用，并加以文字表述。

第三章　插图的特征

本章重点》
与其他艺术表现形式相比较，插图所具有的独特表现特征。

学习目标》
掌握插图的特征。

建议学时》
4学时。

第三章　插图的特征

第一节 ///// 注目·真实

　　插图本身应具有引人注意的力量。在商业插图中，通过对对象、色彩与质感的把握，真实再现了商品形象，在突出商品形象的同时，让人们正确了解商品的各种功能、特征，"真实"对于引导消费有着十分重要的意义。而只为追求商品的推广与市场占有份额，夸大事实，过于强调画面的视觉冲击力，形象表现失真的话，那无疑会失去消费者对商品的信任程度，最终将导致宣传行为的终结（图3-1~图3-4）。

图3-3　通过产品真实的表现，起到一种"诱导性"

图3-1　通过颜色的对比起到"注目性"的效果

图3-2　对产品特征、功能的真实表述，可获得一种"信赖感"

图3-4　对产品特征进行适度的夸张，可起到一定的"注目性"

第二节 ///// 通俗·多样

插图应该是一种通俗易懂的视觉语言表达形式，因为它所针对的是不同文化、不同消费的大众群体，由于广泛的受众层面，使人们对插图的接受能力各异。这就要求插图创作在视觉表现形式上、内容创意上，既要构思巧妙，又要有多样性。针对不同文化层次的人在保持艺术水准的同时，也要关注大众的审美心理，这样才能使插图做到信息传达的准确性（图3-5～图3-9）。

图3-6 细腻真实的表现手法通俗易懂

图3-7 通俗易懂的广告宣传

图3-5 构思巧妙的广告插图

图3-8 版画形式表现的插图

图3-9　卡通形式表现的插图

第三节 ///// 图解·记录

插图的特征有很多，但如果说其最基本的特征是什么？那么答案应该是"图解·记录"。"图解·记录"就是指用插图来说明事物的结构或者作用。那些用文字难以说明的概念，可以通过插图来解释和完善。从生态图到工程表格、地图等，都可以根据不同的目的，细分成许多专业，而且每一种专业都有既定的样式和规则（图3—10~图3—14）。

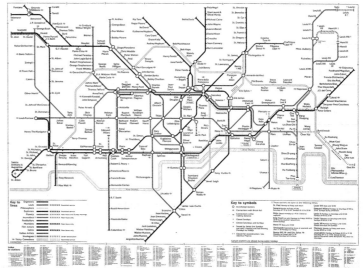

图3—11　表格形式的插图

图3—10　图解说明性插图

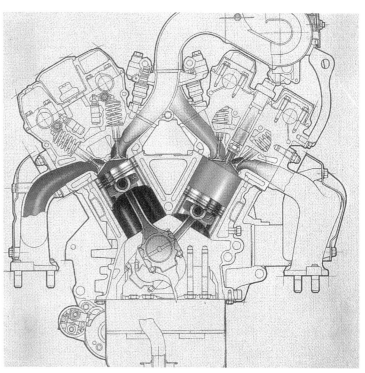

图3—12　说明性的插图

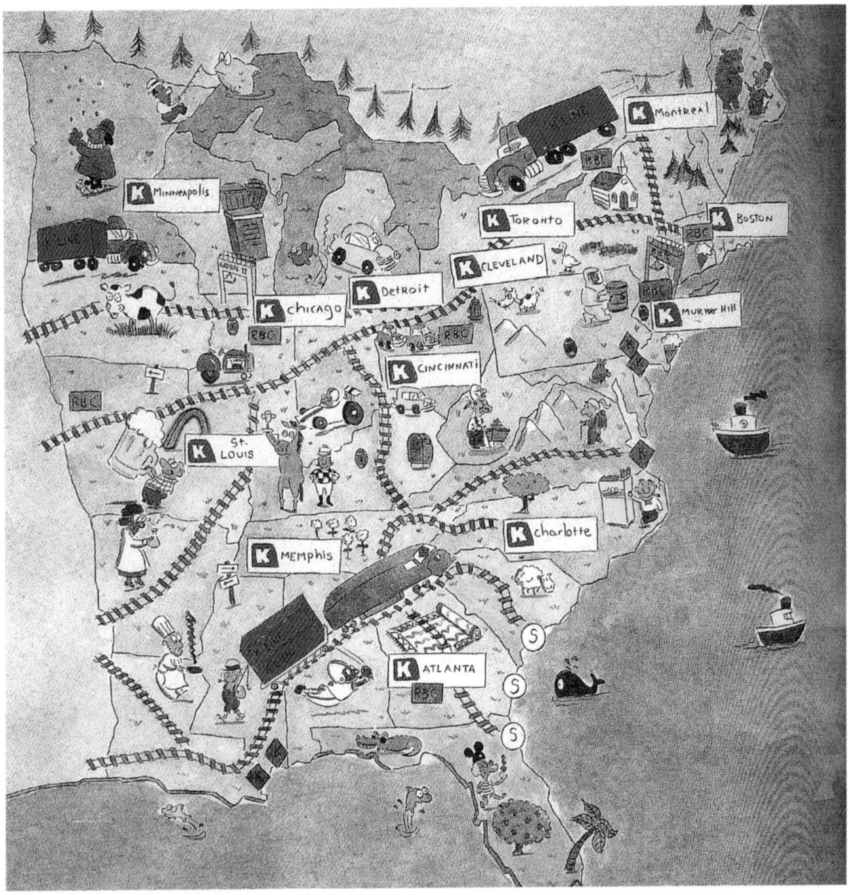

[复习参考题]
◎　针对收集的插图资料，分析插图的表现特征。
◎　选择三幅插图作品进行临摹，并以文字的形式说明其表现特征。

图3-13　趣味性的地图表现形式

图3-14　图解说明性的插图，能够使人一目了然

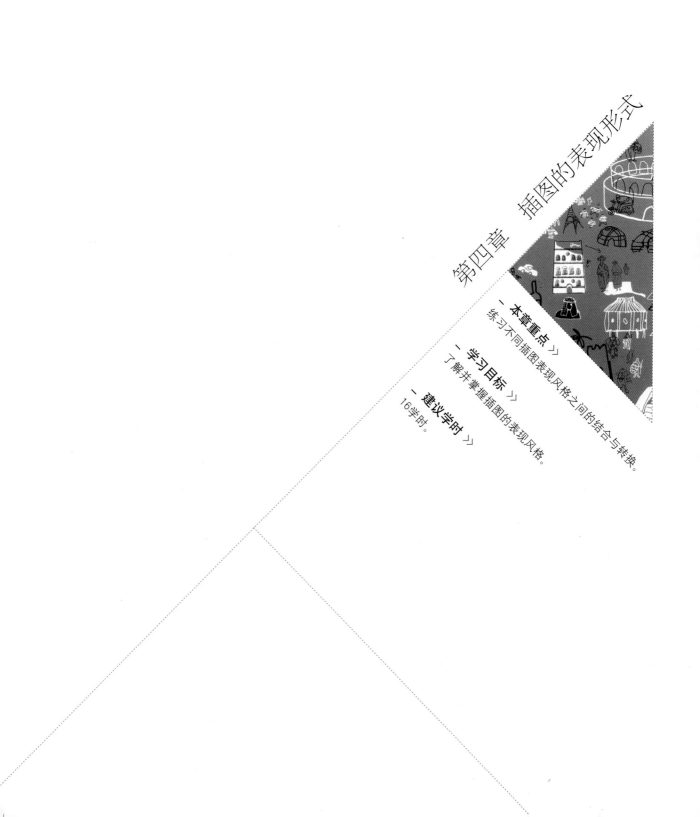

第四章　插图的表现形式

本章重点》
练习不同插图表现风格之间的结合与转换。

学习目标》
了解并掌握插图的表现风格。

建议学时》
16学时。

第四章　插图的表现形式

第一节 ///// 写实表现风格

写实表现风格是插图运用最为普通的手法。写实的手法主要有两种表现形式：绘画与摄影。在摄影术没有被发明以前，插图的表现形式主要以绘画形式出现，当时的许多艺术家同时也是插图画家，当代的插图画家有相当一部分人是从事纯艺术创作的，或是经过学院派的专业训练。

摄影技术的发明和普及，使传统绘画受到了巨大的冲击，但同时一些新的艺术表现形式也诞生了，并形成了艺术主流。同样插图艺术也面临着前所未有的挑战，它在保留本身艺术风格的基础上，接受了现代艺术形式的影响，同时也借用大量的摄影技术与手段，根据不同的主题需要，自由地组织画面，手绘与拼贴相结合，并进行细节上的艺术处理，逐渐形成了一种全新的艺术表现形式。写实风格的插图多数用以描绘叙事性、说明性比较强的主题（图4-1～图4-8）。

图4-1　超写实风格的插图

图4-2 写实基础上的变形

图4-3 摄影手段

图4-4 摄影与电脑结合所做的招贴

图4-5 写实风格的插图

图4-6 写实风格的插图

图4-7 摄影手段所作的招贴

图4-8 写实风格的插图

第二节 //// 抽象表现风格

写实表现风格的插图主要注重描绘形象与客观对象的适合，而抽象表现风格的插图则更加强调客观对象的内在气质。在某种意义上说，后者更接近客观事物的本质。由具象到抽象，视觉语言的转换是关键。插图画家可以通过联想、解构、重建等综合思维方式，将被表现对象内在的属性和性格通过抽象的视觉语言传达出来，最大程度地接近和深入主题。

抽象表现风格的插图仅从表现形式上划分可以分为两种。

一、非自然主义的表现

指那些采用夸张、变形、概括或减少等手法描绘的插图表现形式。

二、纯粹的抽象

指那种完全抛弃了任何可视自然现象表现的绘画形式。常常呈现"形有限，意无穷"的特征，表面上看文字的含义与插图没有任何关系，但仔细深入地体会它，就会给人一种耳目一新的感觉。所以，抽象风格的插图通常用以表现意象性、象征性的题材。但无论使用哪种抽象手段，抽象的最终目的应是情感的真实流露、信息的准确传达（图4-9～图4-12）。

图4-9 抽象风格插图

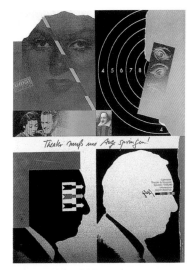

图4-10 抽象风格插图　　　　　　图4-11 抽象风格插图　　　　　　图4-12 抽象风格插图

第三节 ////// 超现实主义表现风格

　　传统绘画是以理想化的方式表现生活，也有自己特定的视角和感受，但很少脱离现实视野。而超现实主义不同于传统的绘画风格，它是以主观意识将形象纳入不合理的结构和空间当中去表现一种近乎幻觉的图像，由于是以主观的内心感觉为依据来构成画面的形象，因此形象常常是相互分离没有联系的，所以又被认为是人类潜意识的世界。

　　所谓超现实的表现实际上也是一种以具象为基础而展开的"构成"，即以现实的具体形象和空间关系，作为独立的视觉要素在画面上作不合理的矛盾组合，它已成为绘画乃至视觉传达设计不可缺少的形式。这主要是人们已厌倦了对现实物象的忠实预知性，转而对人类复杂的精神世界，尤其是对人类潜意识加以追求意想不到的寓意和象征意义，同时画面的怪诞、奇异会对人们的视觉及心理具有较强的冲击力。

　　超现实主义对现代视觉传达的形式有着不可忽视的作用，成为视觉设计的重要形式语言。超现实主义表现风格的形成可以从以下几种表现形式中体现出来。

一、解构与重构

　　解构从字面上可以理解为"肢解"和"构造"两层含义，"肢解"指破坏原有的视觉体系，生成新的形式元素，"构造"指"肢解"后的破碎形态。解构的最终目的不是破坏，而是通过破坏手段便于重新组合，表达新意，从而形成新的视觉冲击力。

　　重构也不是对原样的修复，而是以新的秩序、新的方法、新的编排形式使原始形态或形式发生变化，形成新的视觉效应。这里必须提到的是，重建虽有一定的实验性，但它也不是"胡建"，总体的意图和构成形式始终都是最先考虑的因素。

　　破坏是很容易的事情，收拾残局可不是一件易事。所以说，解构的价值在于形成新的组合素材，重构的价值在于用什么样的形式法则和形式美的规律把这些新的素材协调起来，最终创造出独特的艺术形式。而对于插图工作者来说，求新求异的同时，也要考虑受众的接受能力，不然就会失去商业信息传达的作用（图4-13～图4-16）。

二、挪用与合成

　　我们看到的现实形态，常常符合人们正常心理的

图4-13 解构与重构

图4-14 解构与重构

图4-15 解构与重构

图4-16 解构与重构

整体形态，一旦整体形态发生变化或被肢解，就会产生一种怪异的感觉。就像电影里的蒙太奇，它主要将具体不同含义、不同时期、不同空间、不同比例的整体或局部形态，在不合理的结构中加以组合或交换，以产生一种在性质和意义上彼此缺乏联系或矛盾，却被看成是一个有机的整体形象。

如今，先进的计算机技术已经使上述方法变得十分容易，这是过去的艺术家难以企及的。电脑制作不仅可以使想象可视化，还能以它强大的功能直接成为创造形象的诱导因素，成为想象力和创造力的催化剂。各种图形、图像软件的特殊功能不仅只是造型手段，它的功能还附加了一种全新的视觉语言。科学技术的发明、发展，在某种意义上可以改变或产生一种新的艺术表现形式。

合成经常使用一种"不合理"的置换方法，即根据意义上的关联将一个物象的局部挪用到另一个整体中去，成为另一个整体的组成部分。这种形式在现实中是无法做到的，但可以通过艺术手段把它在画面中做得"合理合法"。它通常带有一些诙谐与幽默的色彩（图4-17～图4-21）。

三、悖论与歧义

在生活中我们有时会看到这样一些图像，乍一看在情理之中，仔细一琢磨又有些不太合情理，十分值得玩味和探求。那为什么这样自相矛盾又不在情理之中的图像会如此吸引我们呢？它们又是怎样形成的呢？

悖论图形可以说是一种智力游戏，图形的创

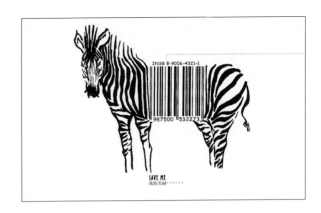

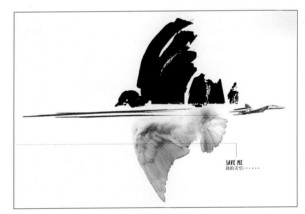

图4-17 挪用与合成

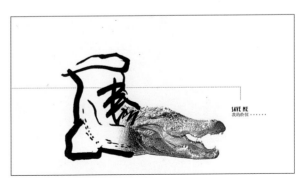

图4-18 学生作品 于静

图4-19　挪用也需要考虑合成对象之间的相似因素

图4-21　置换

图4-20　图像之间没有任何联系，色彩起到了一定的诱导作用

造者无疑也是一个智者。在插图设计中，悖论图形只是借用一种创作与手段。这种方法把自相矛盾的形象展示出来，把现实中的不可能变为可能。悖论创意虽然是在制造荒诞和诡辩，其中也有合理成分，往往是图形相悖而意义相通，而不是"强词夺理"。歧义创意是指利用图形的不确定性给观者留下想象与变换空间，正是这种一语双关、一形多义的形象，使观者有了无限遐想空间（图4-22～图4-26）。

以上三种是能产生超现实主义风格画面的主要创意手段，但手段并不是创意的目的，创意的方法有很多，手段只有助于改变思维定式，举一反三，广开思路。而作为一名插图工作者，他所从事的是视觉形象的设计，深入观察、记忆事物是必不可少的。只有通过对观察事物的方式、方法的不断培养和训练，对所观察事物的种类和范围不断扩展，创作者才能增强对事物的敏锐洞察力，从而使想象力得到极大丰富，并在插图创作过程中表现出独特的风格和个性。

figter
canis latrans
canis rufus

图4-22　悖论性表现形式

图4-23 歧义图形 具有两重内容的中性图形

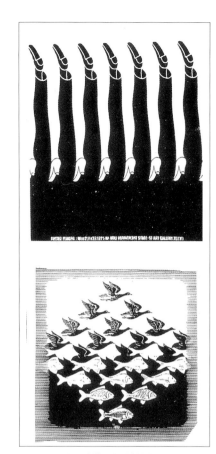

图4-25 双向互嵌的手法形成悖论图形

图4-24 悖论图形

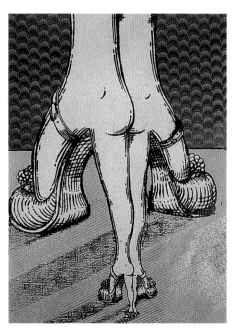

图4-26 歧义性插图

第四节 ////// 装饰表现风格

装饰之所以称为装饰，首先是因为它可感知的形式美感。它是把存在于自然秩序中的各种形态进行分解、加工、组合、重建大众都需要的一种新的秩序，即生物秩序和自然形态的同构。正是人们的共同特征和心理暗示，使装饰具有了秩序化、单纯化、简约化、规律化等形式感。但不能把装饰这种一般性的特征看做是固定的程式，同时，装饰的最终效应是体现在各种关系的相对作用之中的。

装饰风格的插图主要强调形式美，但不只是对主体表面的修饰，装饰应与装饰主体有内在的联系，它不仅仅是一种具有独立意义的表现风格，同时也是信息传达的一种视觉语言。插图画家可以根据不同主题的需要，运用夸张、变形、虚拟、象征等装饰技巧与形式法则进行创作，使作品获得更大的想象空间。

装饰表现风格的插图适用范围很广，可以针对装饰性较强的主题，亦可以表现其他主题（图4-27～图4-31）。

图4-27 装饰风格的插图

图4-28 装饰风格的插图 学生作品 梁丹

图4-29 装饰风格的插图

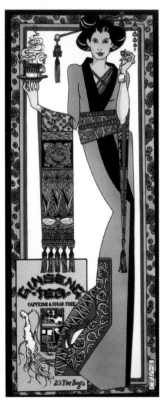

图4-30 装饰
风格的插图

图4-31 装饰风格的
插图 学生作品 刘莉

第五节 ///// 卡通表现风格

卡通造型因其活泼、可爱、生动、有趣的特点，不但深受少年儿童的钟爱，也逐渐被许多成年人或老年人所喜欢。卡通风格的插图具有独特的视觉识别性和市场亲和力，这也为它营造了良好的大众形象。

卡通风格的插图通常出现在儿童读物中，但它不局限于此类主题的表现，幽默性、讽刺性等许多主题的插画作品中也经常会看到它的形象（图4-32～图4-37）。

图4-32 卡通风格的插图

图4-33 卡通风格的插图

图4-34 卡通风格的插图具有生动、有趣的特点

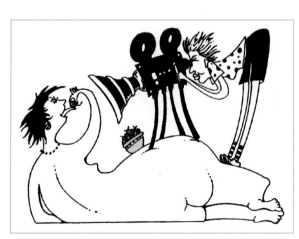

图4-35 卡通风格的插图也经常表现幽默性、讽刺性的题材

图4-36　连环画形式的卡通风格的插图

图4-37　卡通风格的插图

第六节 ///// 其他表现风格

插图与绘画之间的关系决定了它的表现风格是多样的。除上述介绍的几种风格外，插图也可体现出古典主义风格、浪漫主义风格、现代主义风格、后现代主义风格或某种高度信息化的描述性效果图表现技法，等等。插图画家可根据不同的媒介题材，通过素描、色彩、综合材料或电脑生成一件艺术作品，也可以制作三维或二维与三维结合的形象（图4-38～图4-43）。

图4-38 借用古典绘画的范本进行风格上的重新演绎

图4-39 视觉上不相属的物象，但在本质上有着内在联系，这种组合属于蒙太奇手法

4-40 镶嵌手法绘制的插图

图4-41　涂鸦表现手法

图4-42　借用传统绘画手段创作的招贴

图4-43　著名画家的绘画风格对插图创作有很大的影响，许多画家经常参与插图创作

[复习参考题]
◎　收集不同风格的插图作品六幅，对其风格形式与演变过程分析和临摹，并加以文字说明。
◎　根据收集的插图作品，在原作的基础上，对其进行风格的转换（不少于四种），并以草图形式表现。

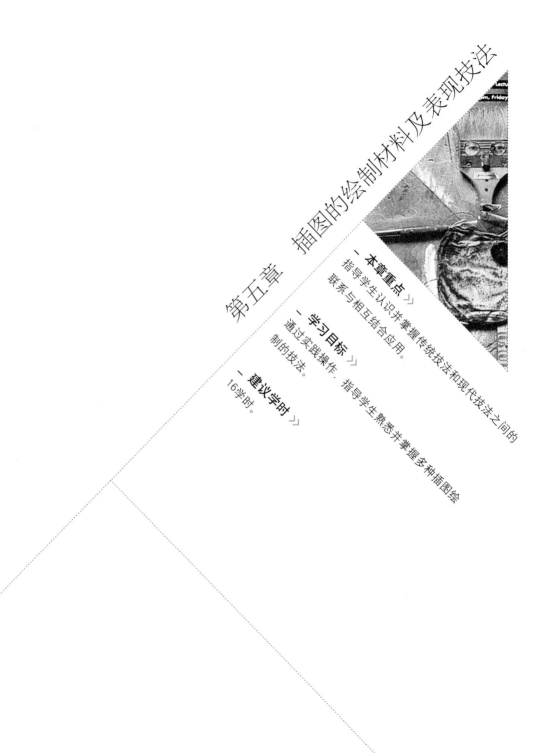

第五章　插图的绘制材料及表现技法

一 本章重点》
指导学生认识并掌握传统技法和现代技法之间的
联系与相互结合应用。

一 学习目标》
通过实践操作，指导学生熟悉并掌握多种插图绘
制的技法。

一 建议学时》
16学时。

第五章　插图的绘制材料及表现技法

第一节 ///// 铅笔、彩色铅笔、炭笔、色粉笔

　　无论是儿童还是成年人，也无论是从事艺术专业或是非艺术专业的人，都会使用铅笔，因为它是最普通、最易掌握的绘图工具。用铅笔绘制的插图因其直接的表现，反而能够给人带来亲切感和力度感。铅笔除了普通的黑色铅笔之外，还有彩色铅笔，彩色铅笔又分水溶性和非水溶性。彩色铅笔的颜色配置十分丰富，插图画家可以根据自己的需要绘制出色彩丰富的画面。在用彩色铅笔表现画面时，注意不要用单色画大面积的色域，而应充分利用彩铅的混色效果，由浅入深，多层涂敷。用色可事先在草纸上试验一下，防止在多层擦涂过程中使色彩变得脏乱（图5-1～图5-3）。

图5-2　铅笔与彩色铅笔结合的绘制技法

图5-1　彩色铅笔绘制

图5-3　铅笔绘制

色粉笔的主要成分包括颜料和阿拉伯胶。因其粉末状的特征而容易造成附着力较差的情况，所以通常要选择特别的色粉纸来进行配合。要掌握色粉的特性，在画的过程中用棉团、擦笔甚至于手指不断地擦抹，能够使粉质颜色渗入纸基，同时也使色彩产生自然柔和地过渡。同彩色铅笔画法一样，也可事先用水粉颜料打底，另外还可以制作表面粗糙的底子，使画面产生特殊的肌理效果。完成后的画面可使用定画液加以保护。使用色粉笔完成的画面，虽然有时感觉笔触不是很清晰和肯定，但这也是色粉笔的特点，只要充分利用它的特性，画面就会表现出柔和、细腻的风格（图5-4、图5-5）。

炭笔或称炭精笔，也有与铅笔相同的表现特征。二者都可以表现出细腻到粗犷之间的任何阶段（图5-6、图5-7）。

图5-4　色粉笔表现技法

图5-6　炭笔所绘制的插图

图5-5　色粉笔的表现技法

图5-7　炭精笔所描绘的插图

第二节 ///// 蜡笔与油画棒

蜡笔和油画棒由于受材质的限制，绘制不能过于精细，画面通常表现为粗犷、质朴、童趣般的效果。另外，插图的形式可以利用蜡的特征做出很多意想不到的视觉形象，如：刮蜡法、融蜡法及雕蜡法等（图5-8、图5-9）。

图5-8 蜡笔表现手法

图5-9 油画棒表现技法

第七节 ////// 拼贴

　　拼贴的表现技法源自于立体派以及达达主义、超现实主义画家。它主要指画家根据不同的题材，选择相应的现成资料或创作新的图像，最后采用拼贴手段来完成的画面。拼贴方式可分为手工拼贴与电脑拼贴。手工拼贴指用人工组合各种图片、文字或实物，这种方法可以近距离地体会质感、色调及视觉的细微变化。电脑拼贴指利用电脑程序、裁剪、粘贴、重组屏幕上的各种图像。拼贴的技法变化十分丰富，或是具象，或是抽象，或是二维形态，或是三维形态，适合表现荒诞、离奇的主题(图5-31~图5-34)。

图5-33　拼贴作品

图5-31　电脑拼贴技法

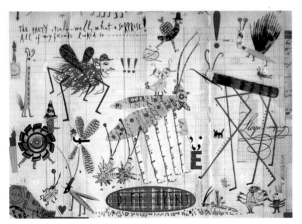

图5-32　手绘与拼贴相结合的技法

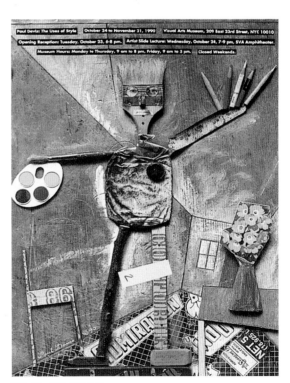

图5-34　手工拼贴技法

第八节 ///// 摄影

把摄影列入插图的表现技法中，主要是从"摄影插图"这个角度去分析理解的，而非摄影本身。

摄影作品可以用来证明某一事件、演示一个故事、推销一件产品或证明一种观点，因此富有较强的说服力和传达交流的作用。在"摄影插图"中，插图画家经常会像摄影师一样需要创作、布置

图5-35 摄影图片合成的广告作品

图5-36 摄影手段所创作的广告作品

和拍摄照片，但更多的时候是在扮演"设计师"的角色。虽然在这类作品中信息交流的主体仍然是原始照片，但人们大多数时间还是要通过印刷或网络等传播媒介去评价摄影作品或从中获得广告信息。数码、计算机处理图像时代的到来使这一问题的解决变得轻松起来，一旦照片被转化为数码数据，它被获取、存储、处理和转移的速度和效果明显加快，数码相机则可以把这些一步到位，完全超过了照片本身的意义。可以说，数码影像对于摄影的影响，尤其是对于摄影插图的发展起到了巨大的推动作用。从"摄影插图"的意义上讲，一幅优秀的摄影作品与一幅设计精良的插图作品的功效是相同的（图5-35～图5-37）。

图5-37 通过电脑处理的摄影作品

第九节 ///// 计算机与辅助软件

计算机在设计领域中的运用一直在不断扩展，随着计算机技术的发展，设计门类和交流方式不断兴起，插图艺术的形式也发生了巨大的变化。如果

说以上的几种方法还属"传统"的表现技法，那么，计算机及软件的运用则是近些年插图画家经常使用的"现代"表现工具。插图画家使用传统媒介不必花太多的精力和时间去研究，而使用计算机技术就不同了，要想绘制出完美的作品，首先必须要

对软件有非常深刻的了解，其次就是对软件应用技巧的熟练掌握。使用计算机作为工具的插图作品呈现出崭新的面貌，同时一大批新生代的插图画家也逐渐成为这一艺术领域的主流。

计算机之所以成为现代插图画家所喜爱的一种绘图工具，主要因为，它可以模拟各种工具所能表现的画面效果，而且十分便捷、灵活。所以，针对插图画家对计算机图像处理的需要，许多人性化的计算机绘图和图像处理软件应运而生。目前插图画家经常使用的软件有Photoshop、Illustrator、Premiere、Director、Flash、After Effects也可为设计师生成动画程序或互动环境，此外还有3DMax、Maya等各种三维绘图软件可作跨平台交互创作。插图设计师可以通过这些软件创造出许多静态或动态形象的多重变异，利用色彩、形态、时空进行各种组合试验。

那么，有了计算机辅助就能画出好的插图吗？传统插图的表现形式会消失吗？掌握工具和技巧固然重要，但并不意味着就能把握传达方式的改变对视觉冲击产生影响的根本意义。电脑不过是人脑的延伸，插图画家艺术修养、绘画技巧的高低始终是关键所在(图5-38、图5-39)。

图5-39　电脑绘制的插图作品

图5-38　电脑绘制的插图作品

第十节 ///// 其他表现工具及技法

插图的表现技法除上述所提到的之外，还有很多种表现形式，它们或单独使用，或与其他表现形式结合使用（图5-40、图5-41）。

一、胶片纸

胶片纸（透明纸和半透明纸）已成为拷贝的必备工具，尤其适合拷贝图案、照片、铭文等形象。它既可以直接绘制图像，也可把图像投影到画

图5-40 电脑绘制的插图作品

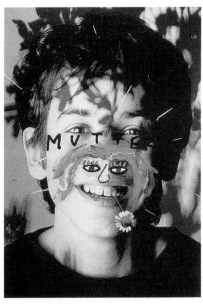

图5-41 电脑辅助绘制的插图作品

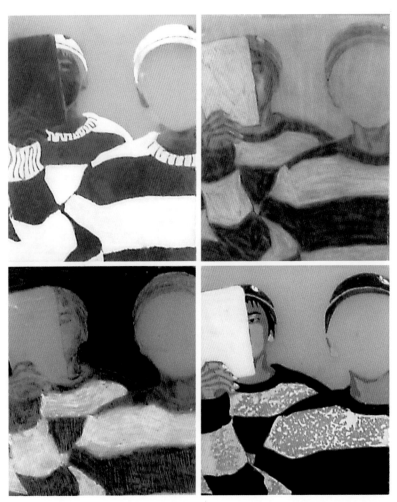

图5-42 胶片纸上绘制的插图 水彩、彩铅、丙烯、钢笔 学生作品 赵奕

面上，与其成像为透叠、错视等效果。当把半透明的胶片纸覆盖到图像上时，会起到柔化图像的作用（图5-42）。

二、水墨画

插图技法里所指的水墨画不仅仅指国画，也包括其他以水和墨（彩墨）及纸张为主要材料的绘画形式。

国画一般使用的绘画工具是毛笔。毛笔的种类很多，有的适合勾勒，有的适合晕染。纸张可分为生宣、熟宣以及各种半生半熟的宣纸。颜料有植物颜料和矿物颜料两种。国画的创作手法在插图中可以单独使用，也可利用国画特有的技法和材料与其他表现形式结合使用。绘画工具及纸张的变化都会使画面带给人们一种全新的视觉感受（图5-43、图5-44）。

图5-43　书籍里的水墨表现技法

图5-44 广告中的水墨画

三、复印

复印机的使用为插图画家提供了广阔的发挥空间，它可以把图像、文字放大或缩小，也可以调节明暗度。一些实物也可以直接通过复印机复制成像，会产生意想不到的视觉效果（图5-45）。

对材料及工具的学习和掌握是一个插图创作者所应具备的最基本素质。除上述一些技法之外，我们也应从我国传统的造型艺术当中吸取丰富的造型资源和表现技法，诸如水墨、刺绣、剪纸、年画等。只有不局限于"绘画工具"的角色，发现、选择、调动一切视觉元素和手段，并通过适当的载体，才能创造出风格新颖别致的插图形象。

图5-45 复印机与水粉相结合的技法 姚鲁

[复习参考题]

◎对同一事物的不同技法表现（六至八种技法）。

目的：掌握若干种插图的表现技法，并在此过程中通过接触资料开阔视野。

要求：

（1）对同一事物做尽可能多的表述诠释。

（2）对色彩、明度的实用性理解。

（3）黑白处理对象的概括性与层次表现技法的掌握。

第六章 插图创意的形式法则及创意思维

本章重点》
创意思维是插图创作的重要思维方式，更是基本原则。插图不只是画出来的，更是"设计"出来的。

学习目标》
掌握插图创意思维的方法及形式法则的应用。

建议学时》
16学时。

第六章　插图创意的形式法则及创意思维

插图作品的表现力，一部分来自对形式内在规律的把握，另一部分来自丰富多彩的生活感悟和创造性的想象力。前一部分的意义在于形式效应作用与视知觉，后一部分的意义在于视觉语言向感情、趣味方面的转化。虽然各自解决的问题不同，但最终的目的还要落实在表现形式上，必须借助某些看得见摸得着的媒介、形态、方法，使想象得以具体化、形象化。

如今，现代科技手段已经为插图艺术创造了广阔的天地，电脑处理技术已经使表现技能很少成为障碍，在构思和表现之间的差距正在缩小，想到的，往往能够做得到。在这个基础上，富于创意的视觉语言和形式结构，在插图创作中更加具有决定性的意义。

第一节 ///// 形式法则

一、均衡与动感

均衡，又称平衡。它本是物理上有关力的概念，我们这里说的平衡主要指心理平衡。均衡感产生在对立统一的关系中，这个特点与对称区别很大。对称是以中轴线为基准，在形状与体量上完全对等，或者是以中心点为基准的上下左右之间的完全一对儿。而均衡感则是一种等量而不等形的现象，它与对称相比较，在形式关系上有很大的自由度，它是插图创作中非常重要的一种形式法则。均衡包括造型的均衡、色调的均衡、构图的均衡等。一般来说，均衡感的形式归为两类。

一是在形式布局的方位、大小、面积中，根据杠杆原理产生的均衡感。这种均衡感是生活中的一些物理现象所引发的视觉心理反应。它使画面有种稳定、平均、庄重的效果。

二是在对立统一关系中由形式的趋向性或意象性因素产生的均衡感。通过不同趋向的图形组合，构成作用力的相互矛盾，这些力在相互抵消过程中可以生成动态的均衡。这些不同指向的"力"会给画面带来自然、多变的形式美感。不同指向的力可以形成动感，这种动感可以在静止的画面中产生，而不需借助运动姿态，直接由形式感体现出来。动感的产生可以从以下几个方面来说明。

1. 动感具有相对性

一是看到物体的实际运动，二是物体不动，背景的移动产生动感，三是视点的移动产生动感。这种动感的相对关系，就是艺术形式产生动感的客观基础。

2. 虚拟位移状态所产生的形式动感

所谓位移，是指一物相对另一物的位置变化所感觉到的运动。

3. 由于中心不稳形成的动感

倾斜的物体总是给人以失衡的感觉，这种重心不稳会具有动感。

4. 运动的线条

线条能显示运动的方向、力量和速度，所以线的变化带有动势。斜线、曲线等线形都具有运动感。只是运动的方向、强度不同而已。

上述动感形成反映了形式自身的规律，可以独立形成特定的形式感受，直接为视觉把握。动感的这种独立形成可以在静态画面中为特异性的突出体而引人注目，也可以在特定形式关系中作为相互对比或相互协调的因素，形成某种动静结合的关系。

在插图创作中，通过必要的形式处理，可以加强形象的动感，形成内在的气势；也可以通过形式

图6-1 对称形成的均衡感

图6-2 位移造成的动感

图6-3 运动的趋势产生的平衡感

自身的动感产生强烈的视觉冲击力，作为一种机动变化、富有活力的形式因素来构成整体画面（图6-1～图6-6）。

图6-4 杠杆原理产生的平衡感

图6-5 对称原理产生的均衡感

图6-6 线条产生的动感

二、节奏与韵律

自然界中，像动物的奔跑、鱼儿的游动、树叶在微风中的飘落、海浪的起伏、朝夕的更替、季节的变迁都能反映出节奏的变化，产生各种不同的意象。再如人的心跳、动物身上的花纹、石头上的肌理，其结构上也都具有自然的节律。所以说，节奏本是自然生态的现象，而艺术领域中的节奏是对生物节奏的感受、适应的结果，而更进一步的表现则是艺术家对不同节奏感的选择和创造。

节奏感本是时间上的延续，在音乐中表现最为突出。而视觉艺术不能直接地体现节奏在时空上的连续，只能间接表现节奏感，但无论音乐节奏还是图像中的节奏都有着共同特点，那就是按照某种秩序和规律进行重复排列和延续。节奏的审美效应体现在两方面：一是通过有序地重复来适应人的节奏，形成秩序感和装饰美，这是易为视知觉把握的艺术效果；二是以它有规律的变化和局部反差来丰富和调节人的视觉秩序，形成一种多变的节奏。在插图创作中，节奏的具体表现形式主要有单一节奏、对称节奏、交替节奏、放射节奏、反转节奏等。

在节奏上加以动态变化或情感因素，就会形成韵律感。如果说节奏感表现了一种静态美，那么，韵律感表现的就是一种动态之美。相对节奏而言，韵律具有一种随机性，它同人的情感、行为、环境的变化有着密切的关系。

在插图创作中，可以灵活多变地把握节奏和韵律，这种形式法则不是一成不变的，画面所呈现的节奏快慢、缓急、起伏变化是受运动状态影响的，这种运动状态也包括人的情感变化。但如果画面变化随意性过大，到了无序的状态，那么也就不能形成节奏和韵律了（图6-7~图6-10）。

三、比例与大小

在插图创作中，最通常的比例关系是指画面中局部与整体、局部与局部之间量的比例，是通过比例大小变化而产生美感的一种表现形式。而另一方面，插图工作者可根据主题及个人感受在作品中创作出更为丰富多样的有个性的比例关系。

通过对比关系的调整、分配、组合来增强画面的表现力，使画面具有一种张力和情趣（图6-11~图6-13）。

图6-7　色彩产生的韵律

图6-8　线条产生的韵律感

图6-9 节奏感

图6-10 黑白形状形成的韵律感

四、空间与透视

空间在插图创作中是重要的构成因素，在历史不同时期及不同文化背景中，空间的表现方法也不大一样。

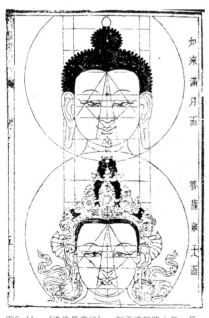

图6-11 《造像量度经》 刻于清乾隆七年，是一部指导雕绘佛像的入门书

图6-12 通过大小比例的改变可形成一种趣味性

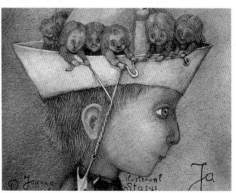

图6-13 比例的调整可增强画面的表现力

西方文艺复兴时期，透视学为解决教堂大型壁画如何安排空间提供了新的方法，"灭点透视"的空间观念成为当时欧洲绘画的传统。我们如果把灭点透视法则加以变化，就有可能创造出全新的视觉效果。通常使用的手段有以下几种（图6-14）：

图6-14 传统绘画的透视画法

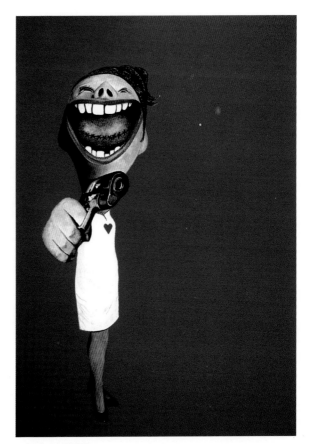

图6-15 夸张透视

1. 夸张透视

指在正常透视的基础上，夸张、强化近大远小的对比关系，使描绘主体产生强烈的冲击力（图6-15、图6-16）。

2. 异常透视

指把正常的透视关系反向使用，造成近小远大的怪异画面（图6-17）。

3. 散点透视

在中国传统绘画和文艺复兴以前的西方绘画中，普遍采用散点透视的方法表现空间，画面的视点不固定，而是随着观者视点的移动展开空间的。物体的前后关系是靠物体在画面所处的位置和相互遮挡来体现的。在插图创作中经常会看到利用散点透视方法所绘制的带有镶嵌视觉效果的画面（图6-18、图6-19）。

图6-17 反向透视

图6-16　夸张透视所形成的戏剧性

图6-19　散点透视　明《英雄谱》

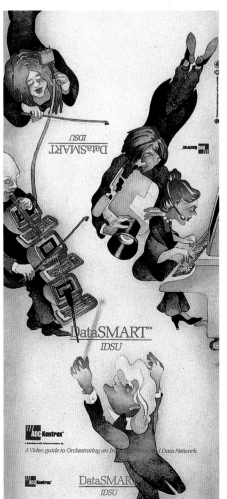

图6-18　散
点透视

4. 视角透视

通常人的视点被固定在一定的高度内，但当视角不断改变时，我们就会发现一些平时非常熟悉的事物呈现出了种种新的面孔。常见的视角透视有平视、俯视、仰式、伏视等。

（1）平视是最熟悉的透视现象。自古绘画常用平视，称之为正面构图（图6-20）。

（2）视点从高处垂直向下看，称为俯视，也称鸟瞰。鸟瞰图具有以下三个特点：①距地面越远，所视范围愈大。②鸟瞰图有平衡感，因为地面的任何起伏在高空俯视都会减弱。③鸟瞰距物体愈远愈有时间和空间都静止的感觉（图6-21）。

（3）视点低而仰角的视线叫仰视。仰视适于表现崇高庄严的形象（图6-22）。

（4）伏视即视点低的平视（图6-23）。

图6-20 平视

图6-21 鸟瞰图

图6-23 伏视

图6-22 仰式

图6-25 错视

HILFE STATT GEWALT

图6-26 空白空间

图6-24 矛盾空间

图6-27 空白空间

5．矛盾空间

所谓矛盾空间的表现就是指在违反正常的现实空间统一性的前提下，进行多空间、多视点、多重力或无重力（形象的漂浮）的画面构成。因此，画面中的空间内容可以上下左右地颠倒、相互包容或根据错视的规律在画面上制造和开辟新的空间。

要使画面造成不合理的空间结构，必须保持局部空间的合理性，使有合理放置物体的空间部分在不合理的对照中显示其矛盾性质（图6-24、图6-25）。

6．空白空间

空白空间并不是没有意义的部分，而是配合主体图像起协奏作用的"自由空间"。这种表面上看似没有意义的部分，也许在精神意义上存在价值。中国传统绘画中的"知黑守白"充分说明了这一意义（图6-26、图6-27）。

7．导向空间

导向空间不是借助透视方法所形成的空间感觉，是现实不存在但能感受到的空间。所谓不存在，并不是指什么都没有，而且指存在一些信息和条件。作为艺术创作者可以充分利用这些信息和条件，暗示、启发和诱导观者，使图像具有向周围扩张的力量，当这种张力与观者的私人空间发生碰撞时，也是它们走入你创作主题的开始（图6-28、图6-29）。

图6-28 导向空间

图6-29 导向空间

五、肌理与质感

物质材料是审美对象的重要视觉因素。

不同的材料所具有的特征会在不同程度上影响作品的外貌，一幅作品的表现内容也有赖于创造它的媒介（材料）。插图设计领域的材料形成，更是渗进了现代科学技术和人们主观上对于"创造"的追求。

肌理具有三次元造型特征，而质感具有二次元造型特征。一张图画纸和一张宣纸的质感是不同的，但同样褶皱的两张纸，肌理是相同的。肌理有时也可以发展成质感，二者从空间存在形态上比较，既有区别又有重叠。

质感是传达画面信息的主要途径之一，对观者能产生很强的视觉冲击效果。而肌理不仅可以表现主题，还能表现时空环境，它同时激活了人们两种感觉（视觉和触觉）。视觉和触觉的相互刺激必须在内心形成一种反应，而眼睛、视觉、触觉和情绪所产生的一连串的反应常常由于强对照的纹理组织而变得热烈。在现代艺术中，材料由于具备这种性质，它原来的意义便为一种新的意义所代替，这种意义的转变乃是设计活动的主要对象，它涉及的是材料的独特性质与艺术家对自然的感情倾向。研究各类物体状态的不同肌理，目的在于围绕纹理组织的视觉特质，培养对于形体与空间意象的反应。肌理的表现手法有两种：一种是仿真的肌理，另一种是真实的肌理。

1．仿真的肌理

指用于直接操控各种绘制工具创作完成的物体表面组织构造而引起的视觉触感。创作者可以通过各种技法、工具以及电脑辅助来完成肌理，而这种肌理无需触摸便可感知。

2．真实的肌理

是指采用不同的物质材料经过艺术加工而产生的，即视觉可以判断，又可以用手触摸到的画面起伏纹理。

相对仿真肌理，真实的肌理是属于三次元造型范畴的。该造型的特点是经过对原始材料锤打或拼贴等手段处理与组合后，使画面纹理展现出一种凹凸不平、光影共舞的视觉效果，从而达到丰富与深化视觉审美体验的目的。

对于熟悉的物质我们凭借经验和观察就能够判断物质的质感与肌理。在插图创作中，我们可以利用视觉和触觉在人脑中这一恒常的现象，对图像加以重新组合与变化，当这一切都颠倒错位时，我们所看到的与头脑中已有的经验就会发生矛盾，这时，视觉就将更加关注这一变化（图6-30～图6-33）。

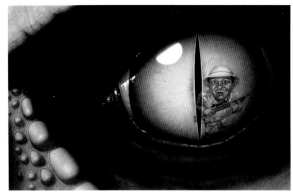

图6-30　仿真的肌理

图6-31　真实的肌理　当肌理向图案转换时，它的三次元空间也弱化了

图6-32　当由肌理打破视觉常规时，画面会出现异样的感觉

图6-33　仿真的肌理

六、图地与黑白

人们的视觉往往把看上去明确、有特定结构的"图"从一个没有边际、没有特定形状、均匀同质、看上去不太重要的"底"中分离或凸显出来。这在视知觉心理学中，是一种人类最初级阶段的视觉及心理反应。而事实证明，自然界中不存在形象与背景、图和地的关系，有机体与环境之间的相互作用是一个连续的过程，各种形象和色彩是以一种不间断的交替顺序来填充画面空间的。

在插图创作中不但要求有实的"图"，同时也要求有虚的"地"，二者是相互作用、共同营造着画面空间的。但"图"与"地"的关系并不是永久不变的，在一定条件下可以相互转换。在插图创作中如果能充分利用图与地的"不明确性"的关系，计划性地表现主题，那么画面的趣味性将由此而生。

黑与白是两个相互对立的明度极点。就形式美而言，黑与白能体现出强烈的反差对比、鲜明的节奏和单纯、肃穆的力量美感。在插图创作中，可以把各种不同的形、色归属为黑白两大部分，在表现手法上追求自由灵活、黑白相衬、虚实相间和互为转换，在色调搭配上要充分利用黑白这两种对立的形式因素在视觉上达到和谐统一（图6-34、图6-35）。

图6-34 图地的转换可形成不同的视觉效果

图6-35 黑白搭配对比鲜明，节奏明快

第二节 ///// 创意思维

插图的创意与其他艺术门类一样，没有固定的表现形式，但无论哪种艺术形式，最终的表现目的不是模仿和复制，而是创造独特的映象。所以，插图创意就需要新的思维，新的视角，需要打破思维定式和视觉习惯。

一、发散思维

现代心理学研究证明：创造性思维结构是由两种思维类型所构建的，这就是"聚合思维"和"发散思维"。

聚合思维就是指将两个或两个以上的思维对象纳入思维的轨迹，将互不相关的事物和观念进行重新组合，推理合成，从事物的相互关系中，发现创意契机。其中最关键的是采取怎样的一种综合方法，它不是事物间简单的相加和拼凑，而是根据设计者的创作意念，从不同的事物里抽取有内在联系的特性，再把它们融合成为具有创造性思维和精神内涵的艺术生命体。聚合思维是由多点向一点汇集的思维方式。

发散思维是围绕一个主题向不同方面、不同角度扩散的思维方法。这种思维方式从一点辐射到各个方向，从而拥有多种选择和开放性的特点。这种思维方式打破心理定式，突破习惯和常规，具有强烈的求异性；可以主动进行加工、改造、组合，从而伸延多种意义，具有开拓性和能动性；可以打破常规的逻辑秩序，具有一种跳跃性、非连续性的特点。在插图创作中，可以采用这种思维方法，首先对主题进行大胆的设想，俗话说"没有做不到的，只有想不到的"，就是提倡大胆想象，敢于挑战的创新精神，然后再小心翼翼地对具体事物或主题对设想进行提炼和筛拣，最终找到一种合适的艺术表现形式。

二、辩证的思维

根据格式塔理论的整体观念，应该把美术形式看成是相互作用的整体，而不是局部效应的简单相加。画面能动性变化也是矛盾双方相互作用后的结果。要认识问题的相对性，认识矛盾双方的相互转化，不能以固有的方法套用所有内容，不要孤立地分析形成效应，而要在对立统一的关系中不断调整，全面认识。

三、联想思维

当我们看见天边的一抹彩云，墙上的一片水痕，聆听一段悠扬的乐曲，吟读一段古诗时，是否可在其中想到另外一种图像或情绪呢？相信每个人都会因其年龄、经验、地域、文化、信仰的差异而有着不同的思维活动。

然而这种现象并不完全脱离现实，而是从一种形式联想到另一种形式，由一个内容启发另一个内容，它是建立在大量有意识和无意识的积累之上。联想的内容来自对过去的经验、意象、感觉、记忆所形成的生活积淀，这种积淀决定了联想的可能性范围。实际上，观察的过程也是很有趣的，因为在期间我们会发现通常被忽略的细节，并由此可以找到各个事物之间的联系，这有助于完成联想的过程。

联想的过程是相当复杂的，它可以把性质不同、相距甚远、差距极大的物体和情节融会贯通，根据其内部的联系来统筹考虑。思维学中接近律、相似律、因果律、对比律都是联想的内在关系，联想是在这个基础上产生的综合作用。

通过联想可以让我们的思维向多处伸延，这是艺术想象力的重要途径。联想可划分为五种层次：

（1）由局部相似因素引发的相似性联想。比如由蓬乱的头发可以联想到茂密的树冠，奶牛身上的花斑可以联想到地图等。这些相似的因素，可以通过联想，产生一个新颖的创意。

（2）被联想的双方虽然性质不同，但在活动内容的关联中可以产生联想。例如由羽毛可以联想到飞翔，由书本联想到大脑，由车辙联想到拉链等，这种联想可以跨越式地从一个内容扩展到另一个内容中去。

（3）由某一事物联想到与它对立、相反的东西，称为对比联想，例如战争与和平、枪炮与和平鸽等，这种联想往往是在相对应的关系中，通过反差来形成强烈的对比作用。

（4）根据某一事物的因果关系形成的联想称因果联想，如由吸烟可以联想到健康、战争可以造成灾难等。这些本是一种正常的逻辑思维，但在艺术表现上可以通过视觉形象的转换、跳跃，仍然可以出现新奇的结果。

（5）由幻想产生的联想。幻想是一种特殊的心理想象，它与人的物欲和心理推测有着直接的关系，通过幻想可以追求理想的境界，也可以创造出奇异的幻象。对于艺术创作来说，幻想不是在逻辑和观念中的搜寻，而是要产生具体可感知的幻象。幻想可以使艺术创作者从客观形象的束缚中解放出来，追求理想的状态，寻找新的视觉形象。例如可以由优美的曲线联想到人的身体，看见奔驰的骏马想到美丽的大草原等，这些联想都是受人的主观愿望所驱动的，这些主观愿望是激活想象的动力，也是开发意境的催化剂。

创意联想是对立意和表现形式的统筹考虑，它不是模写而是改造，不是遵循习惯而是创新。创造性的联想需要一种目的性，插图创作时，创作者应始终把握创作目标，并始终把握住为实现这个目标所调动的各种素材之间的逻辑关系。否则，为"新"而"创"，就会本末倒置，从而违反了创意的本质（图6-36～图6-40）。

图6-37 联想

图6-36 联想

图6-38 联想

图6-39 联想

图6-40 联想

◎ 收集插图作品四幅，并对其加以形式上的分析，以草图形式表现。

◎ 运用插图的表现技法和形式法则，以"城市符号"或"影子"为题，展开联想并创作一幅插图作品。

◎ 选择某一商品，并根据其文案，创作两幅广告宣传作品（杂志广告和海报招贴）。

◎ 以一文字单词为题，做六种图形联想。

目的：把一个文字单词确切的含义用图形表述出来好像不太符合实际，但画面有时也确实能涵盖不同种类文字单词所要阐述的意思，并且常常会有多种表述形式可选择。以文字单词为题，从具象到抽象，从抽象到意象，从表象到内涵，培养一种发现能力、观察能力，并通过各自的视觉语言表述出来。在掌握视觉语言表现力的同时，也培养一种发散性的思维。

要点：

（1）充分理解单词的潜在意义，打破禁锢，发现与之关联的形象或情节，进而找到具有代表性的典型形象。

（2）抓住典型事物，尝试多种表现手段，准确传达词汇信息。

◎ 以纸制生活用品（例如纸袋、纸盒、纸杯、纸盘等）为载体，根据个人的兴趣及理解在其上面做插画。

要求：绘制的题材及风格不限，但一定要有新颖的创意和趣味性，并注意与观众的互动关系。由于各用品的体积形态不同，所以描绘的部位也不限，但要求平面图像与立体形态之间经营位置的合理性。

目的：通过作业使学生开动脑筋，发挥想象，打破原有的框框，学会用扩散性思维方式去思考问题，增强插图的整体设计意识。

第七章 插图的现实意义

本章重点》
正确认识插图与设计、绘画之间的关系及科技革命与数字化的发展对插图未来的影响。

学习目标》
了解插图在当今社会环境下的作用及意义。

建议学时》
16学时。

第七章 插图的现实意义

第一节 ///// 正确认识插图

插图是最通俗的艺术形式，它不仅仅是一种实用艺术，而且是各种艺术的综合体现，具有广泛的艺术性，也是一门严肃的艺术。正是因为插图的这种双重性格——艺术性与商业性，才使它具有了鲜明的特征。

长期以来，我国很多艺术工作者把插图艺术和所谓的"纯艺术"割裂开来，形成两者几乎分开的艺术范畴。把插图看做下层的艺术、低俗的艺术、非严肃的艺术。其原因是：①插图是讲故事，是标准的叙述性艺术形式，与表达感觉、观念的现代艺术大相径庭。②插图往往是委托创作的，因此具有浓厚的商业背景，与创作时不考虑去向、不考虑经济效益的纯艺术也显得有距离。所以长期以来插图处于一种较低的艺术地位这一事实始终存在着。持有这种观点的人是不正确的，这从诸多方面可以说明：

一、著名艺术家的参与工作使得插图艺术具有较高的艺术品位

如果从艺术史的角度来看，就会发现许多伟大的艺术家都热衷于插图创作这种艺术形式。他们创作的大量艺术作品就有部分是受委托创作的插图，意大利文艺复兴大师米开朗琪罗、达·芬奇、拉斐尔等，他们的作品都是叙述性的壁画，讲的是宗教故事，采用的方式就是委托创作。在美国19世纪下半叶到20世纪初期，很多杰出的艺术家都从事大量的插图工作。我国明代也有很多的"文人画家"涉足民间版画，如唐寅、仇英、陈洪绶、丁云鹏、汪耕、郑千里、赵文度、刘叔宪及蓝田叔等都直接参与了版画制作。在现代，由于纯艺术与设计之间的界线越来越模糊，使得很多艺术家具有画家与设计师的双重身份。如毕加索在《和平的面容》、马蒂斯在《帕西维》、马约尔在维吉尔《田园诗》、黄永玉在《阿诗玛》和《湘西民谣》、吴作人在《林

海雪原》、古元在《周子山》、罗工柳在《李有才板话》中的插图就可以明显地看出原作给予画家内心的情绪感染，同时也可以感受到大师们对原作精神的再创作。由此可见，著名艺术家的参与艺术创作赋予了插图这种通俗艺术以极高的艺术价值，使得插图作品的艺术品位大为提高，这些插图作品与艺术家的其他作品一样都堪称为传世经典。

二、从现代插图的创作来看，它有着和其他艺术形式同样的审美价值

在中国传统插图的发展过程中，其风格、审美标准也是与当时的中国绘画艺术相一致的。现在插图的创作过程、风格和手法是多样化的，和其他艺术形式一样可以反映出不同的艺术风格、不同的审美个性。例如：在超现实主义的绘画中，利用现实的具体形象和空间内容，作不合理的矛盾组合或利用错视的原理，以及变形的方法构成一个违反人类正常心理和视觉经验的幻觉世界，以引发人们对形象的兴趣感和奇异的心理感受。超现实主义绘图对现代视觉设计传达的形式表现也产生了巨大的影响，并已经成为视觉传达设计的重要形式语言。而它在视觉传达设计中的表现形式大多是以插图形式表现的。

三、从各个历史阶段艺术的主要内容和形态上看

在生产力十分低下、生产关系十分简单的社会里，原始文化是一种混合统一的文化，社会组织结构没有明显的分层，文化的创作和接受主体也不存在地位层次的高低，作为人类共同的文化形式，艺术也不存在文化层次的高低差别。随着社会的发展，社会分工的出现，艺术分裂为上层文化和民间文化。传统插图是出现在书籍中的艺术形式，而书籍出现一开始就是上层社会的需求，作为插图也是满足上层社会的需求。而随着社会的发展、阶层的不断转变和平等化、受教育的普遍化、人们需要的

多样化，使现代文化观念趋向多维发展，各种艺术形式都具有了同等的地位。插图作为一种独特的艺术形式也不是少数人所独有的需要了，它已被多数人广泛接受。

四、从美学观点来看

插图属于艺术作品，那么何谓艺术作品？只有当人工制作的物质对象以其形体存在诉诸人的某种情感本体时，以及此物质形体成为审美对象时，艺术作品才现实地出现和存在。那么艺术作品的基本要求和条件是什么呢？第一，艺术作品必须有人工制作的物质和载体。从创作说，艺术家必须将艺术想象中的幻想世界，确定在一定的客观物质材料上（作为绘画的画布、作为小说的手稿、作为建筑的木石等），成为物态化的东西，也只有在这"物态化"的过程中，这个幻想世界才能在不断的现实修改变化中真正获得实现，而成为艺术作品。第二，艺术作品只现实地存在于人们的审美经验之中。艺术作品现实存在的特征，是直接诉诸或引动人们的审美感受和审美经验。

艺术作品不仅具有历史性，同时也具有开放性。它随着时代、读者观众而不断更新，不断展示出它新的意味。作为插图艺术是形式层与原始的积淀、形象层与艺术的积淀、意味层与生活的积淀。而插图完全符合作为艺术品的条件。

五、流行文化的渗透使艺术领域消除了创作中高雅、低俗的分立

流行文化渗入艺术领域的标志是波普艺术的兴盛。"波普艺术"（即通俗艺术）是20世纪60年代在美国和英国发展起来的新型艺术运动，最早引导波普设计的是英国的"独立小组"，他们一反正统英国人对美国商业文化的排斥态度，于1956年举办前卫画展"这就是明天"。画家理查德·汉密尔顿（Richard Hamilton）展出了一幅充满预言的小型拼贴画《是什么使今天的家庭如此别致，如此动人？》，画中"波普（POP）"一词第一次出现在美术作品里，包括了所有后来波普美术作品的形象来源，揭示出"波普"的意义："通俗的（为广大观众设计的）、短暂的、可消费的、便宜的、大批生产的、年轻的、机智诙谐的、诡秘的、有刺激性和冒险性的……"

波普艺术在20世纪70年代概念艺术中萌芽开花，当时美国年轻的一代大都追求新的文化认同和消费观念，常以好莱坞明星、摇滚乐、生活日用品等为描绘对象。70年代后期的表演艺术、媒体与录像艺术家，便以连续剧、小说与广告等通俗文化形式为题材进行创作。波普艺术的出现使艺术不再与有消费倾向的图像隔离，为艺术与通俗文化之间的象征关系播下了种子，多元主义和多重文化主义的兴起也对当今世界艺术平等化影响深远。虽然它的初衷是对现代艺术单调死板的一种反叛，所采用的艺术手法也仅仅是为了调侃流行文化的复杂含义与多重功能，但后来事实证明它的这种观念和手法对平面艺术产生了巨大的影响，对于插画来说也是革命性的。尤其是当时流行的涂鸦艺术表现风格对现代插图的影响十分巨大。涂鸦是伴随城市发展和青年人的成长而发展起来的街头艺术，属于大众通俗文化的范畴。它与城市之间的矛盾性、与主流文化

图7-1 《是什么使今天的家庭如此别致，如此动人？》 理查德·汉密尔顿 作品表现出战后英国人对美国的物质财富和技术进步的向往

图7-2 《杰作》 李希滕斯坦 他的作品非常贴近地反映了美国人所熟悉的公众人物

图7-3 《高更》 埃霍 他的艺术题材由艺术史、政治、科幻小说三大领域组成

的抵触，这一点与现代插图都具有某些相似之处。所以说，插图从涂鸦当中借鉴语言表现形式是顺理成章的事，同时又为插图提供了一种个性化的新的设计语汇（图7-1～图7-3）。

如果说现代插图受流行文化的影响比较大，那么还不如说插图艺术已经成为一种流行文化了。流行文化已成为最普遍、最活跃的大众文化，毫无疑问，流行文化已经形成了一种产业。

可见，上面所说对于插图艺术的偏见，是不完全符合客观现实的。美国艺术家阿尔伯特·多涅曾经撰文说："不能按艺术的形式分高低。"插图画家的确考虑到商业目的，但是这种考虑不能拿来简单地抹杀插图本身的艺术价值。插图是最通俗的艺术形式，这种家喻户晓的艺术与高雅艺术有所不同，但是不能就说它不是严肃的艺术，轻率地作简单化的结论。

第二节 ///// 插图与绘画、设计的关系

插图、绘画、平面设计它们之间存在区别，又由于有着绘画艺术的共同血缘，因而也存在着必然的联系。绘画起源于原始岩画，插图形成于古代传媒——书籍，而印刷、文字、插图、装饰都是平面设计的传统依据。

绘画是以图的形态传达着信息，一幅好的绘画作品可以浓缩巨大的信息内容，是文字高度浓缩的载体，在某些场合它可以代替或补充文字的不足。虽然如此，由于绘画与文字传播的功能存在着较大的差异，绘画作为单独的艺术作品其画面不存在文字说明，而设计无论是作为专门独立的艺术，还是特地为某种产品服务，都必须有文字说明。只有通过文字形态的存在，其自身价值才能够得以体现。既然绘画艺术可以无文字表述出现，故此它也就不存在版式及版式编排问题，而当它成为印刷品时，也就成为了设计的范畴，绘画在印刷品中变成了插图艺术作品。因此，现代插图具有设计性和绘画性的共同特征。

插图艺术与绘画和设计艺术的区别和联系：

一、插图与绘画、设计的区别

依附性是现代设计和绘画艺术的本质区别。设计作为商品在为市场服务时必须具备价值与使用价值，想要赢得客户的信任与满意，最终实现设计的

价值，它必须通过市场竞争的检验。设计最后的成功与否在于它能否达到美化产品最终实现促销的目的。插图作为设计的一个要素，它不但要依附于设计本身，同样也依附于市场和商家。而绘画更多的是追求"破坏性"和"与众不同"，所以，一般不具有商业目的。

目的性是现代设计和绘画艺术区别的根本所在。古典油画尽管形态表现细致逼真，但其意境追求的则是深奥悠远，发现不确定的"混沌美"。现代绘画追求的则是标新立异的多变，这样追求的是超现实荒诞的不确定。不同时代、不同风格流派、不同艺术家，其最终目的都是为了艺术家个性化的表露。设计是为商业服务的，艺术家的个性发挥一般很有限，其目的主要是为文字的说明服务，并得到商家的认可。

二、插图与绘画、设计的联系

设计艺术和绘画艺术的实现方式上存在异同。绘画在制作过程中技术的成分占有相当大的比例，作为同一内容单幅独立的绘画作品，绝对不能重复存在，并且呈现给观众的必须是手工制作的真实肌理材料。绘画作品的产生方式属于纯手工艺品，它和机器大生产无关，故此也就不必去考虑机器的性能和工艺加工程序。而作为一个插图设计师，不仅应懂得绘画、设计，还应懂得机器的印刷功能、印刷装订工艺，懂得在何种状态下，机器墨色套印对作品产生什么样的效果，纸张的品牌、种类、性能都会影响设计作品的最后质量。现代插图艺术由于受数字化的影响，很多插图设计师大量地使用电脑，电脑的运行速度加快还有软件更新换代，使得大量插图设计师依靠电脑进行创作。这使得插图设计手法和绘画实现方法出现了更大的差别。不过，插图艺术和绘画艺术创作思维过程是相同的。电脑生成及以摄影作为基础的作品不能完全取代手工绘制的插图，因为手绘通常其笔触让人欣赏起来觉得温馨、亲切，更富有人情味。计算机能增强和帮助设计师生成作品，原画可以通过扫描来获得，并且最终完全用电子化手段来增强笔触或者修改效果，这显然对编辑和储存文件有很大的帮助。但恰恰正是这种便捷的手段，使很多插图工作者失去了创作灵感和对生活真诚的感悟。其实无论插图采用什么样的绘画风格和表现工具，它除自身具有绘画的特点外，作为一种艺术形式，它还依附于平面设计，并作为一个元素存在。由于现代插图艺术具有绘画性和设计性以及对设计的依附性，现代插图成为了绘画艺术和设计艺术的桥梁，处于绘画和设计之间的艺术形式。

插图虽是一门相对独立的艺术领域，但却与当代艺术有着千丝万缕的联系。说它独立是因运用的目的和载体不同，说它和当代艺术有关是因它们相同的艺术特征。

从洞穴岩画到印刷制版，从传播信仰到服务于商业，插图一直都扮演着重要角色。以计算机为代表的新技术革命使人类社会进入了崭新时代，互联网的日益普及、信息传播方式的变革、数字图像已成为一种新的视觉信息载体。一些人认为插图将要灭亡，现在看来这个观点是错误的。事实证明，技术的革新与发展不但没有使插图这门艺术萎缩，反而丰富了插图的表现手段与形式，同时也拓宽了插图的应用领域。插图仍有着独特的审美价值，继续在视觉传达过程中起到重要的作用（图7-4、图7-5）。

图7-4-1 现代插图具有绘画性与设计性的共同因素

图7-4-2　现代插图具有绘画性与设计性的共同因素

图7-4-3　现代插图具有绘画性与设计性的共同因素

图7-4-4　现代插图具有绘画性与设计性的共同因素

图7-5　超现实主义风格的插图

第三节 //// 插图艺术的发展方向

一、科技革命与数字化的发展对插图设计产生的影响

今天，伴随着生活节奏的变化和信息的视觉化发展，数字化的设计和信息的视觉化发展，使数码化的设计正在侵蚀着生活的每一个角落。当代插画的设计语汇也正在进行着前所未有的更新，挑战性成了这个时代的标志，文化交叉为设计语言开拓了新的道路。同时科技的进步与变革，特别是计算机技术和数码媒介技术的发展，也给插图艺术带来了更彻底更深刻的影响。

20世纪80年代以后，电脑及专业设计软件的完善与普及提供给设计师前所未有的方便和快捷。相对于传统插图，用来创作插图的工具和手段截然不同，人们对媒介的性质和意义产生了新的认识，传统的颜料、画笔、喷笔、画架图板等实在的"物质"，已经被鼠标、显示器、数位板、压感笔等"信息概念"代替。运用虚拟的"概念"进行设计表现，是数字化时代设计领域变革的重要起点和标志。而更加具有革命性的是它解放了传统插图画家在创作时的客观限制，将插图画家的创造性及想象力发挥到了极致。最终造成了对传统设计模式和设计观念的冲击和挑战。因此，在20世纪最后的二十年间里，传统插图在大部分时间里一直处于萎靡不振、岌岌可危的状况。而在视觉传达领域电脑图像充斥大众视觉的时候，一些插图设计师认识到电脑对设计的巨大影响而重新考虑解决视觉问题的途径。并在不断的实践工作中，这些插图设计师发现电脑在设计中的应用，不但缩短了原来手工设计中所耗费的时间，还提高了设计的精度和速度，使他们更多地致力于概念分析、创意构思、选择评价等方面的工作，在很大程度上清除了设计手段的局限，达到了构思、设计、绘制、印刷的一致性。在当代插图设计创作中，几乎大多数的插图设计师都采用数码技术作为其创作手段，插图的存在形式也从传统的出版媒介大量转移到网络数字媒介。设计师得以实现多层次、多领域合作交流，而且交流不必受时空的限制，电脑网络虽然使世界变小了，但却使设计师的工作室变大了。而此时插图画家与画家、摄影师、设计家的专业界线也已经变得越来越模糊了，视像创作从摄影时代对现实生活的复制描摹转向超现实和魔幻现实主义发展。

总之，不管是传统的手绘插图，还是现代的数码插图，它们的共同之处就是以视觉形式语言将所表达的主题以及思想形象化、直观化。

二、艺术风格的多元化发展对插图的影响

时代与文化的发展以及社会与个人的因素，都会影响着艺术家对原有图式加以修正和变革，从而形成新的视觉样式。当代视觉艺术在思想内容和表现形式上都受到现代主义和后现代主义艺术思潮的影响，追求艺术风格的多元化与个性化，成为艺术家们共同探讨新艺术形式的动机和主题。

虽然信息传播已呈多元格局，但插图在社会发展和经济建设中仍然像以往在不同发展时期所担当的角色一样，传播着信息和文化。插图是一种流行艺术，它的功能是准确无误地传递信息，紧紧追随社会流行文化的变迁，反映着社会发展中的大众审美情趣。

三、大众消费文化对插图的影响

大众消费文化是按照市场需要而制造并受到广泛欢迎的时尚潮流文化，是一定社会环境下大众审美趋向的产物。社会变革和生活方式的改变，可以引起社会心理变化和文化结构的改变，例如，由于社会矛盾、社会阶级分化引起的心态失衡，商品消费和信息交流对人们生活的主宰，道德及信仰危机带来的精神空虚等，人性与社会的需求在不断调节，于是大众消费文化在相对宽松的社会环境下应运而生，迅速成为多元社会文化的组成部分。大众可以通过消费获取自己所需的物品或服务，当愿望和需求得到满足的同时，它也在不断地更新和萌

生，大众的幸福感可以在消费活动中得到某种程度的认可。在历史上任何时期和任何社会中，人们对消费的兴趣都是普遍存在的。

当代插图艺术也逐渐融入了流行文化的产业链条中，作为一种通俗化、商品化的大众艺术传媒形态为人们广泛接受。插图艺术先天具备的大众性和传播性等商业性质是它区别于一般纯艺术的明显特征，在这个"消费"的年代，商品与艺术品、通俗与高雅、大众文化与先锋艺术的分界线已经日趋模糊。插图艺术因具备了较强的艺术表现力和商业活动所需要的实用价值，被作为商业活动的一种催化剂和商品的宣传手段得到了广泛的运用。商业化的运作使得插图艺术的分工越来越细，艺术家接受商业委托进行创作，良性的市场化互动使得商业插图艺术及衍生的各类艺术形式正以一种流行文化、时尚文化的面貌向世界展示与传播。

在艺术范围内，大众消费文化的艺术态度千差万别，其中多变的形式和通俗化、大众化倾向具有积极意义。因此，艺术必须面向大众，否则就没有良性的社会影响可言。当然，这并不等于艺术就应该迎合、媚俗，对艺术个性的先导或顺应，不一定要以与大众对立为前提，艺术的审美不应该影响沟通和共享。艺术需要个性，插图设计当然也需要个性，随着电脑以及各种数字化设备在设计领域的广泛使用，只有个性化的作品，才能在行业中有立足之地，才能在行业中受到推崇，才能获得艺术价值。在如今的消费观念中，艺术作品不仅具有物质形态意义上的使用价值，而且也是人们"自我表达"的主要形式之一。

当大众美术作品、时尚艺术、流行歌曲大量出现在展览厅、歌舞厅、电视、网络、广告等通俗刊物上时，它们的影响已经超出了艺术范围，也超出了商业宣传的范围。无论你对它肯定、否定，或是不屑一顾，但它确实已经作为一种新兴的文化消费形态存在于我们生活当中（图7-6～图7-9）。

图7-6　影视广告中的图像

图7-7 户外媒体中的图像

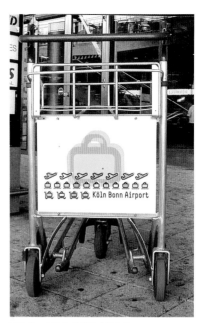

图7-8 户外宣传媒体中的图像

图7-9-1 户外车体广告中的插图

图7-9-2　户外车体广告中的插图

[复习参考题]

◎　收集资料，从中找出六幅著名艺术家所创作的插图作品，并对绘画与插图的关联进行分析。

◎　收集资料，从中找出六幅平面设计作品，分析插图作品和设计的关系。

◎　自选或自撰一段故事情节（经历、感受、观念等），为其文案做六幅以上的插图作品加以辅助理解。

目的：从文字理论入手，加强理论上逻辑思维的条理性，从而关注视觉表现的一致性，真正达到信息传达的准确性。

要点：

（1）文案的选择撰写要简洁、精确，避免情节的重复、模糊、脱节。在作业的要求内达到故事情节的连贯性。

（2）故事情节要有一定的哲理性、情趣性。

（3）每一段文字情节要与所配画面相呼应。

（4）画面表现要有视觉上的美感（艺术观赏性），每一段插图要有表现的连贯性（情节上、视觉上）。

（5）插图的风格不限，但要与故事情节相辅，不能生搬硬套，词不达意。

（6）画面的构图、色彩、造型要准确表达文字内容，风格可以借鉴，但不能抄袭。

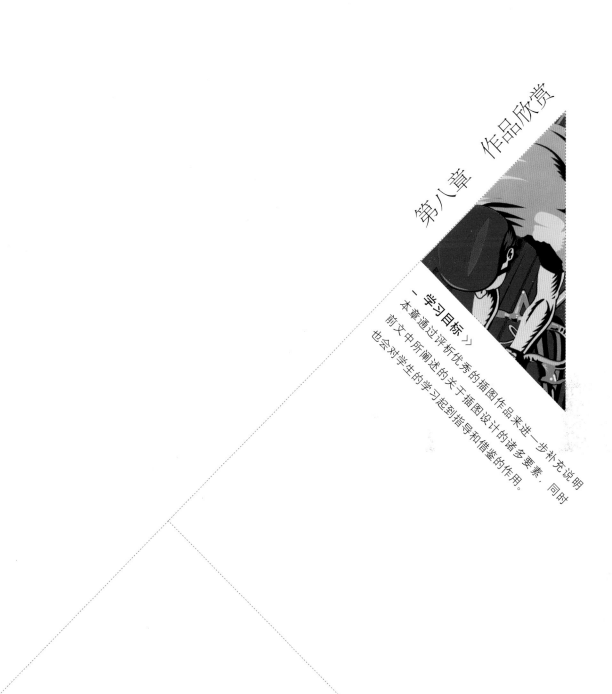

第八章 作品欣赏

一、学习目标 》

本章通过评析优秀的插图作品来进一步补充说明前文中所阐述的关于插图设计的诸多要素，同时也会对学生的学习起到指导和借鉴的作用。

第八章　作品欣赏

A-1　版画手段创作的插图

A-2　拼贴手段创作的插图

A-3　CD唱片的封面插图

A-4　以橡皮泥塑型为基本设计元素
所创作的动画形象

A-5　超现实主义风格的插图

A—6　年画风格的插图

A—7　浮世绘风格的插图

A—8　对称

A—9　线条产生的速度感

A—10　透明水色表现技法

A-11 夸张透视

A-12 海报招贴中的插图

A-13 杂志内页中的插图

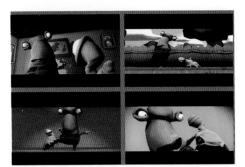

A-14 影视动画中的卡通造型

A-15 插图中的夸张变形手法

A-16 涂鸦手法创作的插图

A-17 写实风格的插图

A-18 电脑制作的图像

A-21 版画手段创作的插图

A-19 超现实主义风格的插图

A-22 均衡与动势

A-20 比例异常

A-23 视觉导向空间

A-23 画面的平衡感

A-24 水粉材料吸绘技法创作的插图

A-25 立体派风格的插图

A-26 动势

A-27 肌理对比

A-28 电脑手段绘制的插图

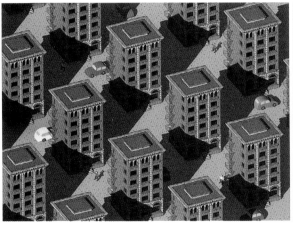
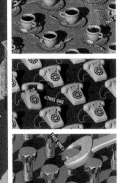

A-29 节奏

A-30 悖论

A-31 标牌设计

A-32 置换

A-33 写实风格的插图

A-34　动画中的造型

A-35　联想

卡通风格的插图

A-36　卡通风格的插图

A-37　幻想

A-39　插图中的想象

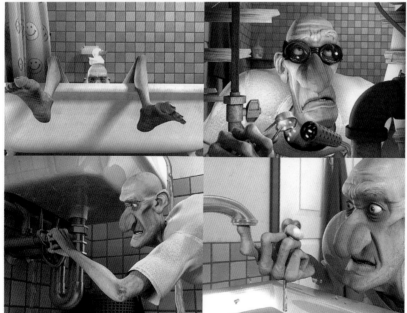

A-38　三维动画制作的图像

A-40　相似联想

A-41 斜线产生的动感

A-44 黑白对比，疏密对比

A-42 联想

A-45 宣传册中的插图

A-43 空间对比

A-46 视角透视

A-47 空白空间

A-48 户外广告

A-49 包装上的插图

A-50 拼贴手法

A-51 装饰风格的插图

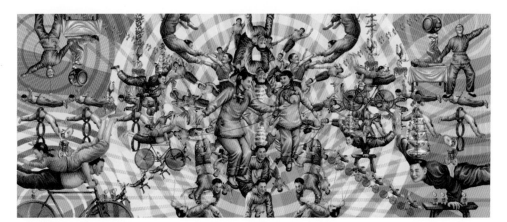

A-53 电脑绘制的古典风格的插图

A-52 运用"发射"的骨架绘制的插图

A-54　散点透视

A-56　鸟瞰图

A-55　绘画风格对于插图的影响

A-57　超现实主义风格的插图

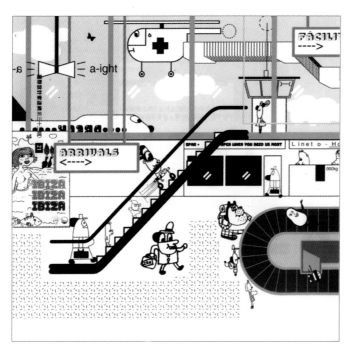

A—58　游戏中的插图

A—59　色粉笔表现技法

A—60　导向空间

A-61　夸张比例

A-63　动势变化产生的空间感

A-62　图地转换产生的虚实空间

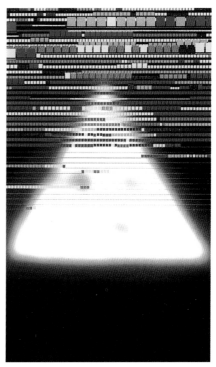

A-64　海报中抽象风格的插图

A—65 摄影图片与电脑辅助设计的插图作品

A—66 综合技法

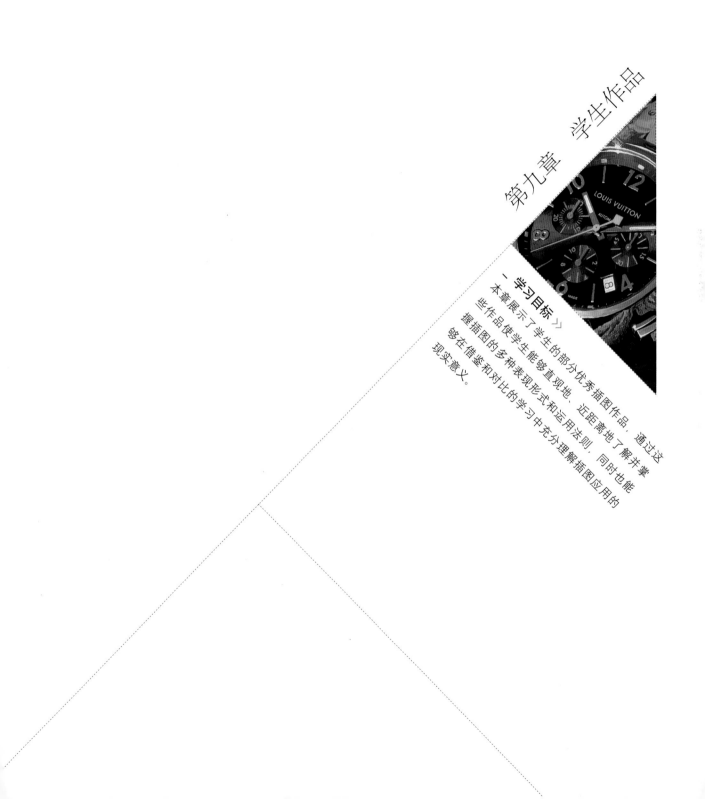

第九章 学生作品

《学习目标》

本章展示了学生的部分优秀插图作品，通过这些作品使学生能够直观地、近距离地了解并掌握插图的多种表现形式和运用法则，同时也能够在借鉴和对比的学习中充分理解插图应用的现实意义。

第九章 　　学生作品

B-1 同一事物的不同表现技法　张璇

B-2 同一事物的不同表现技法　邹小龙

B-3 装饰风格　丁玲

B-4 拼贴手法　赵晟昊

B-5 同一事物的不同表现技法　孟凡荣

B-6 丙烯与水彩综合技法 夏午阳

B-7 超现实主义风格 王晓莹

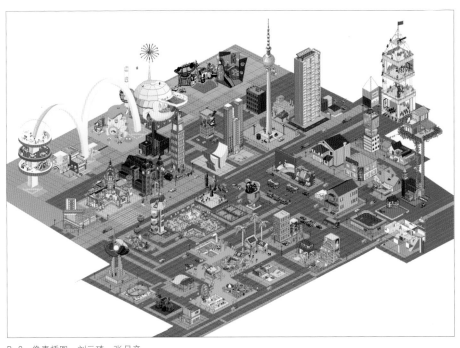

B-8 像素插图 刘元琦 张月音

B-9　国画风格　曹丽　　　　B-10　超现实主义风格　马千里　　　B-11　书籍中的插图　邹韬群

B-12　发散思维练习　易增旭

B-13　同一事物的不同表现技法　孙朋

B-15 "自我介绍" 命题创作　陈伟

B-14　命题创作　赵月

B-16　复印与镶嵌综合技法　王晨曦

人走到镜头前

由黑屏开始，开灯，人从左侧走出镜头

由关门打开门，人物左右看找东西

关门震动遥控器掉下

桌子下拍摔在地上的遥控器，从镜头外走进一只脚，伸手拾起遥控器

拾起遥控器看遥控器

遥控器向下出镜头，镜头推进到机器人身上

特写

特写

人物从镜头外走到机器人身后，推动机器人，机器人向前移动

B-17　"自我介绍"命题创作　刘琳琳

B-18　命题创作　张蓉

B-19　动画脚本设计　尹航

B-20 自画像 戴文森　B-21 自画像 刘姝　B-22 自画像 杨乐　B-23 自画像 徐晶　B-24 自画像 李庆凯　B-25 自画像 王正

B-26 Flash动画 富雪梅 迟另俊

B-27 动画中的造型设计 关庆林

B-29 动画中的插图 崔岳梅

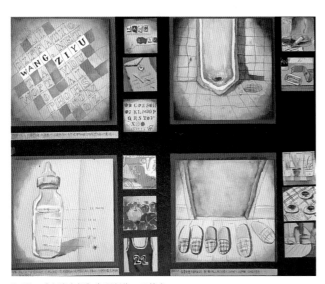

B-28 "自我介绍"命题创作 毛梓宇

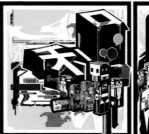 

B-30 卡通风格 杨慧

参考书目 >>

[1] 《世界现代设计史》 王受之 著 中国青年出版社 2002年

[2] 《美国插图史》 王受之 著 中国青年出版社 2002年

[3] 《艺术与视知觉》 （美）鲁道夫·阿恩海姆 著 腾守尧 朱疆源 译 四川人民出版社 1998年

[4] 《视觉思维》 （美）鲁道夫·阿恩海姆 著 腾守尧 译 光明日报出版社 1987年

[5] 《艺术与错觉》 （美）贡布里希 著 林夕 李本正 范景中 译 湖南科学技术出版社 1999年

[6] 《视觉传达设计的历史与美学》 李砚祖 主编 芦影 编著 中国人民出版社 2000年

[7] 《视觉表现》 （日）南云治嘉 著 黄雷鸣 等译 中国青年出版社 2004年

[8] 《视觉艺术心理》 王今中 人民美术出版社 2005年

[9] 《美国威斯康星大学平面设计教程》 （美）埃米·E.阿恩聪 著 李亮之 等译 重庆出版社 2005年

[10] 《商业艺术和数码插图——画笔与鼠标》 （英）安格斯·赫兰德 著 上海人民出版社 2002年

[11] 《数码插图设计》 （英）劳伦斯·泽阿根 著 中国青年出版社 2007年

[12] 《商业插图》 詹凯 编著 中国纺织出版社 2005年

[13] 《书籍装帧创意设计》 邓中和 著 中国青年出版社 2004年

[14] 《视觉艺术心理》 王令中 著 人民美术出版社 2005年

[15] 《非物质社会》 （美）马克·第亚尼 编著 腾守尧 译 四川人民出版社 1998年

The Complete–
works

第三篇 / 品牌形象设计

The Complete—

Chinese art of
Design Classifi —
cation

Art
Design
of Works
Complete

编著 / 吴 东 张 倩

目录 contents

第一章　品牌形象概述

一 本章重点 》

1. 认清品牌形象特性
2. 确认品牌的功能
3. 品牌形象的构成

一 建议学时 》

4学时。

第一章　品牌形象概述

品牌是广大消费者对一个企业及其过硬的产品质量、完善的售后服务等良好形象所形成的一种评价和认知，是企业、管理者投入巨大的人力、物力建立起来的与消费者之间的一种信任。品牌形象是品牌构成要素在人们心理上的综合反应，是品牌名称、产品属性、品牌标志等给人们留下的印象以及主观评价，因此，从某种意义上来讲，品牌形象随着品牌目标的产生而产生，它是品牌理念的延伸。

品牌的内涵决定了品牌形象的表现。

品牌形象是品牌的视觉化表现，是企业整体形象的根本。品牌形象产生于营销者对品牌管理的理念中，是一种管理的方法，更是一种具有独特个性的资产。良好的品牌形象是企业在市场竞争中的有力武器，并深深地吸引着消费者。

第一节 ///// 品牌形象特性

消费者对品牌的印象从根本上影响着消费者的行为，也决定了品牌的价值和品牌的形象度。品牌形象主要有以下三点特性。

一、多维组合性

一个成功的企业品牌形象，不仅包括产品品质、外观特征、价格、文化内涵、营销策略等方面，还要包括消费者的认可、态度、评价以及对该品牌的忠诚度、使用满意度等多方因素。例如，当人们购买电器产品时往往会选择自己所熟识的品牌，像"美的"、"苏宁"、"西门子"、"索尼"等著名品牌，它们不仅代表了产品的质量档次，更代表了企业信誉。为企业树立良好的品牌形象，才能让消费者买得放心，用得舒心，才能得到广大消费者的信任和认可（图1-1~图1-3）。

二、稳定性

品牌形象一旦形成，在相对较长的时间里便会具有一定的稳定性。符合消费者愿望的品牌理念、良好的产品品质、优质的服务等因素，是保持品牌形象长期稳定的必要条件。那些优秀的品牌之所以能够保持几十年甚至上百年而不动摇，是因为消费者长期的喜爱与消费习惯，才保持了这些品牌的稳定性。如可口可乐充满活力的品牌形象和青岛啤酒不断进取的品牌形象等（图1-4、图1-5）。

图1-1

图1-2

图1-3

图1-4

三、脆弱性

品牌形象的脆弱性，是指在一些重大的事件和一些细微的小事上对品牌形象的影响，一些负面信息甚至可以对企业造成致命的伤害。因为，消费者会在周围环境和事实的影响下出现相应的心理变化，导致品牌形象随之发生变化。如"三鹿奶粉事件"充分证明了一个企业发生重大问题的严重后果。三鹿奶粉导致多例婴幼儿肾结石病例，引起全社会关注，三鹿品牌也变成了负资产（图1-6）。

图1-5

图1-6

第二节 //// 品牌的功能

在激烈的市场竞争中，企业必须根据自己的特点来确立自身的形象。进行品牌策略可以使企业或产品有明确、统一的准则性，追求企业的差别化效果，展示企业的个性特征。由于品牌理念的差异，左右了企业的素质，决定了品牌形象的不同，使相同领域，处于同等技术水平或质量水平的企业，呈现出不同的姿态、面貌、形象，在消费者心目中留下深刻的印象。

品牌的准则性是企业对自身有了非常详细的了解和认知后，找到企业自身在社会和公众心目中的准确位置和存在的意义，确定企业品牌的目标和使命，并把它昭示出来。由于品牌拥有者可以利用品牌的市场开拓力、形象扩张力、资本内蓄力不断地

发展，因此我们可以认识到品牌的基本功能。

一、导购功能

通过品牌人们可以认知产品，并依据品牌选择购买。品牌可以帮助消费者迅速找到所需要的产品，从而减少消费者在搜寻过程中花费的时间和精力。所以，品牌设计应具有独特性和有鲜明的个性特征，品牌的标志、标准字等视觉形象就是与竞争对手的根本区别，这些形象要素各自代表着不同的企业或产品，也表明不同的质量和服务，可为消费者或用户购买、使用提供借鉴。

二、维权功能

企业通过申请专利和商标注册，使其品牌受到法律的保护，防止他人损害品牌的声誉或非法盗

用品牌。我们通常所说的品牌主要包括商标和名称的注册。一般来说企业的名称是用来区别不同企业的，与商标有着不同的功能。依据我国《商标法》规定，已注册的普通商标(不包括驰名商标)，对其商标专用权在全国范围内按类别保护。这不仅是对企业品牌的保护，而且也为消费者在购买品牌产品时提供可靠的信誉保障。

三、形象塑造功能

良好的品牌形象是企业的一种无形资产，它包含的价值、个性、品质等特征都能给产品带来重要的价值。品牌是每个企业塑造形象、知名度和美誉度的基石。品牌在产品同质化的今天，具有为企业和产品赋予个性、文化等许多特殊的意义。

在现代激烈的国际市场竞争中更需要注重企业形象的塑造，国际市场的发展和日趋激烈的竞争也推动了企业形象不断创新和完善。塑造品牌形象不仅有利于在消费者心目中提升企业形象，更对企业发展起着非常重要的作用。

四、降低购买风险的功能

消费者都希望买到自己称心如意的产品，同时还希望能得到周围人的认同。选择信誉好的品牌则可以降低精神风险和资金风险。每个人都有强烈的自我表现意识及追求完美事物的心理，因此，人们开始对"商品"消费转向"感受"消费，从注重商品本身的机能到重视商品所表达出的现实意义。

第三节 //// 品牌形象的构成

品牌形象的构成分为五个方面，即品牌认知、产品属性认知、品牌联想、品牌价值和品牌忠诚度。

一、品牌认知

品牌认知是指人们对品牌名称、标志、符号等要素的认知状态，是构造品牌形象的第一步，它是衡量消费者对品牌内涵及价值的认识和理解度的标准。

品牌认知可分为两个主要方面：提示知名度和未提示知名度。提示知名度是经过提示后，人们对品牌的回忆率。未提示知名度是不经过提示人们对品牌的回忆率。

同等比率下，提示知名度弱于未提示知名度。未提示知名度的公司已经在人们的头脑中形成了一定的品牌形象，形象在人们的心目中具有一定的位置。而提示知名度的品牌竞争力较弱，需要加强品牌塑造。品牌认知度是公司竞争力的一种体现，有时会成为一种核心竞争力，特别是在大众消费品市场，各家竞争对手提供的产品和服务的品质差别不大，这时消费者会倾向于根据品牌的熟悉程度来决

定购买行为。比如在高端白酒市场，消费者就会持续选择像茅台、五粮液这些有强大认知度的品牌，而其他二三线品牌或新进入者虽然也能提供品质相近的产品，但由于产品的品牌认知度较弱，在消费者选择时的竞争力方面就略显逊色（图1-7、图1-8）。

图1-7

图1-8

二、产品属性认知

消费者对产品的品质属性、功能构成等自然特征的认知，是获得商品价值的基础。有了这些基础才能给企业带来财富。主要包含以下四个方面：

品质认知——产品的物理构成及其质量属性在人们心理上的反应。

功能认知——正常状态下人们认知产品所能达到的效果及其功能。

档次认知——人们对产品品质与质量的主要评价。

特色认知——在同类产品中，该品牌产品是否具有独一无二的功能与效果。

阿迪达斯、李宁等运动品牌在消费者心目中占有重要的地位，所以在购买运动系列产品时，消费者首先想到的就是这些知名品牌，因为购买这些品牌使消费者能得到放心的产品质量和良好的信誉保证（图1-9、图1-10）。

图1-9

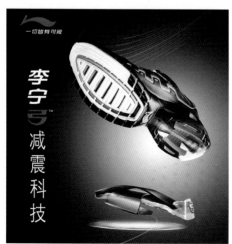

图1-10

三、品牌联想

人们把长期稳定在记忆中的事物与生活中的信息联系在一起，形成一定的逻辑与非逻辑性的联系，品牌形象应该对这些词语进行整理，进而描绘出品牌形象的轮廓。联想集团在其巨大的广告横幅下总会有一句话"世界失去联想，人类将会怎样"。这样的表述不仅充分表达了人类思维的无限空间，也体现了联想公司本身的重要地位（图1-11、图1-12）。

图1-11

图1-12

四、品牌价值

品牌价值是企业和消费者相互联系作用形成的一个系统概念，是企业的一种无形资产。它体现在企业通过对品牌的专有和垄断获得的物质文化等综合价值，以及消费者通过对品牌的购买和使用获得的功能和情感价值。如可口可乐CEO曾经说过："即使可口可乐公司在一夜之间被大火烧为灰烬，它在第二天就能重新站立起来，因为世界各个大银行都会主动上门来向公司贷款。"他的自信来自于可口可乐高达600多亿美元的品牌价值，这就是品牌的力量，是大火烧不掉的财富，这一事例充分地显示了品牌价值是一种巨大的无形资产（图1-13～图1-15）。

五、品牌忠诚度

品牌忠诚度是指消费者在购买决策中，多次表现出来对某个品牌有偏向性的（而非随意的）行为反应。它是一种行为过程，也是一种心理（决策和评估）过程。品牌忠诚度的形成不仅仅依赖于产品的品质、知名度、品牌联想及传播，也与消费者本身的特性密切相关，它还靠消费者的产品使用经历。提高品牌的忠诚度，对一个企业的生存与发展，扩大市场份额极其重要。例如，在美国与伊拉克战争时期，由于战场上出生入死的战士们的需要，美国的可口可乐与武器一起被运往前线，可口可乐对他们已不仅是休闲饮料，而是生活的必需品，它与枪炮弹药同等重要。可口可乐激发了美国士兵的士气，同时也紧紧抓住了每一个士兵的心。由此可见，对于一个企业来说，品牌忠诚度是多么的重要。

图1-13

图1-15

图1-14

[复习参考题]

◎ 品牌形象具有哪些具体特性？

◎ 可口可乐标志在品牌发展史上具有什么样的意义？

◎ 品牌的基本功能是什么？

◎ 品牌形象具有哪些具体的构成因素？

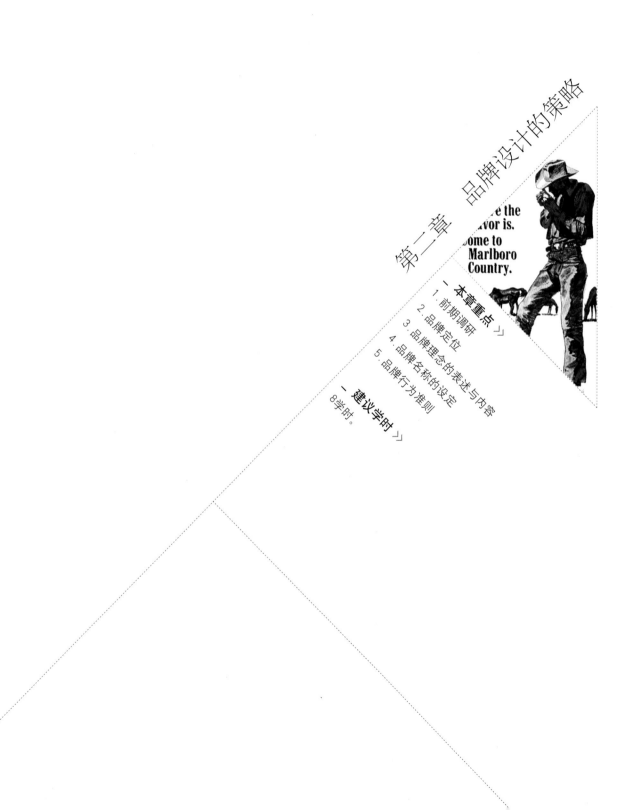

第二章 品牌设计的策略

本章重点》

1. 前期调研
2. 品牌定位
3. 品牌理念的表述与内容
4. 品牌名称的设定
5. 品牌行为准则

建议学时》

8学时。

第二章　品牌设计的策略

第一节 ///// 前期调研

在确定企业要进行品牌设计并且品牌企划书通过后，便进入了实态调研阶段，品牌设计实施调研的质量关系到整个品牌策划与设计的成败。调研是品牌设计的基础，就像建造大楼一样，根据大楼的高度，来确定所挖掘地基的深度。品牌设计实施调研的目的是为了掌握企业实际状况，了解企业生存环境，发现企业所存在的实际问题。只有通过充分的调查研究，企业才能及时掌握可靠的数据，了解各方面的意见，取得可信度较高的结论。

实施调研是一项复杂庞大的工程，需要企业内部人员与专业公司人员合作共同完成。调研成功的基础就是要正确地编制调研方案。调研工作一般包括确定调研内容、了解调研对象、调研的方式与方法三个主要内容。

一、确定调研内容

1. 企业营运实态调研

企业营运实态调研包括生产状况调研、财务状况调研、管理状况调研、人力状况调研、营销状况调研和企业形象现状调研。

2. 企业发展环境调研

企业发展环境调研包括市场需求调研、市场竞争调研、社会文化调研、政策法规调研、企业外部形象调研、企业形象地位调研。

二、了解调研对象

不同的群体对企业有着不同的认识与了解，因此要寻找不同的企业相关者作为调研的对象。调研对象一般分为：企业内部和企业外部。

对于企业内部的调研主要是通过对企业最高负责人和普通员工的访谈，了解企业的内部情况，对经营状况、内部的组织、营销方向、企业的经营理念、员工素质等问题进行深入地研究、分析、整理，对各方面的相关问题进行重新评价，从中设定出品牌形象的理想定位，作为品牌设计的参考依据。企业内部所有成员都是企业的关系者，包括：普通员工、管理人员、高层决策人员及股东等。如果从延伸的角度考虑，还应包括员工家属等。

对于企业外部的调查，是为了了解企业所处的市场环境及发展前景，了解竞争对手，了解消费者和社会公众及企业相关者对企业现有的状况有何种程度的评价，为下一步的品牌设计找到客观依据。

三、调研方式与方法

调研方式与方法是企业实态调研工作的依照，它是根据时间安排进行调研对象的选取、调研工具的准备并收集信息内容的具体方法，这个环节的成本最高，耗时最久。调研的常用方法有如下几种：

1. 观察调查法

观察调查法是调研人员通过观察被调研者的活动而取得一手资料的调研方法。观察法又分为参与观察和非参与观察。参与观察是指调研人员直接参与到正在进行的活动中，接触被调研者、收集被调研者情况的一种方法。非参与观察是调研人员无需改变身份，以局外人的方式在调研现场收集资料的一种方法（图2-1）。

图2-1

2．询问调查法

询问调查法是指通过直接或间接询问的方式收集信息，它是一种常用的实地调研方法。问询的具体形式多种多样，根据调研人员同被调研者接触方式的不同，可以分为面谈法、电话问询法等（图2-2）。

图2-2

3．问卷调查法

问卷调查法是从大量人群中收集信息的一种效率较高的方式。问卷调查法针对不同的调查内容，可以设计成内部调查问卷、市场调查问卷、消费者调查问卷、中间商调查问卷等（图2-3）。

图2-3

第二节 //// 品牌定位

品牌定位是指为某个特定品牌确定一个适当的市场位置，使商品在消费者的心中占领一个特殊的位置，当某种需要突然产生时，随即想到的品牌，就像在炎热的夏天突然口渴时，人们会立刻想到红白相间的清凉爽口的"可口可乐"一样。

一、品牌定位的意义

品牌定位使潜在顾客能够对该品牌产生正确的认识，进而产生品牌偏好和购买行动，它是企业信息成功通向潜在顾客内心的一条捷径。一个定位准确的品牌引导人们往好的、美的方面体会，反之，针对一个无名的产品，人们往往觉得它有很多不如其他商品的特点。消费者在长期的消费行为中往往形成了特定的习惯。有的人喜欢喝果汁，有的人喜欢饮用可乐，消费习惯具有惯性，一旦形成很难改变。

另一方面，在这个物质极其丰富的时代，各类产品的种类与数量都达到了前所未有的地步，然而人们的记忆是有限的，人们往往能记住的是市场上的一些知名品牌。因此，摩托罗拉、三星、香奈儿、波司登、张裕、汇源等名牌产品往往是消费者心目中的首选，由此可见，准确地进行品牌定位，不仅有利于培养消费习惯，而且还会大大地提高消费者的品牌忠诚度（图2-4）。

图2-4

二、如何进行品牌定位

品牌定位的关键是要抓住消费者的心，唤起他们内心的需要，这是品牌定位的重中之重。企业品牌要脱颖而出，还必须尽力塑造准则性，这样才容易吸引消费者的注意力。这种差异可以表现在许多方面，如质量、价格、技术、包装、售后服务等，甚至还可以是脱离产品本身的某种想象出来的概念。例如：万宝路所体现出来的自由、奔放、豪爽、力量的男子汉形象，这个形象其实与香烟本身没有直接关系，而是人为渲染出来的一种抽象概念（图2-5~图2-7）。

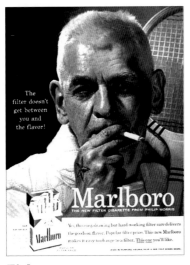

图2-5

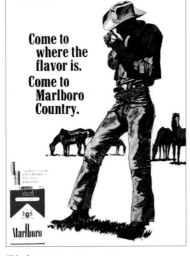

图2-6

图2-7

因此，一个品牌要让消费者接受，完全不必把它塑造成全能形象，只要有一方面胜出就已具有优势，国外许多知名品牌往往也只靠某一方面的优势而成为名牌。例如，在手机市场上，摩托罗拉宣传的是"小、薄、轻"的特点，而诺基亚则宣传它的"无辐射"特点。在汽车市场上，奔驰宣称"高贵、王者、显赫、至尊"，宝马却津津乐道它的"驾驶乐趣"。这些品牌都拥有了自己的一方沃土，而且还在不断地成长壮大。

想要满足消费者的所有愿望是不切实际的，每一个品牌必须挖掘出既符合企业自身条件，又能使消费者感兴趣的一个亮点，一旦消费者产生这一方面的需求，首先就会立即想到这个企业的产品。由此可见，品牌定位对于一个品牌的成功起着多么重要的作用（图2-8~图2-12）。

图2-8

图2-9

图2-10

Mercedes-Benz

图2—11

图2—12

第三节 //// 品牌理念的表述与内容

品牌理念就是经营管理品牌的观念和指导思想，是品牌运作的原动力，是品牌精神和活力的体现，是品牌成功的核心条件。品牌在最初的计划经济下，留给人们的概念仅仅是一种名称、术语、标记，其目的是借以辨认某个销售者的产品或服务。如今，随着市场竞争愈演愈烈，品牌的概念早已不仅限于商品的标志，而是企业综合实力的体现。其根本目的在于创造更高额、更稳定的附加价值。

没有理念的品牌是不存在的，就像没有理想和信念的企业家是不存在的，理念是企业前进的动机、存在的意义和理由的语言表现。品牌理念应包含以下三个内容：

1. 品牌理念的目的

品牌理念的目的是增强企业发展的实力，提升企业形象，参与市场竞争并赢得目标。

2. 品牌理念的基本特点

品牌理念的基本特点是既能体现自身特征，区别于其他企业，又能广泛传播，被社会公众普遍认同的价值观。

3．品牌理念的基本内容

品牌理念的基本内容是由企业经营、管理的观念、宗旨、精神等一整套观念性因素所构成的综合思想体系。

品牌理念是品牌基本精神之所在。品牌理念直接影响着企业内部的动态、活动与制度，也影响着企业内部组织的管理与教育。品牌理念外在表现形式可能是一句话，也可能是一个图形，或是一个故事，形式多样，创意无穷，但无论形式怎么变，品牌理念的实质不会改变。麦当劳的口号从"更多选择更多欢笑"到"尝尝欢笑，常常麦当劳"，再到"我就喜欢"，这些广告语都体现了麦当劳"顾客至上，顾客永远第一"的理念。

作为表现品牌理念的语言整合，如果过了头，不能相当程度上地保留哲学的纯度，就不能对在日常的社会竞争中追求利益和合理性的员工的行动产生影响。如果不能把企业哲学的动机和理由渗透给年轻的员工和管理人员，就不能使他们保持高层次的理想。例如，"顾客第一"这样基本的服务理念，在传达中如果没有叙述性，面对固执顾客所提出的要求，在实际工作中会出现左右为难的现象，其结果是很容易把"顾客第一"变成走过场的形式。因此，在进行品牌理念的整合时，要做到谨慎并全方位的考虑（图2-13、图2-14）。

图2-13

图2-14

第四节 ///// 品牌名称的设定

品牌名称与企业形象有着紧密的联系，是品牌设计的前提条件，是采用文字来表现的准则要素。在诸多要素中，首先要高度重视品牌名称，好的名称能产生一种魅力，是企业外观形象的重要组成部分。

品牌名称的确定，必须要体现企业的经营理念，要有其独特性，易于准则。同时要避免谐音引起不佳的联想。在表现企业形象及名称时要与品牌理念相一致，又要具有一定的时代特色。有些名牌产品的名称在最初的设定时，往往没有突出企业本身的特色，如"凤凰自行车"虽然享誉海内外，但其前身"上海自行车三厂"却鲜为人知，由此可见个性鲜明的企业名称对企业的发展尤为重要（图2-15）。

PHOENIX

图2-15

一个好的企业名称需要反复推敲，选择具有冲击力的词语组合，在企业名称的设定原则上应该遵循以下几点：

1．简洁

易读易记的名称是理想选择。绝大多数较高知名度的品牌名称都具有简洁特征。为了适应信息传递，欧美许多公司进行"缩简法"，把公司名称缩短或简化。日本索尼公司原名东京通讯工业公司，它的创始人盛田昭夫认为要使企业成为国际型企业，必须有一个适于全世界的名称，但原有的英译名过于烦琐，本想取缩写TK作名称，却发现在美国这类公司特别多，经过反复考虑，他找到一个拉丁文Sonus（声音），该词本身充满声韵，刚好同该公司从事的行业关系密切。同时，又与英语Sonny结合在一起，不管是Sonny或者Sunny，都有乐观、光明、积极的含义。美中不足的是Sonny在日语中读成Sohnee（丢钱），这自然犯了商家之大忌，后来盛田昭夫灵机一动，去掉一个"n"，拼成Sony。创造出了一个字典上找不到的新词"SONY"。诸如此类的品牌名称还有"本田"、"海尔"、"东芝"等（图2-16~图2-18）。

2．新奇

只有富含新鲜感、有创意的名称才具有新奇性。以全然未出现过的词语作为新公司的名称时，往往引人注意。"柯达"一词在英文中根本不存在，本身也无任何意义，因其响亮新奇，并通过品牌的设计和宣传，才成功地建立起独特的柯达概念（图2-19）。

图2-19

3．响亮

一个企业或一个产品拥有一个发音响亮、朗朗上口的名称，是成功建立品牌的关键。"可口可乐"位居世界十大驰名商标之首，这个已有百年以上历史的世界品牌，全世界妇孺皆知。"CocaCola"的品牌设计看起来简洁、醒目，读起来朗朗上口，本身并没有固定的字面意义，只是一种简化的字母组合，易读易记（图2-20）。

图2-20

4．巧妙

巧妙地运用人们的联想，通过名称为企业或产品赋予一定的内涵。一提及"娃哈哈"这个名称，使人自然地联想起天真活泼的孩子们，反映出品牌理念的本质和促进少年儿童身心健康的企业宗旨（图2-21）。

图2-16

图2-17

图2-18

图2-21

5. 符合不同民族文化习惯

在设定品牌名称时，尤其是国际化品牌，在命名时要充分考虑不同地域、不同民族的风土人情及民族习惯和道德风尚。例如，你知道互联网搜索引擎世界著名品牌之一的"Yahoo"，中文名叫雅虎，但你很可能忘记了Sohoo，也就是如今的"搜狐"（Sohu）。搜狐公司的CEO张朝阳根据"狐"在中国代表着灵性与智慧，将企业命名为"Sohu"，即美国有虎，中国有狐，各据一方（图2-22）。

图2-22

第五节 ///// 品牌行为准则

品牌行为准则是指企业在内部协调和对外交往中应有一种规范性的行为准则。这种准则具体体现在全体员工上下一致的日常行为中，员工们的一举一动反映出企业的经营理念和价值取向，而不是随心所欲的个人行为。

品牌行为准则包括范围很广，是企业理念得到贯彻执行的重要领域，主要包括企业内部行为和企业市场行为两个方面。

一、内部行为准则

企业内部准则就是对全体员工的组织管理、教育培训以及创造良好的工作环境，使员工对品牌理念达成共识，增强企业凝聚力，从根本上改善企业的经营机制，保证对客户提供优质的服务。

图2-23

1. 工作环境

工作环境的构成因素主要包括两部分内容：一是物理环境，它包括视觉环境、温湿环境、嗅觉环境、营销装饰环境等。二是人文环境，主要内容有领导作用、精神风貌、合作氛围、竞争环境等。

一个良好的企业内部环境，不仅能保证员工身心健康，而且是树立良好企业形象的重要方面，企业要尽心营造干净、整洁、独特、积极向上、团结互助的内部环境（图2-23、图2-24）。

图2-24

2．员工的组织管理和教育培训

实施品牌策略需要企业全体员工的协作。企业品牌策略的推行，必须对企业员工加强组织管理和教育培训，提高员工素质，通过长期的培训和严格的管理，使企业在提供优质服务上形成一种良好的风气和习惯。

员工教育培训的主要目的是使行为规范化。员工教育分为干部教育和一般员工教育，两者的内容有所不同。干部教育主要是政策理论、法制、决策水平及领导作风教育。一般员工教育主要是与日常工作相关的一些内容，如经营宗旨、企业精神、服务态度、服务水准、员工规范等（图2-25）。

图2-25

3．员工行为规范化

行为规范是企业员工共同遵守的行为准则，既表示员工行为从不规范到规范的过程，又表示员工行为最终要达到规范的结果。包括的内容有：职业道德、仪容仪表、见面礼节、电话礼貌、迎送礼仪、宴请礼仪、舞会礼仪、说话礼节和体态语言等（图2-26）。

图2-26

二、市场行为准则

企业外部准则活动是通过市场调查、广告宣传、服务质量、公关活动所开展的各种活动，向企业外部公众不断地输入强烈的品牌形象信息，从而提高企业的知名度、信誉度，从整体上塑造企业的形象。

1．市场调研

企业要推出适销对路的品牌产品，就必须进行市场调查，在此基础上进行新产品的设计与开发。

特别是要通过市场调查搞好市场定位，即根据市场的竞争情况和企业自身的条件，确定品牌在市场上的竞争地位。

2．服务质量

服务是具有无形特征却可给消费者带来某种利益或满足感的一种或一系列活动。就品牌服务内容而言，包括服务态度、服务质量、服务效率。就服务过程而言，包括三个阶段，即售前、售中和售后服务。服务活动对塑造品牌形象的效果如何，取决于服务活动的目的性、独特性和技巧性（图2-27）。

图2-27

3．广告活动

广告可分为产品形象广告和企业形象广告。企业形象广告的主要目的是树立商品信誉，扩大品牌的知名度，增强企业的内聚力。产品形象广告不同于产品销售广告，不是产品本身的简单化再现，而是创造一种符合顾客的追求和向往的品牌形象，通过商标标志本身的表现及其代表产品的形象介绍，让产品给消费者留下深刻的印象，以唤起社会对品牌的注意、好感、依赖与合作（图2-28、图2-29）。

图2-28

图2-29

4．公关活动

在市场调查的基础上进行必要的公关活动，这是品牌行为准则的重要内容。通过公关活动可以提升品牌的信誉度、荣誉度，能消除公众的误解，取得社会的理解和支持。公关活动的内容很多，有专题活动、公益活动、文化性活动、展示活动、新闻发布会等。在海尔集团，公关意识已成为一种普遍的文化意识，公关方式已成为一种自觉的工作方式，影响和改变着人们的情感和行为（图2-30）。

图2-30

[复习参考题]

◎ 为什么一定要进行设计前的调研？

◎ 通常调研的方法和形式有哪些？主要内容是什么？

◎ 进行品牌定位的意义。

◎ 品牌命名的基本要求是什么？

◎ 企业行为准则具有什么重要意义？

第三章 品牌形象的策划与设计

一、本章重点》

1. 品牌形象的创意技法

2. 品牌设计的原则

二、建议学时》

4学时。

第三章 品牌形象的策划与设计

在进行品牌定位与命名之后，将其概念转换成系统的视觉传达形式，才能塑造完整、统一、直观的品牌形象。品牌形象的创意方法和设计原则是品牌形象策划与设计中的重要环节。

第一节 //// 品牌形象的创意技法

品牌形象策划与设计创意技法，是指在品牌的开发设计过程中运用的技巧与方法。它与一般创意技法相同，旨在通过拟定的逻辑程序、指导原则和操作机制，帮助品牌设计人员克服心理定势与习惯性思维的障碍，调动联想、想象等创造性思维能力，创作出新颖独特的设计方案。作为一种方法和手段，只要从原则上把握各种技法的原理和过程，品牌设计人员都可以使用。它作为一种开发创造力的方法，从整合设定品牌理念到完成形象设计方案无不适用。

一、头脑风暴法

头脑风暴法也称智力激励法，由美国"BBDO广告公司"经理奥斯本创立，它是一种通过小型会议的组织形式，诱发集体智慧，相互启发灵感，最终产生创造性思维的程序方法。头脑风暴的特点是让与会者敞开思想，使各种设想在相互碰撞中激起脑海的创造性风暴。

1. 头脑风暴法的操作程序为

（1）准备阶段。在准备阶段，负责人要提前对会议主题进行研究，找出问题的关键，再设定最终目标。参加会议的人数不宜太多，一般是5～8人。关于会议的时间、地点、可供参考的资料等，要提前通知，让大家做好充分准备。

（2）规则和要点。畅谈是头脑风暴法的创意阶段，为了使大家能够畅所欲言，需要制订的规则和要点有：

①不许私下交谈，以免分散注意力。

②不得妨碍他人发言，也不去评论他人发言，每人只谈自己的想法和见解。

③发言时要简单明了，一次发言只谈一种见解。

在会议正式开始前，负责人要向与会者宣读以上规则，然后让大家自由发言、自由发挥，尽量做到畅所欲言。

（3）热身阶段。热身阶段是为了让与会者进入一种完全自由轻松的境界。设计小组负责人宣布开会后，首先要说明会议的注意事项，然后说一些轻松的话题，使大家心情愉悦，思路畅通。

（4）畅想阶段。设计小组负责人在做必要的问题介绍时，要注意语言的简洁与明确，还要尽量帮助大家延展议题，通过讨论让设计师对问题有更为深刻的理解与独特的见解。在讨论的同时，负责人要记录大家的发言，并对其进行整理、归纳，从而找出富有创意的想法以及启发性的表述，以供会后参考。

（5）筛选阶段。在会议结束的一两天内，设计小组负责人要向与会者询问大家在会后的新想法和新思路，并对会议记录进行补充再整理，通过多次反复的比较、排除、选择，将与会者的想法整理出多套方案。最后被选定的最佳方案，就是集体智慧合作的结果。

2. 头脑风暴法除了按照程序操作外，还应该注意以下几点

（1）自由畅谈。参加者要全方位放松自己的思想，不受任何约束，让思想自由驰骋，从多方面、

多角度大胆地展示自己的想法，提出独特而创新的观点。

（2）延迟评判。头脑风暴的过程中，一定要认真听取大家的发言，坚持当场不做任何评价。保持自由畅谈的轻松气氛，避免把应该放在后阶段的工作提前进行，以免影响创造性想法的产生。

（3）注意追求数量。获得尽可能多的创意是头脑风暴会议的任务之一，参加会议的每个人都要多思考，多发言，随意畅谈，尽可能多提出解决问题的办法。

二、集体设计方法——KJ法

KJ法是日本人川喜多二郎所创立的设计排列技法，是把设计师集中在一起，进行爆发式的创意设计的一种集体创作方法。KJ法的操作流程分为：

1.准备阶段

主持人和与会者一般为4～7人，6人左右为最佳。应提前准备好黑板、粉笔、卡片、大张白纸、文具等。

2.创意要点

参与人员要在规定的时间内，专心致志地思考，提出创新性想法。

3.创意阶段

在创意的时间段内，一定要做到天马行空，尽情发挥自己的想法。

4.整理阶段

根据设计标准，进行国际性、创新性、可实施性等内容的筛选，最后确定出若干个最佳方案。这些被选定的最佳方案，往往是多种创意的优势组合。

第二节 ///// 品牌设计的原则

品牌形象设计是一种图形艺术设计，它与其他图形艺术表现手段，既有相同之处又有自己的艺术规律。品牌形象要遵循艺术规律，运用恰当的艺术表现形式和手法，提炼出精确的艺术语言，使设计的形象具有整体的美感，获得最佳的视觉效果，因此，品牌形象的设计必须要遵循一定的设计原则。

一、个性化原则

品牌形象设计的个性化原则是以展现品牌形象的独特性为目的。企业的个性化特征决定了企业之间的形象差异性。个性化是品牌设计的核心原则。品牌只有具备独特性，才能够达到"引人注目"的视觉效果，便于识记，并与其他品牌区别开来。个性化原则分为三个层次。

1.行业个性化

不同的行业有着不同的特点，设计的主述、表现内容也不尽相同。化妆品行业注重品牌形象的同时非常重视产品包装，看到"宝洁(P&G)公司"、"SK-II"等品牌的系列包装就会感受到产品的内在质量。电子制造业则注重品牌产品的高科技及国际化形象的体现，"海尔"、"长虹"、"步步高"等品牌均通过提高企业产品的技术含量，不断推出新产品来得到大众的青睐与认可（图3-1～图3-6）。

图3-1

图3-2

图3-4

图3-3

图3-5

图3-6

日本经济新闻社根据对各行业的调查、整理发现，各行各业的品牌诉求各不相同，并根据调研的规律作出了以下总结：

食品业的主述内容为：安全性、信赖感、规模、技术。

电气机器的主述内容为：安全性、可信度、技术。

纤维业的主述内容为：安全性、技术、可信度、销售网的实力、规模。

输送用机器的主述内容为：可信度、安全性、规模、技术。

化学药品的主述内容为：安全性、规模、可信度、技术、发展性。

商业（经销商）的主述内容为：可信度、安全性、社会风气、规模、服务品质。

商业（销售业）的主述内容为：规模、安全性、发展性、可信度、海外市场的竞争能力。

金融业（保险）的主述内容为：规模、可信度、安全性、发展性、强势的宣传广告力。

金融业（证券）的主述内容为：规模、传统、销售网的实力、可信度、安全性。

玻璃、水泥业的主述内容为：安全性、规模、可信度、传统、发展性。

建筑业的主述内容为：安全性、传统、规模、强势的宣传广告力、新产品的开发、时代潮流。

2. 品牌个性化

除了现在我们已知的国际性大品牌，随着消费市场的逐渐成熟，在各行业中也在不断地涌现出新的品牌，然而任何品牌都无法做到尽善尽美，更无法让自己的品牌时时刻刻影响着每一个消费者。对于企业而言，最有效的办法就是强调品牌在人们记忆中的牢固程度，最后实现品牌的有效传播。如何做才能产生这样的效果呢？关键的问题就是实现品牌的个性化。

个性化概念是品牌形象原则的核心价值，是构成品牌力量的最重要组成部分。企业及品牌在注重行业特征的同时，更要注重品牌自身的个性及独特价值观的体现。在众多的品牌中，要想凸显出来并得到大众的认可，品牌个性化起着重要的影响作用。

从1995年起"飞利浦"开始在中国市场使用"让我们做得更好"这一口号，并在公司举办的各种公关活动、营销活动和广告活动中广泛使用，简短明了地概括了品牌个性，体现出公司自强不息、奋发向上的企业精神，起到了很好的效果。"飞利浦"于2004年引入了新的品牌定位："精于心·简于形"。它包含着三个层面的含义，即"为您设计"、"轻松体验"和"创新先进"，这已成为"飞利浦"为客户提供服务与解决方案的宗旨与承诺。品牌个性化在"飞利浦"的成功之路上起了非常重要的作用（图3-7）。

图3-7

3．消费者个性化

随着社会的不断发展，消费者对物质的需求开始呈现出多元化、个性化、人性化的趋势。这就要求在品牌形象设计时需要充分考虑到消费者个性化的因素。品牌形象如果符合消费者的个性化要求，就容易引起消费者的购买欲望。同时也会使消费者在心目中对品牌有更多的认知，满足大众不同的消费需求。

"中国移动通信"充分考虑到消费者个性化因素，针对不同的消费群体推出不同的资费卡种：针对高校学生以及经常发短信，且喜爱彩铃、音乐等新业务的年轻时尚人群，推出了"动感地带"；针对要求话费不高且方便实惠的老百姓，推出了"神州行"；针对每月花费在100元以上的客户，推出了"全球通"。这样，在满足消费者个性化需求的同时，企业自身也获得了更大的收益（图3-8～图3-11）。

图3-9

图3-10

图3-11

二、民族化原则

进行品牌形象设计时，既要注重品牌的个性化，也要全面考虑消费者的直观接受能力、审美意识、社会心理、禁忌等，并采取相应的应对措施。不同的国家、民族有着不同的社会风俗、宗教信仰、消费观念、语言喜好等。例如，中国重孝道、日本讲礼仪、巴西爱足球、英国嗜读报等。尊重不同国家、不同民族的观念，就是对品牌自身的尊重，只有充分地考虑到这些因素，品牌才会得到当地消费者的尊重与认同。

"愈是民族的，愈是世界的。"品牌形象设计是从企业发展方向、经营方向上设计与规划自我，品牌形象的创意、策划、设计工作的基础，应该立足于我们民族的文化传统、消费心理、审美习惯、艺术品位等，才有可能为社会公众所认同，从而获得成功。

"娃哈哈"品牌形象符合中国人传统的价值观：健康、幸福、甜美、和谐，这点在调查中也得到了验证，而"中国人自己的"、"民族的"，也是"娃哈哈"找到的一个很好的切入点。从"果

图3-8

奶"到"矿泉水"，到"非常可乐"，再到"非常茶饮料"，"娃哈哈"的广告都是目标明确、思路清晰的，"娃哈哈"做到了"家喻户晓"，正是因为它尊重并符合中国的民族化因素，所以得到了中国消费者的广大认可，并获得了成功（图3-12～图3-15）。

图3-12

图3-13

图3-14

图3-15

三、标准化原则

无论是大品牌还是中小品牌，在信息的传播上都需要做到统一化和标准化。品牌在对外传播时，要采用标准的对外传播模式，即品牌形象系统的基本要素和应用要素，在设计元素和设计风格上必须保持一致。品牌形象不可以轻易变动，所有相关信息必须具有统一性和连续性，否则，不仅会造成品牌形象传播的紊乱，让大众产生不稳定感，甚至还会使品牌蒙受说服力、可信度下降等巨大的损失，因此，品牌形象设计必须遵循标准化原则。

在实现标准化设计时，需要注意以下几点：

1. 化繁为简

品牌形象系统越简单明了，包含的信息量越大，传播的效果也就越好。例如，"尼康"标志简单、明了，却蕴涵了高科技与高品质的统一（图3-16）。

图3-16

2．形式统一

把反映品牌形象的多种形式统一到一个层面上或限制在一定的范围内。使品牌形象可以应用在多种载体形式上（图3-17～图3-20）。

图3-17　　　　　　　　　　　　　　　　　图3-18

图3-19

图3-20

3．追求系列化

尽量对产品的规格、档次、包装等进行系统化设计和生产，同时满足不同层次的消费者的需要。例如，"尼康"根据不同的消费群体，对其产品进行了不同的规格、档次的分类：廉价实用的家庭适用型相机型号——尼康CoolpixL4；价位适中耐用的相机型号——尼康D80；价位较高、含较高技术的专业型相机型号——尼康单反D700等（图3-21～图3-23）。

图3-21

图3-22

图3-23

四、时效性原则

随着社会的发展及人类的进步，商业竞争愈演愈烈，要想在这样的社会环境中立足并快速发展，就要做到"与时俱进"，使自己的品牌始终以全新的姿态从同行业企业中显露出来。品牌形象并不是一成不变的，它需要不断地完善和修正，才能适应社会的发展。所以，品牌形象的设计要赢得大众的认可，并不是简单的过程，企业只有主动适应社会发展的需要，才能获得先进性、前卫性的品牌形象。

美国国际商用机器公司（IBM）就是一个很好的范例。它是世界上第一家进行统一形象设计的企业，设计师保罗·兰德借鉴历史上视觉统一的经验，把公司的全称"INTERNATIONAL BUSINESS MACHINES"浓缩为"IBM"三个字母，并以粗瑞士体为原本设计出具有强烈视觉震撼力的"IBM"标志。为了适应社会发展的需要，1976年保罗·兰德在"IBM"原标志的基础上，修正设计了八条纹和十三条纹两种变体标志，以此暗示着"IBM"的速度和力量。如今，"IBM"成为全世界信息产业中"前卫、科技、智慧"的代名词，并且在美国计算机行业中居于非常显赫的霸主地位（图3-24、图3-25）。

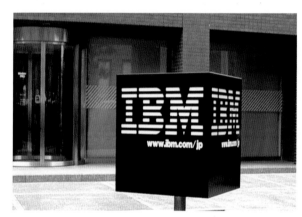

图3-24

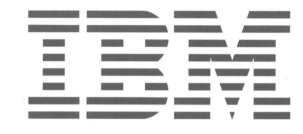

图3-25

[复习参考题]

◎　简述创意技法在设计时的作用。

◎　品牌设计的基本原则是什么？

◎　简述行业个性化和品牌个性化的关系。

第四章　品牌形象要素的设计

本章重点》

1. 品牌标志设计
2. 品牌标准字设计
3. 品牌标准色的设定
4. 品牌图案设计
5. 品牌吉祥物设计
6. 基本组合规范及禁用组合规范

建议学时》

32学时。

第四章　品牌形象要素的设计

品牌形象是品牌的一项重要无形资产，它是品牌的信誉、质量、服务等诸多因素的代表。成功地塑造品牌形象，能为品牌创造良好的社会效益，获得社会公众的认同感和美誉度，最终使社会效益转化为经济效益，成为品牌一笔既重要又长远的无形资产投资。

未来的品牌竞争不仅仅是产品品质、品种、价格之战，更重要的是品牌形象的综合竞争，因此，利用谁都可以接受的视觉语言来塑造品牌视觉形象系统，是塑造、培养品牌的重要步骤和手段。品牌的视觉形象要素包括：标志、标准字、标准色、品牌图案、吉祥物及规范组合。

第一节 ///// 品牌标志设计

品牌标志不但是一种记号，而且还是根据品牌特征、个性形象所设计的特定的造型图案，它是品牌的代表，以此消费者可以识别品牌。品牌标志不仅有单纯性指示、存在的作用，也包括了品牌目的、内容、性质等的总体表现，它把品牌抽象的精神内容，以一种具体可视的特殊文字或图形表达出来。品牌标志是品牌形象系统中应用最广泛、出现频率最高的视觉要素。品牌标志不仅具有发动所有视觉设计要素的主导力量，也是统一所有视觉要素的核心。

一、品牌标志的设计原则

品牌标志作为品牌中最重要、最基本的视觉要素，在设计时应遵循以下原则：

1. 识别性

识别性是品牌标志的基本功能，是最具有品牌认知、区别及情报传达的功能因素。品牌标志具有设计题材丰富、造型要素活泼多样、表现形式宽广等特征，因此，通过整体规划和设计所获得的造型符号，必须具有独特的风貌和强烈的视觉冲击力，同时还必须与品牌的内容和实态相符合，与品牌理念相统一，才能满足社会大众的认同、认可的需要。如"鳄鱼"、"彪马"、"报喜鸟"、"七匹狼"等品牌标志（图4-1～图4-4）。

图4-1

图4-2

图4-3

图4-4

2．领导性

品牌标志是品牌形象要素的核心，也是发动品牌情报、传达信息的主导力量。因此，品牌标志的领导性地位是品牌理念和活动的集中表现，它贯穿于品牌的所有相关活动中，显示其自身的权威性。如"李宁"和"太阳神"标志在形象系统中的组合应用（图4-5、图4-6）。

图4-7

图4-5

图4-8

图4-6

图4-9

3．造型性

标志设计的题材丰富，表现形式丰富多彩，可以采用中英文字体、具象图案、抽象符号等手法表现，因此，标志造型就显得活泼生动。标志图形的优劣不仅决定了标志传达的情报效力，而且会影响到消费者对商品品质的信心与品牌形象的认同。"阿迪达斯"、"迪斯尼"、"雅戈尔"、"361°"等成功的品牌事例就充分地证明了这一点（图4-7～图4-10）。

图4-10

4. 时代性

品牌标志的形态必须具有鲜明的时代特征，才能应对发展迅速的现代社会和不断变化的市场竞争形势，品牌标志还应该能够体现品牌求新求变，勇于开拓，追求卓越的理念。当看到"中国银行"、"范思哲"、"美津浓"等品牌标志，会使我们感受到不同的时代气息（图4-11～图4-13）。

图4-11

图4-12

图4-13

二、标志的设计表现

设计表现阶段首先要确定标志的切入点，在确定基本造型要素后，结合设计理论与设计技巧，根据图形的比例、空间分割、对称等表现，解决形式美的问题。在这期间需要设计师运用美学原理，依据品牌理念、目标创造出符合品牌精神、品牌个性、应用灵活的视觉图形。

品牌标志的设计同其他艺术学科一样，有其自身的规律，在表现上所受到的"约束"正是它形成自我的特殊形式。构思巧妙、寓意性强、形象简洁是品牌标志的特点。一般来说，品牌标志所需反映的理念内容是很抽象的，把抽象概念化为可视的形象，是品牌标志设计的最大难点。品牌标志中除了部分用直观形象本身以外，多数则用比喻和品牌手法。用什么比喻物和品牌形，则是一个由表及里、从现象到本质的思考过程，从而达到"由此及彼"的目的。所以，品牌标志设计的审美标准绝不是就事论事、狭隘性的图解要求。一个好的品牌标志，应当给人以启示和想象的空间，在一定程度上更深化了文化内涵。使观者能根据自己的生活经验和价值取向对标志的内涵进行再创造（图4-14～图4-21）。

图4-14

图4-15

中国工商银行
INDUSTRIAL AND COMMERCIAL BANK OF CHINA

图4-16

中信银行
CHINA CITIC BANK

图4-17

中国农业银行
AGRICULTURAL BANK OF CHINA

图4-18

OLAY

图4-19

ANTA
安　踏

图4-20

图4-21

第二节 ///// 品牌标准字设计

品牌标准字又称品牌组合字体，是指将品牌的名称进行调整、组合之后所形成的专用字体。品牌标准字不同于普通字体，除了造型上的美观和突出的视觉效果外，更注重文字之间的连贯性和配置关系，运用字体的总体风格和个性形象来体现品牌的特征。

一、标准字的设计原则

1．个性鲜明、独具特色

品牌标准字设计要根据品牌理念、目标、行业特征等因素，塑造出具有独特风格的字体来传达品牌性质与产品特色，达到易于识别的目的（图4-22）。

对字体的笔画、结构和字形进行设计，可体现品牌精神、经营理念和产品特性等丰富内涵，不同字体表达不同品牌的个性和风格，传递不同信息，因此，在标准字的设计过程中，个性鲜明是至关重要的。

中国联通

七匹狼

乐百氏

图4-22

2．自成一体、协调一致

品牌标准字主要是根据品牌理念、目标等内容进行的设计，因此对于字距、笔画的整体感觉要求十分严格。在设计标准字时应在不断修正的前提下，取得空间的平衡和协调，以实现最优的审美效果。

在设计时一定要考虑字体与标志等品牌元素的协调一致，在字距和造型上也要作周密的规划，注意字体的系统性和延展性，便于适应各种媒体和材料的制作与应用（图4-23、图4-24）。

图4-23

东风汽车公司
DONGFENG MOTOR CORPORATION

图4-24

3．简约易懂、传达准确

品牌标准字设计需要传播明确的信息，所以标准字的说明内容要简单易读，具有视觉传达的瞬间效果，才能符合现代人讲究阅读速度和效率的审美、传达的需求。无论是汉字还是外文字母，都应力求形式上的清晰、准确、规范，并注意组合时文字之间的配合，创造出独具一格的品牌标准字（图4-25～图4-29）。

趵突泉®

图4-25

格力空调

图4-26

lenovo 联想

图4-27

Kappa

图4-28

CHANGHONG 长虹

图4-29

二、标准字的功能

品牌标准字的合理设计对于品牌信息的传递和品牌形象的树立具有重要的作用。设计后的品牌标准字应具备以下功能：

1．使品牌名称形象化

这实际上是把品牌名称转化为视觉直观形象，并符合人们的审美心理，达到强化品牌标志识别的效果。

2．能充满情感地将品牌形象予以传播

信息传播的认同与情感的交流是分不开的，通过标准字的字体审美认定，能将品牌形象转化为一种情感体验，使员工和社会公众在潜移默化中接受和认同品牌。

3．能体现品牌的整体经营风格

品牌标准字的用途极为广泛，不管品牌是属于稳重型还是奔放型、勇于创新型还是热情型，在标准字的设计当中均能体现出来。

第三节 //// 品牌标准色的设定

品牌标准色是品牌理念或产品特性的指定色彩。是品牌标志、标准字体及相关视觉要素的专用色彩。在品牌信息传递的过程中，整体色彩计划具有明确的视觉识别效应。

一、标准色的设定原则

不同的色彩可以通过知觉刺激产生不同的心理反应，为了保障这种反应的一致性和统一性，我们通常选定一种或几种颜色作为品牌专用色，从而表现出品牌主体的经营理念以及载体的特质，体现出品牌特定的内涵和情感。标准色在整个品牌视觉系统中具有强烈的识别效应，因此，标准色的设定要根据品牌的内涵，选定、组合出与众不同的色彩效果，吻合受众的偏好，起到表达品牌个性的目的。

1. 别具一格

过去许多品牌都喜欢选择与竞争品牌相近的颜色，试图通过比附策略来表达自己的身份，这种方式鲜有成功者；至于那些试图浑水摸鱼、以假乱真来经营的品牌迟早会走向毁灭。品牌标准色一定要与竞争品牌鲜明地区别开来，只有与众不同，别具一格，才是品牌策略的成功之道，这是品牌标准色选择的首要原则。比如："中国联通"已经改变过去模仿"中国移动"的色彩，推出了与中国移动区别明显的红黑搭配组合作为新的标准色（图4-30）。

2. 迎合受众

由于受众的色彩偏好是非常复杂而且是变化多样的，甚至是瞬息万变的，因此要选择最能吻合受众的色彩是非常困难的。最好的办法就是剔除那些被受众所禁忌的颜色，以其他的色彩作为候补色参与"竞争"。比如：由于出卖耶稣的犹大曾穿过黄色衣服，因而在西方信仰耶稣的国家人们普遍厌恶黄色；又如：巴西人忌讳棕黄色和紫色，他们认为

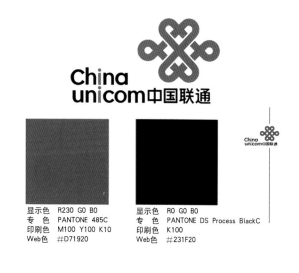

图4-30

棕黄色使人绝望，紫色会带来悲哀，紫色和黄色配在一起，则是患病的预兆。

一旦确定了品牌标准色，就要全面应用到所有可以合理使用的地方，并长期坚持，也只有这样才能确保品牌形象的统一。"可口可乐"的"红"、"中国邮政"的"绿"已经家喻户晓、深入人心（图4-31）。

图4-31

二、品牌标准色的功能

色彩具有联想性，由于人类的生活习惯、宗教信仰、自然环境等方面的长期影响，使人们看到色彩就会产生一定的联想或抽象的感情。因而标准色在品牌信息传达的整体设计中，具有极强的传播和识别功能（图4-32）。

1. 传播功能

创造性地开发和运用品牌标准色及其组合，可以强化品牌形象的吸引力和传播力，而且会极大地加强品牌生产经营、运行实态、行为方式的约束力，实现形象化的管理（图4-33）。

2. 识别功能

人们对于色彩的感知和联想，赋予了色彩一定的指示和品牌意义，使色彩成为形象信息传播中不可替代的语言信号和传播媒介。设定品牌标准色的目的在于依靠这种微妙的视觉力量，树立企业或产品所期望建立的形象，成为品牌经营策略的有力工具。

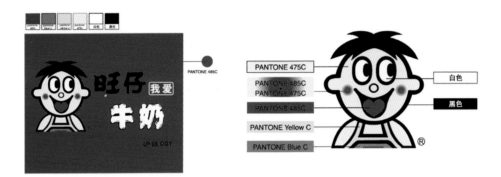

图4-32

C90 M10 Y80 K50
■ 品牌标准色

C0 M3 Y11 K0
■ 品牌辅助色1

C0 M0 Y0 K10
■ 品牌辅助色2

图4-33

第四节 //// 品牌图案设计

品牌图案是品牌主要视觉要素的延伸和发展，它与品牌标志、标准字体、标准色保持宾主、互补、衬托的关系，是品牌视觉要素中的辅助符号，主要适应于各种宣传媒体，装饰画面，加强品牌形象的诉求力，使品牌视觉系统的设计意义更丰富，更具完整性和识别性（图4-34）。

图4-34

一、品牌图案的特征

品牌图形是配合品牌标志、标准字应用的辅助性图形，它以抽象的造型、图案化的形态，丰富和强化品牌性格，完善品牌形象。因此品牌图案具有较强适应性、灵活性和视觉冲击力。它有以下具体特征：

1.具有烘托形象的诉求力，使标志、标准字体的意义更具完整性，易于识别。

2.能增加设计要素的适应性，使所有的品牌要素具有很强的设计表现力。

3.能强化视觉冲击力，使画面效果富于感染力，最大限度地创造视觉诱导效果。

并不是所有的品牌形象系统都能开发出理想的品牌图案。有的标志、标准字体本身已具备了很强的图案效果，品牌图案就失去了其积极的意义，而这时如果适当使用标准色来丰富品牌形象则更为理想。

二、品牌图案的构成形式

品牌图案有三种表现形式，有重复使用标志的图案形式，也有取出标志的一部分进行运用的图案形式，还有扩大品牌标志的解释范围所展开的图案形式（图4-35、图4-36）。

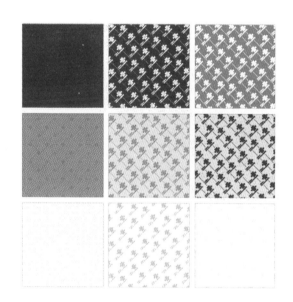

图4-35

1.品牌标志重复使用

将品牌标志作为基本形进行有规律的散开，在散开排列时利用无作用骨格和有作用骨格进行表现。骨格线可以垂直交叉，也可以斜点交叉，

图4-36

图4-37

图4-38

图4-39

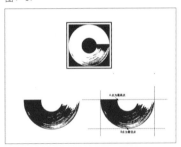

图4-40

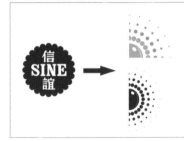

图4-41

图4-42

基本形可以在交叉点上，也可以在骨格中，在排列方法上可以是四方形或六边形等。这种构成形式是一种骨格明确，空间舒展，有规律、有节奏的一种图案编排形式，也可运用网状骨架做深度的空间变化（大小、色彩的强弱）。日本的"大荣百货"、"LIVEDO"，中国的"中国联通"、"海泰控股"等，都采用这样的编排构成形式，这样的排列方法使用范围广泛又灵活。在具体应用时，品牌图案还可以独立的形式使用在信封的开口处、包装上，甚至在建筑物表面等处（图4-37～图4-39）。

2. 取品牌标志中的一部分

选取品牌标志图形中最有特点、最有代表性的部分作为品牌图案，这一类的品牌图案特点集中，往往作为强化设计深度的一部分配合标志使用。确定这样的品牌图案要求标志图形的造型要素具有强烈的个性和可提炼性，只有标志的组合方式、基本构造、外形风格特征突出，才可以从中概括、提炼出具有图案基本特点的图形。

在使用上，通常把这种品牌图案按照比例放大，使用在企业说明书的封面、名片、标签等印刷物品上，由于新开发的品牌标志拥有较高的完整

度和形式美，所以也可以把图案紧靠画面的边缘线做出血处理，在整个版面中使用（图4-40～图4-42）。

3. 扩大标志的解释范围

扩大品牌标志的解释范围所展开的图案形式，是为了更加活跃基本要素在项目中的应用，使它完全成为品牌标志辅助性质的视觉要素。"双鹰品牌"的图案采用在正圆形局部的上部，平行一条由细到粗、成20°夹角的抬头弧线，并用扫笔的飞白体现速度感的造型，象征"双鹰品牌"技术与世界同步，不断前进、永不止息的企业精神。这样图案造型虽然与品牌标志没有直接联系，但却是品牌理念和目标的反映，是标志和其他基本视觉要素的意念体现和延伸（图4-43）。

图4-43

第三节 //// 品牌标准色的设定

品牌标准色是品牌理念或产品特性的指定色彩。是品牌标志、标准字体及相关视觉要素的专用色彩。在品牌信息传递的过程中，整体色彩计划具有明确的视觉识别效应。

一、标准色的设定原则

不同的色彩可以通过知觉刺激产生不同的心理反应，为了保障这种反应的一致性和统一性，我们通常选定一种或几种颜色作为品牌专用色，从而表现出品牌主体的经营理念以及载体的特质，体现出品牌特定的内涵和情感。标准色在整个品牌视觉系统中具有强烈的识别效应，因此，标准色的设定要根据品牌的内涵、选定、组合出与众不同的色彩效果，吻合受众的偏好，起到表达品牌个性的目的。

1．别具一格

过去许多品牌都喜欢选择与竞争品牌相近的颜色，试图通过比附策略来表达自己的身份，这种方式鲜有成功者；至于那些试图浑水摸鱼、以假乱真来经营的品牌迟早会走向毁灭。品牌标准色一定要与竞争品牌鲜明地区别开来，只有与众不同，别具一格，才是品牌策略的成功之道，这是品牌标准色选择的首要原则。比如："中国联通"已经改变过去模仿"中国移动"的色彩，推出了与中国移动区别明显的红黑搭配组合作为新的标准色（图4-30）。

2．迎合受众

由于受众的色彩偏好是非常复杂而且是变化多样的，甚至是瞬息万变的，因此要选择最能吻合受众的色彩是非常困难的。最好的办法就是剔除那些被受众所禁忌的颜色，以其他的色彩作为候补色参与"竞争"。比如：由于出卖耶稣的犹大曾穿过黄色衣服，因而在西方信仰耶稣的国家人们普遍厌恶黄色；又如：巴西人忌讳棕黄色和紫色，他们认为

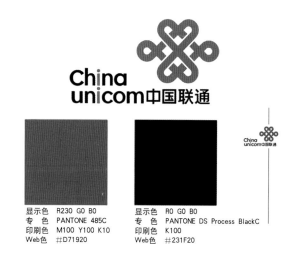

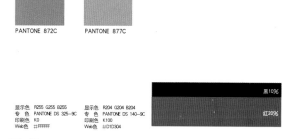

图4-30

棕黄色使人绝望，紫色会带来悲哀，紫色和黄色配在一起，则是患病的预兆。

一旦确定了品牌标准色，就要全面应用到所有可以合理使用的地方，并长期坚持，也只有这样才能确保品牌形象的统一。"可口可乐"的"红"、"中国邮政"的"绿"已经家喻户晓、深入人心（图4-31）。

图4-31

二、品牌标准色的功能

色彩具有联想性，由于人类的生活习惯、宗教信仰、自然环境等方面的长期影响，使人们看到色彩就会产生一定的联想或抽象的感情。因而标准色在品牌信息传达的整体设计中，具有极强的传播和识别功能（图4-32）。

1.传播功能

创造性地开发和运用品牌标准色及其组合，可以强化品牌形象的吸引力和传播力，而且会极大地加强品牌生产经营、运行实态、行为方式的约束力，实现形象化的管理（图4-33）。

2.识别功能

人们对于色彩的感知和联想，赋予了色彩一定的指示和品牌意义，使色彩成为形象信息传播中不可替代的语言信号和传播媒介。设定品牌标准色的目的在于依靠这种微妙的视觉力量，树立企业或产品所期望建立的形象，成为品牌经营策略的有力工具。

图4-32

C90 M10 Y80 K50
■ 品牌标准色

C0 M3 Y11 K0
■ 品牌辅助色1

C0 M0 Y0 K10
■ 品牌辅助色2

图4-33

第四节 //// 品牌图案设计

品牌图案是品牌主要视觉要素的延伸和发展，它与品牌标志、标准字体、标准色保持宾主、互补、衬托的关系，是品牌视觉要素中的辅助符号，主要适应于各种宣传媒体，装饰画面，加强品牌形象的诉求力，使品牌视觉系统的设计意义更丰富，更具完整性和识别性（图4-34）。

一、品牌图案的特征

品牌图形是配合品牌标志、标准字应用的辅助性图形，它以抽象的造型、图案化的形态，丰富和强化品牌性格，完善品牌形象。因此品牌图案具有较强适应性、灵活性和视觉冲击力。它有以下具体特征：

1. 具有烘托形象的诉求力，使标志、标准字体的意义更具完整性，易于识别。

2. 能增加设计要素的适应性，使所有的品牌要素具有很强的设计表现力。

3. 能强化视觉冲击力，使画面效果富于感染力，最大限度地创造视觉诱导效果。

并不是所有的品牌形象系统都能开发出理想的品牌图案。有的标志、标准字体本身已具备了很强的图案效果，品牌图案就失去了其积极的意义，而这时如果适当使用标准色来丰富品牌形象则更为理想。

二、品牌图案的构成形式

品牌图案有三种表现形式，有重复使用标志的图案形式，也有取出标志的一部分进行运用的图案形式，还有扩大品牌标志的解释范围所展开的图案形式（图4-35、图4-36）。

1.品牌标志重复使用

将品牌标志作为基本形进行有规律的散开，在散开排列时利用无作用骨格和有作用骨格进行表现。骨格线可以垂直交叉，也可以斜点交叉，

图4-34

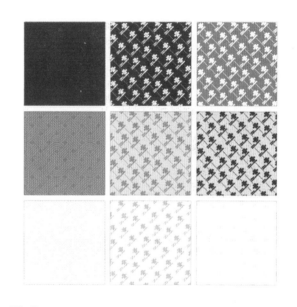

图4-35

图4-36

图4-37

图4-38

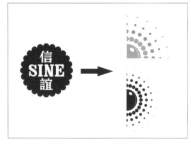

图4-39

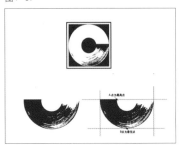

图4-40

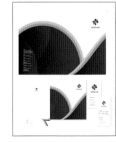

图4-41

图4-42

基本形可以在交叉点上，也可以在骨格中，在排列方法上可以是四方形或六边形等。这种构成形式是一种骨格明确，空间舒展，有规律、有节奏的一种图案编排形式，也可运用网状骨架做深度的空间变化（大小、色彩的强弱）。日本的"大荣百货"、"LIVEDO"，中国的"中国联通"、"海泰控股"等，都采用这样的编排构成形式，这样的排列方法使用范围广泛又灵活。在具体应用时，品牌图案还可以独立的形式使用在信封的开口处、包装上，甚至在建筑物表面等处（图4-37～图4-39）。

2.取品牌标志中的一部分

选取品牌标志图形中最有特点、最有代表性的部分作为品牌图案，这一类的品牌图案特点集中，往往作为强化设计深度的一部分配合标志使用。确定这样的品牌图案要求标志图形的造型要素具有强烈的个性和可提炼性，只有标志的组合方式、基本构造、外形风格特征突出，才可以从中概括、提炼出具有图案基本特点的图形。

在使用上，通常把这种品牌图案按照比例放大，使用在企业说明书的封面、名片、标签等印刷物品上，由于新开发的品牌标志拥有较高的完整

度和形式美，所以也可以把图案紧靠画面的边缘线做出血处理，在整个版面中使用（图4-40～图4-42）。

3.扩大标志的解释范围

扩大品牌标志的解释范围所展开的图案形式，是为了更加活跃基本要素在项目中的应用，使它完全成为品牌标志辅助性质的视觉要素。"双鹰品牌"的图案采用在正圆形局部的上部，平行一条由细到粗、成20°夹角的抬头弧线，并用扫笔的飞白体现速度感的造型，象征"双鹰品牌"技术与世界同步，不断前进、永不止息的企业精神。这样图案造型虽然与品牌标志没有直接联系，但却是品牌理念和目标的反映，是标志和其他基本视觉要素的意念体现和延伸（图4-43）。

图4-43

第五节 ////// 品牌吉祥物设计

吉祥物是品牌形象系统中最形象生动的要素，也是其他要素不能取代的最活泼的部分，特别是在宣传和传播品牌文化方面，吉祥物有着独特的优势。

在整个品牌形象设计中，吉祥物设计以其醒目、活泼、趣味性而受到消费者的青睐。吉祥物的形象利用人物、植物、动物等为基本素材，经过设计师的夸张、变形、幽默，具有很强的可塑性，比品牌标志、标准字更富弹性、更富有人情味。

吉祥物不但吸引人而且生动，并能保持一贯性，可以长期反复使用，在消费者的心中逐渐形成品牌或品牌的印象。如果能巧妙地利用品牌吉祥物的感染力、表现力和亲和力，就能与消费者和社会大众建立起亲密的关系并成为朋友。

2008年举世瞩目的北京奥运会的吉祥物，是5个独具中国特色的福娃，它们最大的功能就是把奥林匹克精神更人性化地体现出来了。吉祥物从生活中来，它使老百姓觉得奥运会不是一个政治、经济盛会，而是一个为大众服务的盛会，通过吉祥物，能体现出奥运的亲和力，把奥林匹克这种最高层次的体育盛会与老百姓之间亲切、祥和的关系体现出来（图4-44～图4-48）。

图4-44

/041/

图4—45

图4—46

福牛乐乐
Fu Niu LeLe
TM©

图4—47

图4—48

第六节 ///// 基本组合规范及禁用组合规范

为确保在应用项目中准确合理地运用品牌要素，建立统一的品牌形象系统，需要整合、确定品牌标志、标准字、标准色、辅助图案及品牌口号等要素的基本编排组合规范。

品牌基本组合规范的内容包括品牌标志同其他要素之间的比例尺寸、间距方向、位置关系等，以及为了使目标要素从背景中脱离出来而设定的空间最小规定值。

通常品牌基本组合规范有以下形式：品牌标志与中文名称标准字（全称或略称）的组合；品牌标志与品牌英文标准字（全称或略称）的组合；品牌标志与品牌名称及品牌宣传口号、广告语等的组合（图4-49~图4-56）。

图4-49

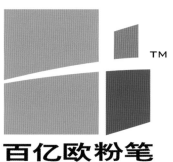

图4-50

图4-51

图4-52

图4-53

图4-54

图4-55

图4-56

为了不影响主要形象要素的信息传达效果，需要在标准组合的周围设定不可侵犯区域，标注出容易错误使用的组合。简单地说，就是为了突出主题，使主要信息的传达不受干扰，在品牌标志、标准字或标志组合周围设定一个区域，在这个区域内禁止放置其他视觉信息（图4—57、图4—58）。

同时，为了避免由于理解上的偏差，针对容易导致组合错误的情况，所作出的提示案例（图4—59、图4—60）。

1．禁止在规范的组合上增加其他造型符号。

2．禁止规范组合中视觉要素的大小、色彩、位置等发生变换。

3．禁止视觉要素被进行规范以外的处理，如标志加框、立体化、网线化等。

4．禁止规范组合被进行字距、字体变形、压扁、斜向等的改变。

图4—59

图4—57

图4—58

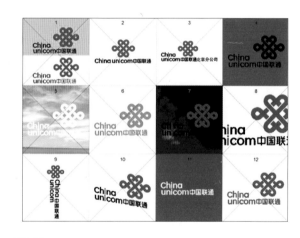

图4—60

[复习参考题]

◎ 品牌标志的重要性是什么？

◎ 简述品牌标准色与行业色的关系。

◎ 品牌图案有什么具体的作用？

◎ 设定基本组合规范及禁用组合规范的意义是什么？

第五章 品牌形象要素的应用

本章重点》

1. 办公用品
2. 商品包装
3. 企业环境
4. 交通工具
5. 品牌服饰
6. 广告统一版式

建议学时》
24学时。

第五章　品牌形象要素的应用

品牌形象要素的应用设计是对品牌基本要素在各种媒体上的应用所做出具体而明确的规定。当品牌视觉系统最基本的要素（标志、标准字、标准色等）被确定后，就要开发各应用项目。品牌应用系统因品牌规模、产品内容而有不同的设计形式，并通过同一性、系统化来实现品牌视觉传达的统一效果。品牌形象要素的应用一般包括：办公事务系统、商品包装类、品牌环境、交通运输、服饰类、广告统一版式等。

第一节 ////// 办公用品

办公用品是品牌视觉系统中的重要组成部分，系列化的办公用品便于品牌内部的统一管理，也是有效的公关用品。办公用品在品牌的生产经营中用量极大，而且用途、规格、式样变化多样，是品牌培养和传播的有力手段，具有极强的稳定性和时效性。办公用品主要是指纸制品和工具类用品。普遍涉及的有：信封、信纸、公文纸、文件袋、档案袋、专用纸、笔记本、各种文具、杯子、徽章、名片、名牌、工作证等（图5-1～图5-17）。

图5-2

图5-1

图5-3

图5-4

图5-5

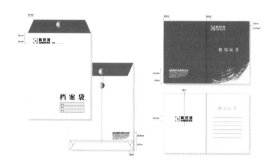

图5-6

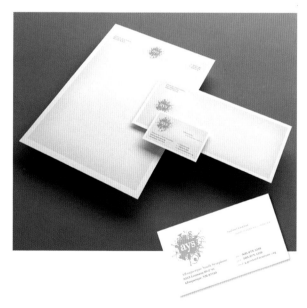

图5-7

图5-8

图5-9

图5-10

图5-11

图5—12

图5—15

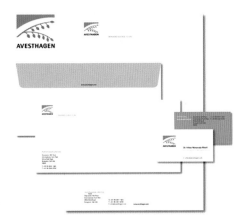

图5—13

图5—16

图5—14

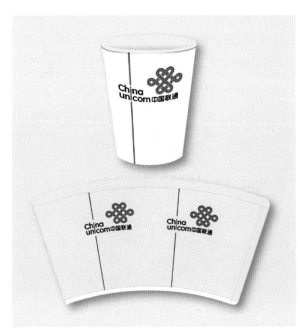

图5—17

办公用品中基本要素的设计涉及纸品的标准规格、形式设计、空间布局、色彩选择、整体风格统一等。在设计中具体应注重以下几个环节：

1. 引入的品牌标志及标准字、图案、标准色必须符合规范。

2. 所附加的地址、电话号码、邮政编码、广告语、宣传口号等，必须注意其字形、色彩与品牌整体风格的协调一致。

3. 办公用品中品牌要素的使用，以不影响办公用品的使用功能为原则，并在此基础上增加其美感。在设计办公纸品时，根据格式塔的原理，品牌要素应位于边缘位置，一般应位于整个版面的上方和左方，给使用者留出足够的使用空间。

4. 办公用品的材质，一般应选择与品牌风格相符的纸品，不能由于成本原因而因小失大。

第二节 ///// 商品包装

"包装是商品沉默的推销员"，信息准确、形式精美的商品包装在推销商品的同时也提升了品牌的自身形象。

从现代营销的观点来看，包装是商品的延伸，良好的包装能增加商品的功能、扩大商品的效用，成为商品不可缺少的一部分。同时，品牌商品包装不仅是商品功能的描述，而且还以其独特、统一的系统设计传递品牌的形象信息。可以说，商品是品牌培养与塑造的经济来源，商品包装起着保护、销售、传播品牌和商品形象的作用，是一种记号化、信息化、商品化流通的品牌形象。成功的包装设计是最好、最便利的宣传品牌和树立良好品牌形象的有效途径。

图5—18

在具体操作时，首先要掌握目标市场特征，了解商品所面对的顾客群的特征，使包装设计迎合对应消费群体的需求。了解竞争对手的商品包装状况，再结合商品形体大小因素及商品特征，确定包装的规格和式样。其次应注重塑造商品外观式样的独特个性，赋予其有效的艺术风格，从而以个性鲜明的设计吸引消费者。在进行包装的开发、设计时，只有考虑品牌的诸多因素，才能作出与品牌理念、品牌目标、商品特性相符的包装定位。

在设计形式上，品牌包装设计最主要的内容就是如何将品牌形象要素应用于包装之中，它包括材料、色彩、文字、图案等因素应与品牌标志、标准字、标准色、字体等相统一，使其整体视觉效果与品牌的整体形象相一致。最终确定出具有鲜明品牌特征和竞争力的商品包装（图5—18～图5—27）。

图5—19

图5-20

图5-21

图5-22

图5-23

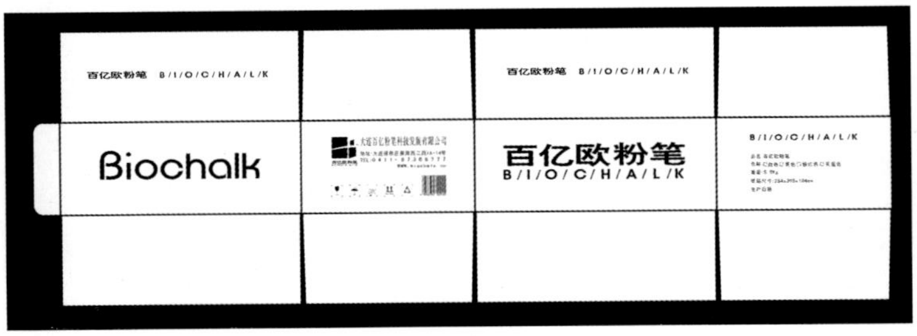

图5-24

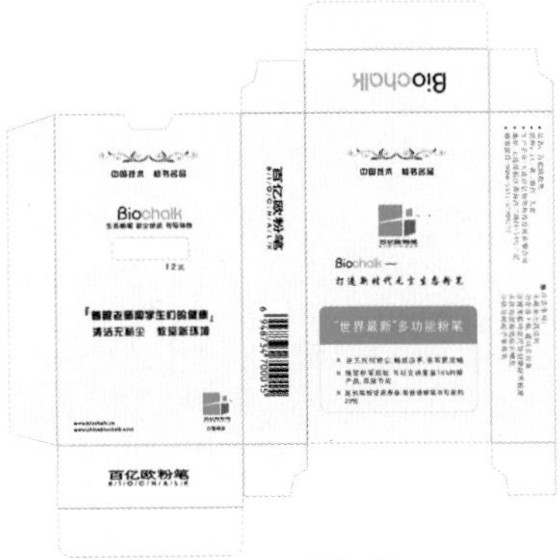

图5-25

图5-26

图5-27

第三节 //// 企业环境

品牌企业环境设计也是品牌视觉统一化的具体体现，是品牌的"家"。随着商品经济的发展，环境意识也逐渐为大家所重视。这说明消费者不仅购买具有使用功能的商品，而且也是购买服务和消费环境。随着商品经济的成熟与社会文明的提高，品牌环境的竞争将越来越重要（图5-28、图5-29）。

一、企业环境设计

1. 品牌企业内部环境

品牌企业内部环境是指品牌的办公室、销售店、会议室、休息室、厂房等内部环境。品牌企业环境不仅是生产、经营、管理的场所，而且也是品牌的脸面，更代表品牌的经营风格（图5-30～图5-34）。

2. 品牌企业外部环境

品牌建筑外部环境是一种公开化的整体设计，品牌建筑的外观造型和内在功能共同决定了品牌形象的传播程度，特别是办公场所的建筑物应突出其开放性的一面，充分体现品牌与社会和人类环境的相辅相成、共存共容的特征，这对于建立统一的品牌形象至关重要（图5-35～图5-37）。

环境规划对鼓舞员工士气、增加凝聚力具有非常重要的作用。不管是室内还是室外，都可以借助品牌周围的环境，突出和强调识别标志，并贯穿于周围环境当中，充分体现品牌形象统一的标准化、正规化及品牌形象的坚定性，使观者在眼花缭乱的都市中获得品牌的识别，并产生好感。

图5-28

图5-29

图5-30

图5-31

图5-32

图5-33

图5-34

图5-35

图5-36

图5-37

二、商业环境设计

对于商业和服务品牌而言，环境规划具有极为重要的意义，因此，在进行环境规划时，应注意以下几个方面：

1. 应设置醒目、清楚的购物和服务信息，如商品摆放、示意图、标牌等，同时还应有良好的灯光系统。

2. 环境亲切温馨，让消费者感到在这样的环境中产生交易是一种享受。

3. 环境的规划应处处为消费者着想，如在商场、银行、书店等地方设置一定的座位，以供消费者休息。

4. 各种设施的门面是品牌的形象表现，消费者往往通过门面的制作材料与色彩、橱窗的灯光以及展示图案区别于其他品牌（图5-38～图5-44）。

图5-38

图5-39

图5-40

图5-41

图5-42

图5-43

图5-44

第四节 ///// 交通工具

交通工具是绝大多数企业都拥有的传达媒体，是塑造、渲染、传播品牌形象的流动性媒介和渠道。由于企业的交通工具长期在企业外活动，它活动性大，宣传面广，可随着车辆的驱驶深入大街小巷。所以交通工具能够将品牌形象进行全方位、多角度的宣传，同时，经济灵活，持续时间长。交通工具上的品牌信息是一次性的花费，和户外广告相比，几乎不用维修和整理，清洁和擦洗工作都由交通工具的使用人来进行，因此，许多品牌企业都重视利用交通工具为品牌传播服务，充分发挥交通工具流动、廉价的宣传特点（图5-45、图5-46）。

一、交通工具种类

1．货车类：大小货车、集装箱车等。
2．工具车：轿车、面包车等。

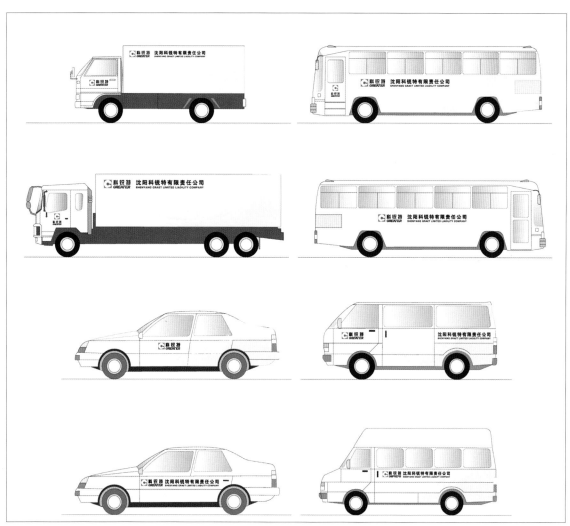

图5-45

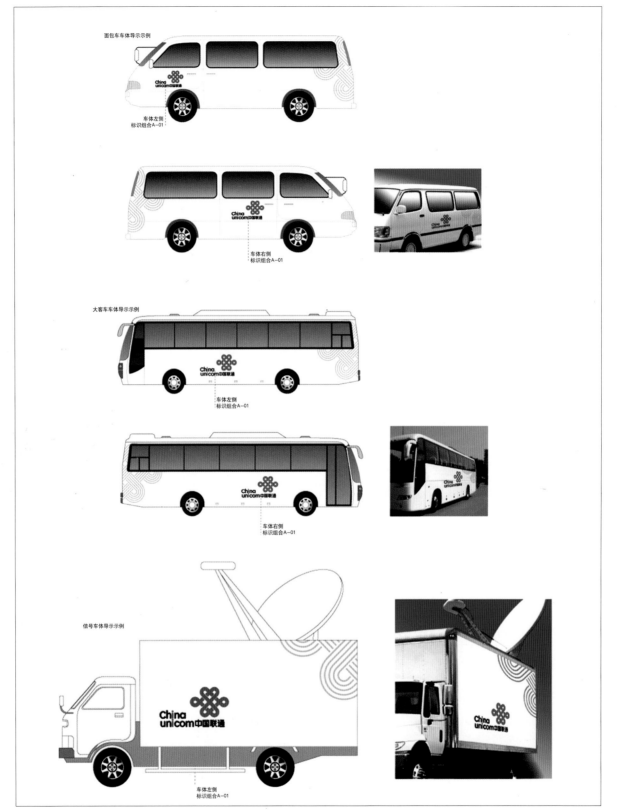

面包车车体导示示例

车体左侧
标识组合A-01

车体右侧
标识组合A-01

大客车车体导示示例

车体左侧
标识组合A-01

车体右侧
标识组合A-01

信号车车体导示示例

车体左侧
标识组合A-01

图5-46

二、设计原则

交通工具外观的设计重在品牌标志及相关要素的构成组合，更要注重与车体、车窗、车门等结合的协调一致。在设计时应遵循以下两个原则：

1. 统一性

力求整体风格的统一。在品牌要素的组合上，充分考虑安排结构、位置、构图等因素，既要有视觉冲击力，又要符合品牌风格。车辆外观设计还应与品牌标志、标准字、图案等的整体运用风格相一致。

2. 多样性

由于交通工具的形体、大小、造型和车辆的用途不同，所以对于不同类型的交通工具，要充分发挥品牌要素的延展性特点。品牌图案是交通工具设计应用中最活跃的因素，它能调节各要素之间的关系，而标准色在远距离的传达中则具有突出的作用。在应用设计时还应注意与具体的造型相结合，使品牌宣传得体、恰当（图5—47~图5—51）。

图5—47

图5—48

图5—49

图5-50

图5-51

第五节 ///// 品牌服饰

　　员工制服的设计是品牌形象系统中的主要内容之一，员工的衣着和服饰也是传播品牌形象识别的重要媒介，具有传达品牌理念、行业特点、工作风范、整体精神面貌的重要作用。员工服饰不但有服装的一般功能和特点，而且对内针对不同的工作性质、工作岗位，对制服又有不同的要求；对外员工制服可以传达整体、统一的品牌信息，对整个品牌形象的集中、统一传播具有重要意义。

一、服饰种类

　　1. 工作服与制服。主要用于生产经营过程中的各个作业操作岗位。

　　2. 礼服。主要应用于品牌内外重大交流活动、庆典仪式。

　　3. 饰物领带、领结、腰带、挂带、鞋帽、手帕、徽章等，主要与前几种服装配套（图5-52～图5-55）。

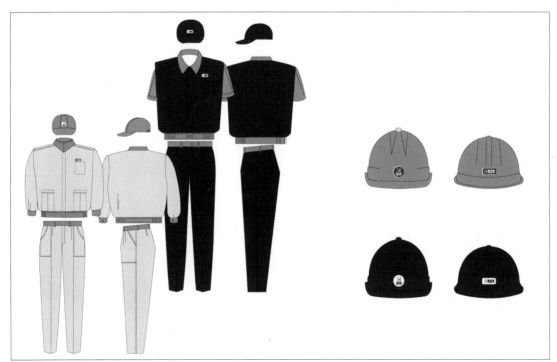

图5-52

图5-53

图5-54

图5-55

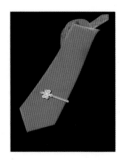

图5—56

二、设计要点

1. 注重适用性。首先要考虑员工的岗位和环境，同时也要考虑季节因素，应设计多套服装。

2. 基于品牌理念。准确地展现出品牌风格与特色。

3. 要根据行业特色，表现出医院、邮电、学校、宾馆、商业等已被大众认同的制服模式。

4. 要充分考虑视觉效果。通过色彩、标志、图案、领带、衣扣、帽子、鞋子、手套等表现出整体统一的品牌形象。也可以与设计好的视觉要素相搭配，在保持整体风格一致的前提下将品牌标准字做成工作牌、徽标或直接绣在制服上，并以标准色作为制服的主要色调，区别其他岗位（图5—56～图5—59）。

图5—57

图5—58

图5—59

第六节 ///// 广告统一版式

广告不仅能拉动商品销售，而且还能塑造品牌形象，造就品牌的知名度。我们日常所见的名牌商品都与广告形成不可分离的关系，甚至是一种相互依存的关系。

广告先于品牌产生，有关广告的基本原理和成功做法构成品牌传播的基础，是品牌理论的有机组成部分。广告版式统一设计是实现品牌识别、树立品牌形象的重要途径，它围绕着品牌推广和产品营销所展开，它将品牌理念、产品特征、经营的相关内容等通过电子媒体和印刷媒体，传达给相关的目标对象，是品牌推广、宣传的主要传播活动。因此，企业进行品牌设计要求其广告版式设计必然服从于品牌的统一规格，并通过反复利用各种媒介，将企业的有关信息向社会公众传达，在得到广泛的认同后，就会成功地树立企业的品牌形象。

由于广告创作是把广告主题艺术化的过程，尤其是视觉化广告与品牌设计系统有着密切的关系，

如何使品牌广告在媒体上脱颖而出，产生强有力的视觉冲击力？如何在长期出现的多种媒体、多种形式的传达上取得统一的品牌形象？是广告版式设计的中心问题。只有区别于其他企业的版式形式，在设计形式上通过统一的特征、统一的风格，及适应多种媒体形式的版式设计，即在不同的媒体上，采用统一的手法，通过大小、方向、比例、尺度、位置等造型的整合，把品牌形象的识别性充分地表达出来，才能真正达到统一传播的目的。

由于品牌要素的组合有大有小，有时是标志和标准字的标准组合，有时又将品牌标志、标准字、图案、吉祥物、口号组合在一起使用，因此必须考虑多种编排形式，使其既统一，又合理，才能使分散的视觉印象得到集中。当然，广告版式设计应结合企业的自身实际情况，简化和规范设计系统的诸多要素，确立版式上的个性特征，只有这样才能使企业广告增加艺术感染力，使人产生亲和感，以此缩短企业与消费者之间的距离，使品牌和大众在感情上联系在一起（图5-60~图5-80）。

图5-60

图5—61

图5—62

图5—63

图5—64

图5—65

图5—66

图5—67

图5—68

图5—69

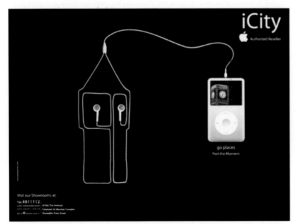
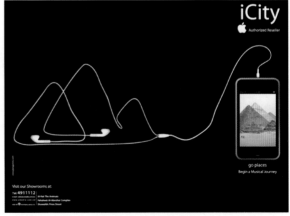

图5—70

图5-71

图5-72

图5-73

图5-74

图5-75

图5-76

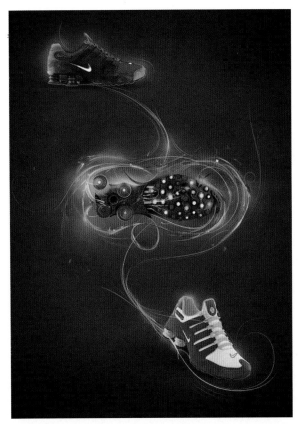

图5—77

图5—79

图5—80

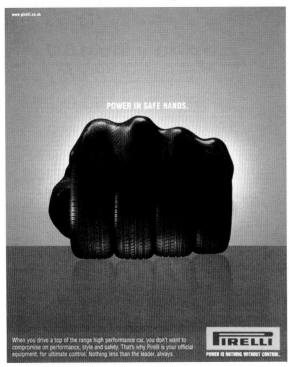

图5—78

第六章 品牌应用手册

本章重点 》

1. 品牌应用手册的功能
2. 品牌应用手册设计的程序

建议学时 》

2学时。

第六章　品牌应用手册

制订品牌应用手册的目的在于统一整体的品牌形象，贯彻设计的品牌精神，将品牌的每个设计要素统一在一个概念之中，使之成为品牌的一部"宪法"，确保品牌形象运作的水准，品牌企业可以参照品牌应用手册来检查自己的管理体系，它是品牌重要的智慧资产。

第一节 //// 品牌应用手册的功能与设计原则

品牌应用手册的主要功能就是完善品牌内部管理系统。它可以使品牌从商品生产到销售服务、从员工工作到教育培训都井然有序。是品牌工作标准，统一、简化了管理系统的作业流程，提高了工作效率，更是加强品牌内部规范化管理的有力工具。

一、品牌应用手册的指导性

品牌应用手册是一种指导性文件，它的中心内容是品牌形象系统的基本要素及其应用标准。它具有以下两个主要功能。

1. 品牌应用手册是品牌企业进行品牌形象管理的理论依据，使其经营理念、行为准则在整个经营管理中得到贯彻执行。

2. 品牌应用手册是实施品牌形象的指导手册。其中品牌形象要素全面设计是品牌视觉应用和实施的依据（图6-1～图6-3）。

二、品牌应用手册的设计原则

品牌应用手册应符合规范又切合实际，因此在设计过程中应坚持以下原则：

1. 要传达品牌理念

品牌理念是品牌形象设计的准则。视觉系统的传达方式是通过各种要素的整体组合，全方位、多角度地传播品牌理念。各种要素的视觉识别实际是对品牌理念的形象化。

2. 设计风格一致

品牌应用手册实际体现了品牌的整体风格，是品牌独特个性的表现，因此，风格一致是便于品牌识别的前提（图6-4）。

3. 具有灵活性

品牌应用手册是根据品牌经营的内容而制订的，随着经营和服务内容不断增加，要求设计形式具有一定的灵活性，在设计时，采用活页或分页形式，可以根据需要随时、任意抽取其中所需部分，使用更加方便（图6-5）。

4. 注重可操作性

设计不同于绘画，不仅要有精美的外观，在明确说明各种要素的尺寸、标准的同时，品牌应用手册本身也应该结构鲜明，条理清晰，具有实际的可操作性，否则品牌应用手册将失去其自身的意义。

图6-1

图6-2

图6-4

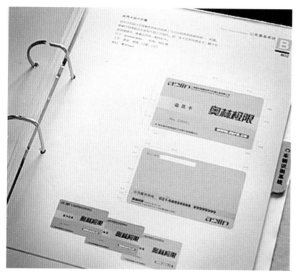

图6-3

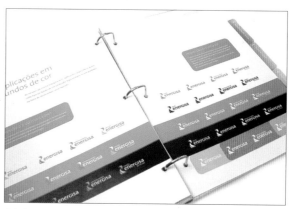

图6-5

第二节 ///// 品牌应用手册设计的程序

　　品牌设计完成后，根据常规，要制作的手册应包括品牌理念规范手册、品牌员工行为规范手册、品牌形象规范手册。这几本手册可分开单独分册编制，也可制成活页式合订本的品牌应用手册。手册的印制可委托专业策划公司完成，这主要是考虑设计公司对其设计样稿较为熟悉，又具有一定的专业知识，在制作过程中可协助品牌把好质量关，尽量体现出设计公司的水平和品牌的实力。

一、品牌应用手册的要求

　　1. 对目前品牌形象传播手段进行市场调查和效果测试，在调查基础上，通过反复的比较，根据当地的惯例和品牌的规定，确定基本要素的禁用场合。

2．根据各种不同媒体的需要以及品牌自身的特点，确定品牌形象应用要素并制订规范的、具体运用的原则与方法。

3．做出针对各种要素的必要解释，制订出标准样本。

4．提出形象要素使用具体规定的同时必须考虑到，品牌应用手册并不是一成不变的，品牌随市场及其自身的发展，要不断吸收新的要素，因此品牌应用手册的内容也在不断丰富之中，应该做好随时进行调整和改进的准备。

二、品牌应用手册的中心内容

各品牌应用手册的内容结构虽然不尽相同，但一般来讲其内容和要求大体是一致的，它的中心内容包括三大系统：

1．品牌理念系统。它主要包括：品牌精神、品牌价值观、品牌信条、经营宗旨、经营方针、市场定位、社会责任和发展规划等。属于品牌文化意识形态范畴。

2．员工行为系统。它是以品牌理念为基本出发点，对内是建立完善的组织制度、管理规范、员工教育、行为准则、福利制度，对外是市场调查、商品营销，社会公益文化活动、公共关系来传达品牌理念，获得社会公众对品牌识别认同的形式。

3．形象识别系统。它以品牌标志、标准字、标准色为核心展开完整的、系统的视觉表现体系。它将上述的品牌理念、品牌文化、服务内容、行为规范等抽象概念转换为具体的形象符号，塑造出独特的品牌形象。形象视觉识别最具传播力和感染力，最容易被社会公众所接受，具有重要的现实意义（图6-6～图6-9）。

三、品牌应用手册副本

由于品牌是在不断地发展和变化的，品牌应用手册的内容有时会出现不够用的情况。所以有些企业将品牌应用手册分为基本展开的项目和日常品牌项目。按道理来讲全体员工都应该配备品牌应用

手册，可是，现实中品牌应用手册是专为品牌管理者制作的，对于一般的员工来说在理解上会有一定的难度，而且全员发放在手册的造价上也是一般的企业承受不起的。所以，为了使全体员工理解自己的品牌，重视并使用形象系统，需要制作出以品牌说明书形式的品牌应用手册的副本配备给普通的员工。副本的内容大体与手册的内容相同，从品牌理念、战略说明开始到具体的规范细节上，进行具体的阐释和强调，让全体员工真正地明白品牌系统，才能更好地发挥品牌手册的指导和规范的作用。

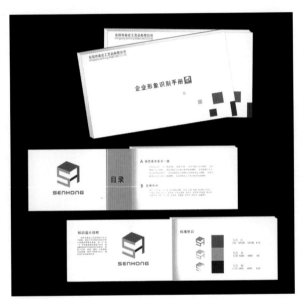

图6-6

图6-7

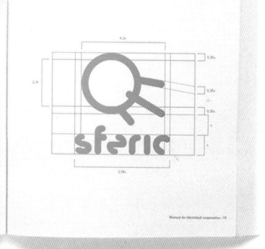

图6—8

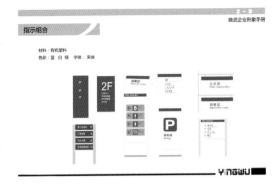

指示组合

材料：有机塑料
色彩：蓝 白 绿 字体：宋体

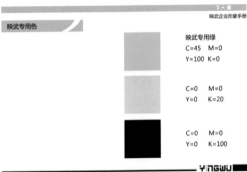

映武专用色

映武专用绿
C=45 M=0
Y=100 K=0

C=0 M=0
Y=0 K=20

C=0 M=0
Y=0 K=100

介绍信、文件夹

材料：180克铜版纸 规格：A4
色彩：白 字体：雅黑

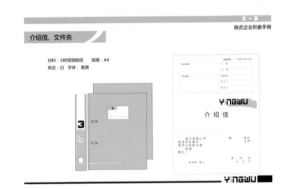

企业标准字

中文字体

微软雅黑、映武体、宋体是映武指定中文字体，主要使用于包括广告和印刷材料等在内的所有沟通形式。清晰的字体便于阅读，是对标识的有力补充。

首选字体：微软雅黑　**映武企业形象手册**

辅助字体：映武体　**映武企業形象手册**

辅助字体：宋体　映武企业形象手册

制服

图6-9

标准名片、信纸

[复习参考题]

◎ 品牌应用手册有什么具体功能？

◎ 品牌应用手册的设计原则是什么？

◎ 品牌应用手册的具体内容有哪些？

第七章　品牌的培养与推广

本章重点

1. 品牌培养和推广的意义
2. 品牌培养的人员条件
3. 品牌培养的具体实施与推广

建议学时

6学时。

第七章　品牌的培养与推广

品牌形象的培养是一项影响深远、涉及面广泛的工程，它使品牌的经营管理走向科学化、条理化和符号化，这就意味着品牌将进入全方位、高标准、新氛围的经营管理工作之中。在品牌的培养过程中，品牌企业应根据市场状况和品牌发展目标有目的地制订品牌的培养、推广计划，使品牌在一个新的、更高的起点上完成自我更新和本质升华。

第一节 //// 品牌培养和推广的意义

为了充分发挥品牌形象设计的作用，塑造品牌的整体形象，首先应对品牌形象有全面、完整的认识。品牌形象是品牌内在的文化信息所形成的凝聚力、创造力、吸引力和竞争力的综合体现。品牌形象影响品牌的生存和发展，它是市场经济和经济全球化对企业提出的新要求。塑造良好的品牌形象，可以给品牌带来信任、效益、竞争优势。一些具有远见卓识的企业负责人率先培养品牌形象，从最早的"太阳神"到现在的"海尔"、"康佳"等，都通过品牌形象的培养建立了良好的企业形象，也成为最早的受益者（图7-1~图7-3）。

为了使品牌形象能达到预期的效应，在品牌的培养和推广前要认真编制形象塑造规划，坚持从实际出发，着重提高全体员工的文化素质、职业道德及业务水平。塑造良好的品牌形象是市场经济的客观需要，是企业对国家和社会所承担的责任，是企业在竞争中奋进取胜的必要条件，同时也是企业文化建设的重要内容。

图7-1

图7-2

图7-3

第二节 //// 品牌培养的条件

品牌的培养是企业谋求生存与发展的重大战略举措。我国许多企业，如：健力宝、格力电器、中国电信等，都实施了品牌形象战略，树立了独特而具有个性魅力的品牌形象。但是，也有一些企业，在全国推行品牌形象热潮中，未能把握住它的实质与要领，或盲目引进，或照抄照搬，或袖手旁观，致使品牌形象的效果收效甚微，那么如何进行品牌形象的培养与推广，就成为摆在我们面前的现实问题。

一、最高层领导的参与

最高层领导的参与是成功培养品牌形象的重要保证。因为品牌形象的培养是在贯彻企业最高层领导的战略意图，需要与高层领导保持沟通，并在企业负责人领导的指导下开展工作。领导全面参与，可使这种沟通与交流富有成效，使品牌形象的策划更能满足品牌的实际需要。在品牌形象培养过程中，成立由公司总经理担任负责人的品牌形象培养委员会，设立品牌形象培养执行小组，配备专职人员负责品牌形象培养计划的施行。广东太阳神集团有限公司率先成功实施的品牌战略，其重要的举措之一就是设有企业负责人领导下的专门的"品牌形象培养战略部"，负责品牌形象培养的研究、策划、实施、检验、评估。

二、明确品牌形象培养的目标

塑造品牌形象的根本目的是为了增强品牌竞争力，提高商品销售力。一般而言，处在不同发展阶段的品牌，对品牌形象的培养有不同的目标与侧重点。当品牌尚处于创建初期，员工还未完全到位时，品牌形象培养的目标应当是为了吸引具有相同价值观的管理人员和员工，形成整齐的高素质员工队伍。如果品牌处于成长阶段，而品牌市场份额不高、竞争艰难时，品牌形象培养的目标就应当是迅速打开市场局面，大幅度提高市场占有率。品牌已

处于成熟阶段，市场份额较高，但市场竞争激烈，品牌形象培养的目标是为了保持品牌在市场上的领袖地位。

三、培养资金的支持

品牌形象是一种无形资产，企业全员应树立这样一种观念，为塑造品牌形象所花费的金钱不是"开支"而是"投资"，是一种开发性的投资。品牌形象的培养是一个永无止境的过程，因此品牌形象培养的经费是长期性的，它应该是一个相对合理的投入比例。如同品牌的有形资产：设备、厂房、原材料等一样，品牌形象是一种无形的资产积累，它也有一个投入的过程。

四、企业全员参加

塑造良好的品牌形象关系到整个企业，上至董事长、总裁，下至每一个员工。调动全体员工参加品牌形象培养的活动，需在组织保障的前提下，由品牌形象培养部门有计划地实施品牌形象教学、培训、品牌形象知识竞赛、理念精神标语征集活动等形式多样的品牌形象培养活动。可以利用宣传墙、简报等形式提高员工的品牌形象意识。总之，品牌形象的培养需要运用各种宣传手段和组织措施，营造出一种"形象氛围"，提升每个部门、每个员工的品牌形象认识，形成"员工品牌形象"的环境气氛，这样品牌形象的培养就有了牢固的基础，这是品牌形象培养成功的根本动力所在。"长虹集团"品牌活动的突出特征就是大力宣传，引导全体职工一起行动起来，对其品牌形象的培养与发展起到了重要的推动作用。

五、注重管理人员的专业素质

品牌形象的培养是一项复杂的系统工程，它要求管理人员具有丰富的经验，将多种学科、多种专业知识融会贯通。如果仅仅依靠几个工作人员，那么无法完成品牌形象培养方案。对品牌管理而言，尤为重要的是品牌管理人员应具备品牌经营管理知

识与实践经验，擅长品牌经营活动分析，了解品牌所在市场的需求变动情况。只懂得艺术设计或某一领域知识的人，是无法成功地进行品牌形象系统的推广和维护的。

第三节 //// 品牌培养的具体实施与推广

一、品牌培养的具体实施

一些企业品牌形象培养收效甚微的原因，主要是缺乏专业人才去具体实施。设计公司完成设计后就离开了，品牌应用手册成了摆设品，或者只局限于品牌标志在办公事务用品或商品包装上一些简单的应用，没有将品牌形象真正作为一项战略系统来实施。

聘请专业公司辅助、施行品牌形象的培养和推广已经成为必然措施，这样的专业公司最好是由设计公司完成设计之后继续跟进。目前，品牌培养、实施的专业公司数量较少，而一般的设计公司又不具备长期跟进品牌形象培养的能力。所以在品牌形象设计之初就应寻求有实力的品牌形象培养的专业机构，同时，专业机构在帮助品牌企业具体施行品牌形象的培养计划过程中，帮助企业培养品牌形象管理和操作的专业人才。这样，企业就完全可以自己上路，比较娴熟地操作品牌形象的培养、实施程序了。

二、品牌形象的推广

品牌推广是指品牌塑造自身形象，使广大消费者广泛认同的系列活动和过程。它是品牌树立、维护过程中的重要环节，品牌创意再好，如果没有强有力的推广执行作支撑也不能成为强势品牌，而且品牌推广强调一致性，在执行过程中的各个细节都要统一。

品牌形象的推广是多元化的，一个品牌希望树立起具有亲和力和感染力的形象，主要依赖于宣传媒介的有效传播。利用媒介进行品牌信息传播，使社会大众接受品牌传播信息，建立起良好的品牌形象来提高品牌及商品的知名度，增强社会大众对品牌形象的记忆和对品牌商品的认可，使品牌商品更为畅销，为品牌带来更好的社会效益和经济效益。

在品牌形象传播媒介的选择方面，要具体分析每种媒介的特性，了解不同媒介的优势。一般情况下，电视、印刷品、广播，以及户外、互联网和具有影响力的文化、体育的大型活动都是品牌形象宣传的重要媒介。

1.电视

电视媒体是最有影响力的广告媒体之一。它集报纸和广播的优势于一身，并且改善着报纸的那种静止画面，而成为与现实生活一样逼真的连续运动。电视媒体信息量大，传播范围广，具备综合的看和听信息，适用于向消费者传播任何形式的广告。在介绍商品的功能、特点，树立品牌形象方面，电视宣传的效果最佳。"长虹集团"在品牌形象培养中，品牌理念、形象广告与新闻传播等方面的运作出类拔萃。"太阳最红，长虹更新"的广告语，以及中央电视台、《经济日报》等权威媒体炒作的"长虹现象"等一系列活动达到前所未有的程度（图7-4～图7-6）。

图7-4

图7-5

图7-6

2.印刷品

印刷媒体在人们的日常生活中占有重要的地位，在办公室、候车厅，茶余饭后休息的片刻，印刷品传递出大量信息，它是最具有覆盖力的媒介之一，它无时无刻不存在于人们的生活中（图7-7、图7-8）。

报纸是最多、最普及、最有影响力的媒体，它具有传播信息速度较快、传递及时、容量大的特点。虽然它不同于电视通过视听情节来吸引人们的注意，但报纸信息比电视传播要延长很多，且不受条件限制。但报纸也存在趣味性不强、印刷难以完美和表现形式单一等缺点。

杂志精美的印刷，具有光彩夺目的视觉效果，因此深受特定受众的喜爱。杂志的特点还在于能够针对不同的阅读人群进行针对性的信息传播，这样有助于信息传播的目的性和针对性，经过分析、选择的杂志能有效地传播品牌。但与报纸比，它明显缺乏时效性，而且覆盖面有限。

图7-7

图7-8

图7-9

图7-10

图7-11

3．广播

由于科技的发展，新媒体不断出现，广播面临着越来越多的挑战和冲击，但广播具有传播方式的即时性、传播范围的广泛性、收听方式的随意性等优点。广播在传播品牌形象方面，缺乏视觉支持，但给听众提供了想象空间，同时，广播广告的成本也较低，在传播品牌方面具有一定的优势。

4．互联网

随着网络用户的增多，电子商务的迅猛发展，网络广告也将提高速度阔步向前。它将成为继报纸、杂志、广播、电视之后的第五大媒体。对于这种新媒体来说，它的作用已经逐渐显现出来。互联网具有时效性、互动性、覆盖面广和超大信息容量等优点，对消费者产生更为直接的影响效力。虽然部分地区存在网络覆盖盲端、流量和速度等问题，但随着技术的日益发达，将来的网络作用会进一步增强（图7-9～图7-11）。

5．户外广告

凡是能在露天的公共场合通过广告表现形式向消费者进行诉求，达到一定宣传目的的信息载体都可称为户外广告媒体。路牌、灯箱、招贴、建筑外墙等都是较直观的户外媒体，它们对树立品牌形象具有重要的影响力。户外媒介传播时间长，从总体上说，户外媒介占据空间大，信息占有量大，能够大范围、多环境、多形式、多层次地进行传播（图7-12～图7-18）。

6．大型活动

运动会、博览会等大型综合性活动，可在一定程度上影响到人们的日常生活，除其基本功能之外，也具有传媒特征，是一类特别的广告形式。通过组织、参与、赞助这类活动，传播企业和产品信息，对提升品牌形象具有重大的意义。

在体育竞技场上，可以通过场地宣传、展示品牌信息等方式推广品牌形象。如：健力宝培养品牌形象的特色在于大手笔地策划一系列大型公关宣传活动。同万众瞩目的体育运动联系在一起，借助奥运会、亚运会、全运会将健力宝优良的品牌形象推向巅峰，由此树立起"中国魔水"和"饮料王国"的品牌地位（图7-19、图7-20）。

7. 销售广告

销售广告包括：橱窗陈列、柜台、货架陈列、货摊陈列等，还包括销售地点的POP广告，以及相关场所的海报、招贴。销售广告不仅能加深消费者对商品的认知程度，还能更快地帮助消费者了解商品的性质、用途、价格及使用方法，也增强了销售现场的装饰效果，美化了购物环境。销售广告的表现形式和真实度都是其他媒体不可比拟的，也可长期使用，节省宣传费用（图7-21~图7-44）。

图7-15

图7-12

图7-16

图7-13

图7-17

图7-14

图7-18

图7-19

图7-20

图7-21

图7-22

图7-23

图7-24

找到属于你的QQ空间

图7—25

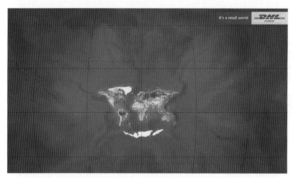

图7—26

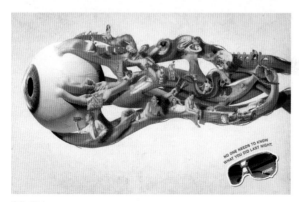

图7—27

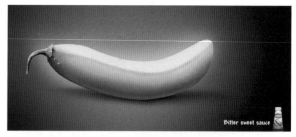

图7—28

图7—29

图7—30

图7-31

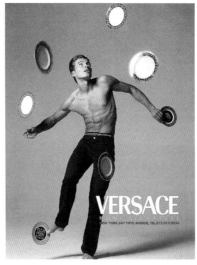

图7-32

图7-33

图7-34

图7-35

图7-36

图7-37

图7-38

图7-39

图7-40

图7-41

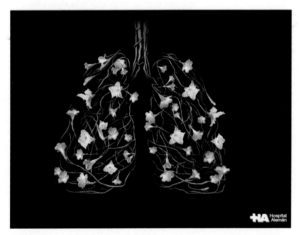

图7-42

图7-44

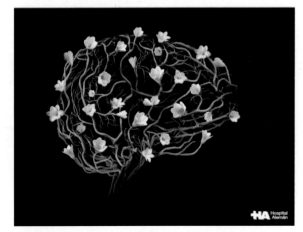

图7-43

[复习参考题]

◎ 品牌培养和推广的重要意义是什么?

◎ 品牌培养的基本条件有哪些?

◎ 在品牌培养的前期为什么一定要有专业公司参与?

◎ 传统印刷媒体与新媒体在品牌推广中的作用有什么不同?

第四篇/书籍装帧设计

The Complete—
works
Chinese of
Design art Classifi—
cation
Art
Design
of Works
Complete

编著/肖 勇 肖 静

目录 contents

中國高等院校
THE CHINESE UNIVERSITY
21世纪高等教育美术专业教材
The Art Material for Higher Education of Twenty-First Century

CHAPTER 1

中国书籍装帧回顾
西方的书籍装帧

灿 烂 的 书 籍
历 史 文 化

第一章　灿烂的书籍历史文化

第一节 中国书籍装帧回顾

中国是文明古国，在漫长的历史演进中，书籍形态方面的设计与制作也有着其丰富的历史。对于功能与审美的追求，可追溯到原始社会。

一、书籍的起源

上古时期的人们采用过各式各样的方法帮助记忆，其中使用较多的是结绳和契刻。我国上古时期的"结绳记事"法，史书上有很多记载。战国时期的著作《周易·系辞下传》中记载："上古结绳而治，后世圣人易之以书契。"汉朝郑玄的《周易注》中记载："古者无文字，结绳为约，事大，大结其绳，事小，小结其绳。"《九家易》中也说："古者无文字，其有约誓之事，事大，大其绳，事小，小其绳，结之多少，随物众寡，各执以相考，亦足以相治也（图1—1）。"汉朝刘熙在《释名·释书契》中说："契，刻也，刻识其数也。"说明契刻的目的主要是用来记录数目。人们在订立契约关系时，数目是最重要的，也是最容易引起争端的因素，于是，人们就用契刻的方法，将数目用一定线条做符号，刻在竹片或木片上，作为双方的"契约"。这就是古时的"契"（图1—2）。

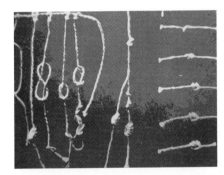

图1—1

图1—2

古人结绳记事，可算是书籍孕育较早的形式。它的特殊性在于以绳子为扭曲、打结形成的形象来传达信息。结绳和

契刻是形成最初的文字载体的契机。龙山文化（距今5500年至6000年）和良渚文化（距今5300年至4000年）的陶器上已经发现了刻画简单的文字，是我国发现的最早的文字，称为陶文。这一时期的陶文尚未被辨认出来，很可能是一种消逝了的文字。但从中可以证明，陶器是已知最早的人工制作的文字载事的形式（图1—3）。

甲骨文是一种负载文字的载体：兽骨。人类从自然界中提炼出具有特殊意味的符号图形刻在兽骨之上，出现了早期的象形的甲骨文字，同时文字亦有了载体，书籍的最早雏形也就出现了。商周（公元前16～公元前11世纪）后期的甲骨文书。甲是指龟甲，骨是指兽骨，主要是牛的肩胛骨，写刻在甲骨上的文字被后人称为甲骨文。因这些文字是商王朝用龟甲兽骨占卜凶吉时写刻的卜辞和与古人有关的记事文字，故又被称作契文、卜辞；又因甲骨最初出土于河南安阳小屯村的殷墟，故又被称作殷墟甲骨或殷墟文字。甲骨上记载的内容并不是为了传播知识，因此不能称为正规的书籍，但它是历史上一种重要的文字记录载体（图1—4）。

金属的文字载体——青铜器，中国的青铜时代从公元前21世纪开始，直到公元前5世纪止，经历了1500多年的历史，大体相当于夏、商、周以至春秋时期。大约在商代晚期的第二期铜器上才出现铭文。较早的铭文只有几个字，商代末年开始有较长的铭文，最长的有三四十个字，西周的铜器铭文增多，有近500字的长文，多为与祀典、锡命、征伐、契约等有关的记录。青铜器的铭文记载了我国许多古代文献，因此后人称之为青铜器的书（图1-5）。

除陶器、甲骨、青铜器之外，古人还在石头上刻字，谓之石雕。《墨子》书中有"镂于金石"之说。战国时代，在石头上刻字已经流行。现存最早的石雕是陕西出土的石鼓，是战国时代秦国的石刻，共10件，原文700余字，现存272字。在文字传播的准确性和广泛性上，石雕具有更大的意义，被后人称为石头书。因甲骨刻零碎不一，青铜铭文与石刻笨重，所以还难以普及流传，尚不能作为书的一种形式，只能是产生书的一种雏形（图1-6）。

图1-3

图1-4

图1-5

图1-6

中国古代用竹、木制成的书写材料，被认为是我国最早的成形书籍。

一根竹片叫做"简"，把多根简编连在一起叫做"简策"，"策"意与"册"相同。一块木板叫做"板"，写了字的木板叫做"牍"，一尺见方的"牍"叫做"方"。《论衡·量天篇》记载："竹生于山，木长于林，截竹为牒，加笔墨之迹乃成文字"，"断木为椠，析之为板，力加刮削，乃成奏牍"。《礼记》说："百名以上书于简，不及百名书于方。"简策一般为长篇著作或文字，版牍的主要用途是记录物品名目或户口，也可画图和通信。

据考证，在公元前1300多年（商代末期），我国已有简策，后世一直沿用到印刷术发明之后，其间以春秋到东汉末年最为盛行。东汉以后逐渐为纸写本所代替。

帛书起源于春秋时期，实物则以1942年长沙子弹库楚墓出土的为最早。

战国时代，帛书与简牍是同时并用的。三国以后，纸逐渐通行，帛书随之渐少。

帛书的使用时间大约在战国到三国之间，即公元前4世纪到公元3世纪，长达七八百年之久。但帛书还存在产量低、价格昂贵、难以普及的缺点（图1-7）。

造纸术的发明促进书籍材料的伟大变革。东汉蔡伦总结西汉以来的造纸技术并加以改进，开创了以树皮、麻头、破布、鱼网为原料，并以沤、捣、抄一套工艺技术，造出了达到书写实用水平的植物纤维纸，称为"蔡侯纸"，成为中国古代四大发明之一。这是书籍制作材料上的伟大变革，在人类文明史上具有划时代意义（图1-8）。

在纸张开始流行的时代，石雕也很盛行，导致了捶拓方法的发明。拓印的方法是用微带黏性的药水洇湿碑面，铺以纸张，用鬃刷轻轻捶打，使纸密着于石面，砸入字口，然后在纸上捶墨。这种方法拓下来的纸片称作"拓片"，用拓片装订成册的称作"拓本"。拓印本既不像简策那样笨重，也不像帛书那样贵重，又可以省去校对和抄写的麻烦，而且随要随拓，便于携带。这就大大方便了书籍的传播，促进了文化事业的发展。拓印是雕版印刷术的先驱（图1-9）。

雕版印刷术是积累了印章、碑刻、木板写字刻字、印封泥等经验逐渐发展起来的，是中国古代四大发明之一（图1-10、1-11）。其发明应在唐或更早的年代，现存最早的雕版印刷品是

图1-8

图1-9

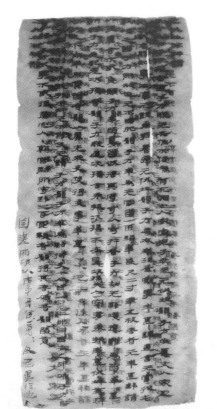
图1-7

出来，排列在字盘内，涂墨印刷，印完后再将字模拆出，留待下次排印时再次使用。北宋庆历间（1041～1048年）中国的毕昇（？～约1051年）发明的泥活字标志活字印刷术的诞生。他是世界上第一个发明人，比德国 J.谷登堡活字印书早约400年。活字印刷由北宋平民毕昇发明。沈括《梦溪笔谈》载："庆历中有布衣毕

图1-10

图1-11

1966年在南朝鲜东南部庆州佛国寺释迦塔内发现的汉字译本《无垢净光大陀罗尼经》。据考证，此件雕印于706～751年间，是我国唐朝长安印本。雕版印刷的版材，古人用梓木，故称刻版为"刻梓"或"付梓"。以后也广泛使用梨木和枣木，故刻版亦被称为"付之梨枣"。雕版最通用的工艺是将锯好的木板经过水浸、刨光、搽油等方法处理，然后写样、雕刻，制成有阳文反文字的字版。印刷是把墨涂在文字上，铺以纸张，用棕刷在纸背上刷印，制成白纸黑字的印刷品（图1-12）。

活字印刷的方法是先制成单字的阳文反文字模，然后按照稿件把单字挑选

图 1-12

图 1-13

昇又为活板。其法用胶泥刻字，薄如钱唇，每字为一印，火烧令坚。先设一铁板，其上以松脂和纸灰之类冒之。欲印，则以一铁范置铁板上，乃密布字印，满铁范为一板，持就火炀之，药稍溶，则以一平板按其面，则字平如砥。……若印数十百千本，则极为神速。常作二铁板，一板印刷，一板已自布字，此印者才毕，则第二板已具，更互用之，瞬间可就。每一字皆有数印，如'之'、'也'等字，每字有二十余印，以备一板内有重复者。"（图 1-13~1-15）

图 1-14

活字印刷术的发明是印刷史上一次伟大的技术革命。它促进了书籍的发展。印刷的发展同时也使得书籍的装帧体系

不断进步，促进了当时书籍装帧形式发展的多样化。

二、书籍装帧形式

1. 最早的装订形式——简策装

竹木简的装帧形式。造纸术发明之前，中国古代的书大多写在一根根长条形竹片或木片上，称为竹简或木简。为便于阅读和收藏，用绳将简按顺序编连起来，后人称这种装帧形式为简策装。

简策装的方法是用麻绳、丝绳或皮绳在简的上下端无字处编连，类似竹帘子

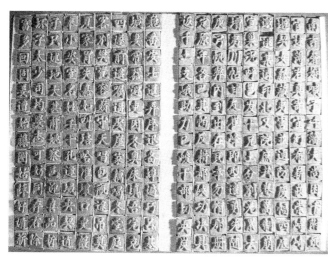

图 1-15

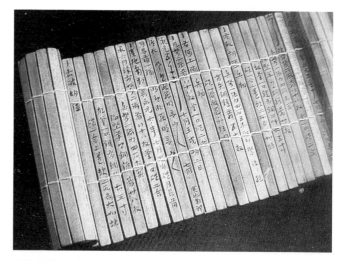

图 1-16

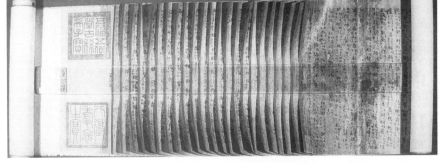

图1—17

的编法。编完一篇内容为一件，称为策，也称简策。"策"与"册"义相同。用丝绳编的叫"丝编"，用皮绳编的叫"韦编"。编简成策之后，从尾简朝前卷起，装入布

套，阅读时展开即卷首。

简策是我国最早的装订形式，商周时通行，到了晋代，随着纸的应用和纸本书的出现，简策书籍逐渐为纸本书所代替（图1—16）。

2. 应用最久的装订形式——卷轴装

卷轴装始于帛书，隋唐纸书盛行时应用于纸书，以后历代均沿用，现代装裱字画仍沿用卷轴装。

卷轴装是由简策卷成一束的装订形式演变而成的。其方法是在长卷文章的末端粘连一根轴（一般为木轴），将书卷卷在轴上。缣帛的书，文章是直接写在缣帛之上的，纸写本书，则是将一张张写有文字的纸，依次粘连在长卷之上。卷轴装的卷首一般都粘接一张叫做"裱"的纸或丝织品。裱的质地坚韧，不写字，起保护作用。

裱头再系以丝带，用以捆缚书卷。丝带末端穿一签，捆缚后固定丝带。阅读时，将长卷打开，随着阅读进度逐渐舒展，阅毕，将书卷随轴卷起，用卷首丝带捆缚，置于插架之上。

精致的卷轴装主要表现在轴、签、丝带上，如钿白牙轴，黄带红牙签；雕紫檀轴，紫带碧牙签等（图1—17）。

3. 由卷轴装向册页装发展的过渡形式——旋风装

旋风装由卷轴装演变而来。它形同卷轴，由一长纸做底，首页全幅裱贴在底上，从第二页右侧无字处用一纸条粘连在底上，其余书页逐页向左粘在上一页的底下。

书页鳞次相积，阅读时从右向左逐页翻阅，收藏时从卷首向卷尾卷起。

这种装订形式卷起时从外表看与卷轴装无异，但内部的书页宛如自然界的旋风，故名旋风装；展开时，书页又如鳞状有序排列，故又称龙鳞装。

旋风装是我国书籍由卷轴装向册页装发展的早期过渡形式。现存故宫博物馆的唐朝吴彩鸾手写的《唐韵》，用的就是这种装订形式（图1—18）。

4. 由卷轴装向册页装发展的过渡形式——经折装

经折装是首先用于佛经的一种装订形式，始于唐代末年。佛家弟子诵经时为便于翻阅，将长卷经文左右连续折叠起来，形成长方形的一叠，也有人认为是受印度贝叶经装订形式的影响而产生的。以后一些拓本碑帖，纸本奏疏亦采用这

12

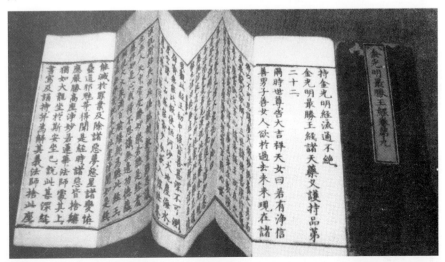

图1—18

图1—19

种形式，称为折子或奏折。

这种装订形式已完全脱离卷轴，从外观上看，它近似于后来的册页书籍，是卷轴装向册页装过渡的中间形式（图1-19）。

5.早期的册页形式——蝴蝶装

"蝴蝶装"简称"蝶装"，是早期的册页装。它出现在经折装之后，由经折装演化而来，约出现在五代后期，盛行于宋朝。

蝴蝶装的方法是把书页沿中缝将印有文字的一面朝里对折起来，再以折缝为准，将全书各页对齐，用一包背纸将一叠折缝的背面粘在一起，最后裁齐成册。蝴蝶装书籍翻阅起来犹如蝴蝶两翼翻飞飘舞，故名"蝴蝶装"。

书籍的装订形式发展到蝴蝶装，标志着我国书籍的装订形式进入了"册页装"阶段（图1-20）。

6.宋末开始出现的装帧形式——包背装

包背装又称裹后背，是在蝴蝶装基础上发展而来的装订形式，出现在南宋末，元、明、清均较多使用，明代《永乐大典》，清代《四库全书》就是这种装订。包背装与蝴蝶装的主要区别是对折书页时版心朝外，背面相对，翻阅时每页都是正面。

其装订方法是折页对齐，在右边栏外打眼，穿订纸捻，砸平固定裁齐，然后用一张较厚的纸从右侧书背裹装起来，书背处用糨糊粘牢（图1-21）。

7.明代中期以后盛行的装帧形式——线装

线装的折页与包背装完全相同，版心朝外，背面相对。不同之处是改整张包背纸为前后两个单张封皮，包背改为露背，纸捻穿孔订改为线订

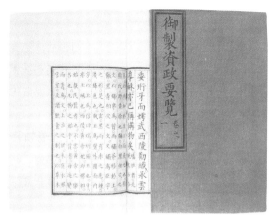

图1-20

图1-22

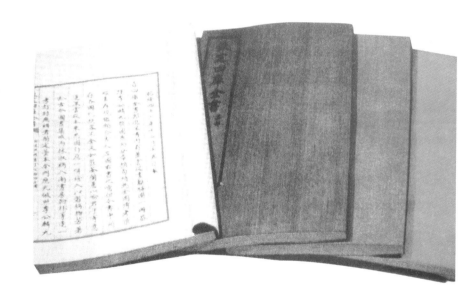

图1-21

（图1-22、1-23）。

线装装帧是中国传统装订技术史中最先进的一种，线装书籍便于阅读，又不易散破。线装书籍的工艺方法和书籍式样，后来有了不同程度的变化，比如"包角"、"袍套"等，但均未超出线装范围。

图1-23

第二节 西方的书籍装帧

自西洋人传入活版印刷和铸造汉文铅字粒，现代印刷技术开始发展起来。书籍的装帧方法也采用了洋装。可见书籍装帧形式是和时代的生产状况、政治制度、经济状况及印刷术的发达程度相关联的。

古腾堡是西方印刷史上一个革命性的人物，15世纪中叶，他在德国的美因兹造出了使用合金活字的印刷机，研制出了印刷用的印油和铸字的字模，印出了欧洲第一部活字版的《圣经》（通称42行圣经）。古腾堡的发明促进了艺术、文学、科学研究的兴起，加快了文艺复兴的步伐，贵族社会为之崩解，宗教革命由此兴起，引起了印刷领域革命性的变化（图1—24、1—25）。

值得一提的是"摇篮本"（incunabula），在目录学中泛指于1450～1500年间在欧洲用活字印刷的任何西文书籍。它代表着西方书籍装帧艺术水平，随着机械装置的应用，印刷业也开始发生变化，大批量印刷的商业性书籍逐渐失去了作为手工艺术品的价值。科内利乌斯·伯克汉姆于1688年在阿姆斯特丹出版的一部15世纪活字印刷书目，书中首次采用了"摇篮本"这个术语来描述早期的西文印刷书。而意大利著名印刷商阿尔德斯·马努蒂乌斯1501年为廉价书专门设计的斜体活铅字标志着西方印刷史上一个"摇篮本"时代的结束（图1—26）。

谈到西方的书籍装帧，最早的功德也该归于寺院僧侣，他们是有闲阶级，又有一定的学识。6世纪时，为了保护抄于皮纸上的经卷手稿，他们学会将手稿夹

在两块薄板之间，边上用线缝上。埃及和北非的制革工艺在7世纪时由于穆斯林的入侵被带入西西里岛和西班牙，皮革便成了西书装帧的主要材料（图1—27）。后来，他们在薄板上裹上皮面，又在皮面上刻印花纹，镶上宝石、象牙和金片。中世纪时的寺院，聚集着一大批学者、艺人、刻字家、金银首饰工、皮匠和木匠，他们共同刻书、抄经，此时的制书业为寺院专有，它是爱好、是繁复的手工工作，更是信仰，书籍的花饰与教堂的祭坛相呼应。

图1—24

图1—25

可惜活字印刷史前的书籍，流传下来的已很少，英国现存最早的皮面书籍是7世纪时印刷的《圣约翰福音》(Gospel of St. John)，是在基督教隐修士圣库斯伯特(St.Cuthbert，635～687年)的墓中发现的，书长133毫米，宽95毫米，封面封底的木板外包裹有深红色的皮革（图1—28、1—29）。

在早期的西书装帧史上，无论是新技术的采用，还是新样式的流行，英国一直比不上意大利和法国。有人说，这是因为书籍装帧工艺复杂，有装订(for—warding)和装饰(finishing)之分，前者缝合、切割、镶皮、按压是技术，后者是勾勒花纹、压印图案更是艺术。在法国的书籍装帧业中，这两种人是分开的，装帧师们讲求的是集体合作，故而易有新意、易出新品。而英国的装帧师则大都单枪匹马，一个人完成各道工艺，自然困难。文艺复兴之后，书从寺院中"走"出来，1476年，卡克斯顿(William Caxton)在伦敦创立英国第一家印刷所，开始了印书、装订、出版的生意，此时流行的是德国式的装订风格，

图1—26

图 1—27

图 1—28

图 1—29

皮面上多是菱形的本色压印花纹（blind tooling），古拙、质朴而含蓄。此时，也开始出现"装饰印章"（panel stamps），这是将花纹装饰刻在一块金属上，类似钢印，制书时可用螺旋压力机将花纹印

在书面上，也常被后人用来作为鉴定装帧师作品的一种依据。例如15世纪时，一位名叫潘逊（Pynson）的装帧师设计过一种花饰印章，花纹是玫瑰花饰，外围有葡萄藤叶及其他藤萝图案。同时，饰有此书印刷装帧出版的赞助人家中纹章的印章也很多，这种印章只在16世纪下半叶及17世纪上半叶流行（图1—30）。

当时，制书业最大的恩主是皇室，宫廷中拥有最好的印书家、装帧师，宫廷图书馆也总是收有最好的书卷。16世纪亨利八世时，著名宫廷印刷装帧师雷诺斯（John Reynes）不仅使用一对以宫中纹章为图案的印章，还用以花、鸟、蜂、狗为商标的印章，这无疑使印章图案多样化。到了16世纪后半叶，印章的图案更生动，从传说、神话、宗教中引申出的图案繁多。然而，用印章压印花纹的速度还是太慢，随着对书的需求量的增加，装帧师们开始使用花轮（rolls）。花轮是把图样刻在轮状的木或金属上，滚动花纹，图案便会很快地重复印在书面上。虽然有此种工具，

然而当时最好的装帧仍在意大利和法国，英国装帧师只是步他们后尘而已。烫金压印花纹（gold too－ling）已在意大利和法国流行了近百年，但英国仍是原色的黯淡时代。终于，有一位名叫贝思利特（Thomas Bethelet）的法国人在伦敦定居，成为亨利八世的宫廷装帧师，引入了夸张、漂色、奢华的金色压印花纹，滋润的皮面熠然生辉，再加上书边切口处的染色烫金，英国的书籍装订渐趋华丽。

17世纪末，米恩（Samuel Mearne）荣任查尔斯二世宫中的出版商及装帧师，他虽不亲自动手订书，但他的设计很出名。他为皇宫藏书共设计过三种风格的装订，第一种是长方形设计，封面上是单线或双线金饰，正中是盾形纹章或恩主的家族饰章；第二种设计是"满天星"式，整本书的封面布满彩色嵌印花纹（coloured inlays）和花饰压印图案；第三种也是最著名的一种叫"木屋村舍"式，这种装帧虽也用流行的滚动花纹，但不同的是它又有呈几何图形的有角度的线条，

图 1—30

图1-31

这些线条正巧组成房檐儿的形状，上下对称，很别致。这种"村舍"图案在1660年后广泛流行（图1-31）。

到了18世纪，有一位名叫佩恩（Roger Payne，1738～1797年）的人给英国的书籍装帧业带来了转机。佩恩出生于温莎森林，十几岁时到伦敦，跟着一位书商学艺。1766年，他开了自己的书籍装帧所，与弟弟托马斯（Thomas Payne）和威尔（David Wier）合作。他从未入宫廷，但却有许多富有的藏书家们做他的恩主，请他装订书籍。佩恩是位奇人，也是位怪人，他显然是不善经营，常与合作者吵架，虽生意不断，但却常常入不敷出；他衣着破烂，工作室中污浊不堪，更是饥一顿饱一顿的，他喝酒比吃饭还多，故而腹中饥饱常常也不察觉。他晚年穷困潦倒，全靠弟弟接济，死时几乎无钱入葬，但一生手订之书却是无价之宝。他常用丝线缝书，在包装皮面之前，书脊上总是要先贴上一层俄罗斯皮，这样，他的书总是很耐久结实，他也常常用皮革裱贴书脊；扉页用纸，也很严格，他一向使用他自己命

名的"紫色纸"（purple paper），包裹封面的皮革，常常是染成红色、橄榄绿色或蓝色的山羊皮，他是第一个使用"直纹山羊皮"（straight—grained Morocco）的，"直纹"是指先对皮革进行处理、设计、压印花纹，然后再裱贴包裹于书封面上，这是书籍装帧史上的一大发明。由于贫穷，他得常常自己制作装订工具，这也使他有别于其他人。他的装帧风格往往是书脊上

图1-32

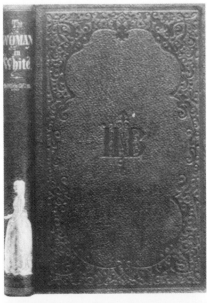

图1-33

饰有浓重繁复的花饰，而封面或封底反而简单淡远。封面四周先是一圈无彩的花轮滚出的图案，略往里的四角上有金饰或染彩的压印花纹，正中常有象牙浮雕小徽章，内裱衬用皮纸，书脊上除了花饰外，还有突出的帖带（raised band），他很少用假帖带（false band）（图1-32）。

佩恩的装帧使典雅华贵与耐久结实相结合，开辟了一代新风，法国、意大利的装帧师们也纷纷回头，转而向从来落后的英格兰学习。在后代中，模仿佩恩的人层出不穷，例如刘易斯（Charles Lewis），但却无人超过他，刘易斯的装订功夫极精，装饰感觉却不行，要二者都如佩恩，谈何容易（图1-33）。

工业革命对制书业无疑是一大刺激，书籍装帧不再为王公贵族专有，一般的中产阶级家庭中总要收集一些皮面书，大些的家庭更是设有自己的小图书馆，不论是附庸风雅也罢，趣味高尚也罢，书籍装帧仍靠手工，书架之间的空白推动着制书业的发展，印刷、装帧的作坊比皆是，商业装帧师（trade bindes）成了时髦行当。制作精良的虽不甚多，但仍有上品，最著名的是HalifaX的爱德华滋一家（Edwards）。1785年他们发明了内画透明牛皮纸（Vellum），这种牛皮纸经过特别的处理，他们在牛皮纸的反面画上神话寓言中的形象或盾形纹章的花形，装帧时仍正面朝上，这样图案既能显出，又不会被损坏，别出心裁。此外，他们也使"伊鲁特里亚式装帧"（Eutruscan style）更为流行，这种装帧是将小牛皮酸洗染色，模仿古希腊和伊鲁特里亚赤陶花瓶的花纹颜色，偶尔配以极简单的金线压印花纹，又将风景图案画在书边上，但在书合拢时，

图1-34

书边只呈金色，打开书时风景才会现出，这种仿古的设计与当时流行一时的古典主义之风也有关系（图1-34）。

　　手工的商业装帧制书业的好景不长，到了19世纪，机械化的发展又将商业装帧师们挤向边缘，裁纸、切边、压印、缝合，都能由机器来完成，机械制书的艺术趣味虽渐寡淡，效益却大。手工制书装帧的商业价值降低，反而使之更成为一门艺术，献身者孜孜以求。到了19世纪末，在威廉·莫里斯所倡的艺术工艺运动推动下，手工书籍装帧工艺又在英国勃发生机，科布登－山德逊（T.J.Cobden－Sander－son，1841～1922年）是其中佼佼者，山德逊着眼于书籍装帧业时，年届四十，已是颇为成功的律师。他爱空想，从来记不住与别人约会的时间，但却爱创新，早在那时，在人们仍不知东方是何物时，他已是清晨即起，练习瑜珈了。他一直希望能从事一种创造性的工作，"不仅

仅是创造，而且是要创造与知识有关的美的东西"。有一天晚上，在莫里斯中世纪的家中，莫里斯的妻子珍妮轻描淡写地提到书籍装帧，山德逊顿悟，第二天，便前往装帧师De Coverly那里拜师学艺去了，三年以后出师。在妻子安妮的帮助下独立开业，1893年。他创建多佛斯装帧所（Doves Bindery），1900年，成立多佛斯出版社（Doves Press）。

　　山德逊可谓是位业余装帧家，制书出版，对他来说只是兴趣，而不是谋生之道，故而他可不循旧规，可以在新法上下工夫。他向来是自己独立完成整本书，装订时，他是位能工巧匠，装饰时，他又是位有识有情有趣的艺术家。莫里斯与本恩－琼斯合作的那本最著名的Kelmscoff《乔叟作品集》，425本限定本中有46本是由多佛斯装帧完成的。他常用鲜艳的皮质装帧书籍，他同佩恩一样在生活上稀奇古怪，却也同他一样在制书上创出自

己的风格，例如那本雪莱的诗集《阿多尼斯》（Adoncis），橘红色的山羊皮，皮质细润，色彩艳美，封面上的图案是由几种很简单的压印花纹组成，简单明朗的几何形安排。花饰直接取自于大自然，看去却很丰富，很繁盛，在他的手中，烫金的压印花纹仿佛活过来了一样。他共设计过2000多种样式花案，自1844年到1905年间，他共装订监制了816本书，现在，这些书大都收藏于牛津大学Bodleian图书馆中（图1-35、1-36）。

　　山德逊影响着后人。本世纪社会的商业气息渐重，机械化程度渐高，手工装帧制书业更趋边缘，只能是业余所爱。许多现代装帧家们便是从山德逊处得到自信，终致20世纪50年代在英国能有"设计师装帧家协会"的成立，终致如今大英图书馆中每年都能有这样一个展览，这都与山德逊所创下的愿为"业余"，甘于寂寞的精神分不开。时过境迁，现代主义艺术思潮也冲击着手工制书业，使20世纪的手制书大别于以前几百年。然而，技

图1-35

图1-36

图1-37

图1-38

巧、情趣、独特性仍是取胜的关键。

现代书籍设计艺术的发明以英国的实用设计家威廉·莫里斯为代表人物。他倡导"手工艺复兴运动"影响着书籍装帧艺术的发展。他亲自办起印刷厂，亲自进行设计艺术工作，并印刷、装订和出版了多卷精美书籍。他注重字体的设计，封面的设计也十分优雅、美观、简洁，使书籍的外表与内容和谐，精神与艺术气质统一，讲求工艺技巧，制作严谨，一丝不苟。而后，一代大师如克利、康定斯基等人都介入书籍设计艺术中，使得书籍设计受同时代艺术思潮的影响，表现主义、未来主义、达达主义、欧普艺术、超现实主义和照相现实主义等都在封面、护封及插图设计中有所体现。19世纪90年代，护封在商业经济竞争中起到了一定的促销作用，强调护封与书籍本身的内容在精神本质与艺术形式上相统一的观点至今未变（图1-37～1-42）。

图1-39

图1-40

图1-41

图1-42

18

中國高等院校

THE CHINESE UNIVERSITY

21世纪高等教育美术专业教材

The Art Material for Higher Education of Twenty First Century

CHAPTER 2

书籍开本设计
书籍的整体形态要素

把握书籍设计
整体形态结构
的功能性

第二章　把握书籍设计整体形态结构的功能性

第一节　书籍开本设计

在书籍设计之前，首先要确定书籍的开本、大小及长宽比例，开本是书籍的基本外在形态，它是机制纸与机械化印刷术出现的产物。目前我国出版物的开本比较单一，是与纸张规格大小等因素分不开的。

我国常用纸幅尺寸是787mmX1092mm（正度），850mmX1168mm（大度），进口特种纸的尺寸为700mmX1000mm等，开本的形态与尺寸，同纸张的规格有着直接的关系。这些纸幅的最大特点是能连续对折裁成对开、4开、8开、16开、32开……等开数的尺寸比例，其长宽比例均与原纸幅比例相同，如：

787mmX1092mm（正度纸）的正度16开尺寸为：130mm X184mm

850mm X1168mm（大度纸）的大度16开尺寸为：210mm X285mm

确定一本书的开本有以下几个因素：

1.使用要求

如供旅游者阅读的书籍，开本不宜过大或过宽、过厚，以便于携带和拿在手上阅读为宜。

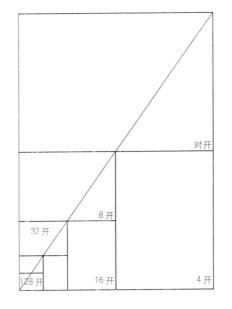

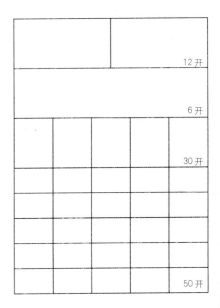

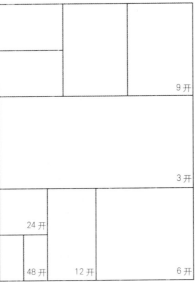

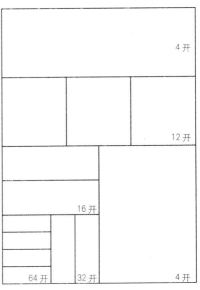

图2—1

2.比例美感

书籍是一个六面体。它包括封面、封底、书脊、外切口、上下切口，现在常用的32开本，则是根据古希腊建筑的黄金分割法比例而定，被认为比例最美的开本，至今仍是沿用最多的一种开本比例。

3.因内容而设

书籍内容是装帧设计的基点。根据内容选择恰当的开本比例，会让人第一眼感受其特有的韵味，这是书籍内涵的外化表现手段之一。如几十万字的书与几万字的书，选用的开本就应有所不同，一部中等字数的书稿，用小开本可获得浑厚、庄重的效果。反之用大开本则显得单薄，缺乏分量感。为内容字数多的书设计，除用大开本减少页数外，可保持开本大小，分成多册处理。

4.经济条件及材料的制约

一些经济实惠的书籍，开本不宜大，常适用小32开，另外如纸幅大小等材料的制约也是开本设计需要考虑的因素之一（图2-1）。

第二节　书籍的整体形态要素

现代书籍的形态要素与我国古籍线装书有所不同。以精装书的整体设计而言可分为外观部分与内页部分，前者包括函套、护封、硬封、书脊、腰带、顶头布、环衬页。后者包括扉页、目录、章节页、正文、插图页、版权页（图2-2、2-3）。

一、书籍的函套设计

书籍函套的作用是保护书籍，中国古籍多卷集为了保护与查找方便，多采

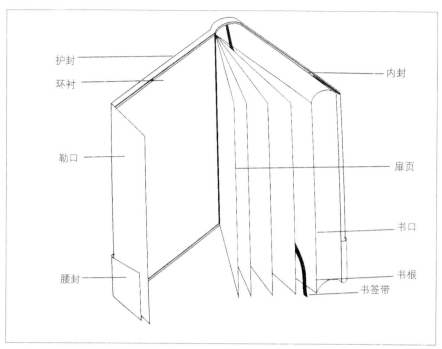

护封　内封　环衬　勒口　扉页　书口　书根　书签带　腰封

图2-2

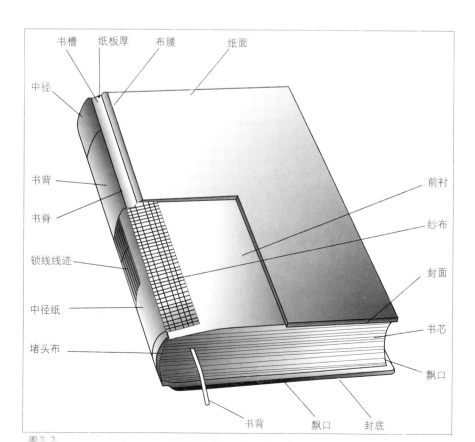

书槽　纸板厚　布腰　纸面　中径　书背　书脊　锁线线迹　中径纸　堵头布　前衬　纱布　封面　书芯　飘口　书背　飘口　封底

图2-3

图 2-4

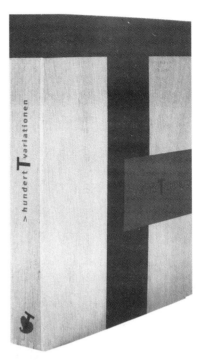

图 2-7

图 2-5

图 2-8

图 2-6

图 2-9

用木质书盒。后出现较厚纸板做材料，用丝绫或靛蓝布糊裱书套。古籍常见的如意套：设计精巧、合理、实用，收展自如，逐渐成为一些经典精装本书籍不可分割的一部分。现代新材料的介入与应用，如纸板、棉织品、动物皮革及人造革、塑料、甚至金属质感以及一般设计者想象中难以与书籍产生联系的结绳、焊接、镶嵌工艺等。用尽不同的手段去营造书籍独特的个性品位。

书籍函套设计应着重材料的选择与结构的设计：

1. 充分发挥材料质地的视觉或触觉肌理的表现力。

2. 结构的使用方便，合理和形式具有创新意识。

3. 与书籍内容协调一致。

目前图书函套用插入式书函，多出于制作简易，成本低的想法（图2-4～2-9）。

二、护封设计

护封也称护页或称外包封。它是由封面、封底、书脊和前后勒口构成。护封的封面、书脊、封底一般都是展开设计。便于在文字、图形与色彩等元素的连贯性达到前后呼应的效果，护封起广告与保护封面的作用。

前后勒口或称之"折口"，它的作用是：（1）连接内封的必要部分。（2）利用它编排作者或译者简介；同类书目或本书有关的图片以及封面说明文字，也有

空白的。勒口的尺寸一般不小于6cm，宽的可达书面宽度的2/3位置。

书脊是往往容易被忽视的位置，然而书脊在书籍装帧中是相当重要的部分。因为书籍放在书架上，脊便成"面"了。书脊分为方脊、圆脊。方脊线条清晰，现代感强。圆脊厚重、严实，经典味强。书脊设计功能要求：（1）个性明显，便于查找。（2）多卷集的书籍注重系列、统一性。（3）由书名、著、译者、出版社及相关装饰图形构成（图2-10～2-13）。

图2-10

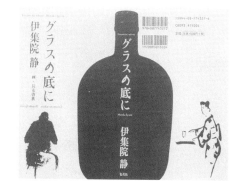

图2-12

图2-11

图2-13

三、硬封

硬封又称内封，它与护封是一种互为补充的关系，因而设计构思上采用繁简两种方法，护封设计复杂，硬封则可以设计简单一些，设计更趋于单纯和简洁，色彩与图形运用趋于符号化。常用的材料有纸面、布面或皮革面。也有书脊部分单独使用布质、皮革，其余使用纸面。制作工艺主要采用烫金、压凹凸、压暗纹手段处理。总之，硬封设计应考虑在不破坏书籍的整体风格基础上加以巧妙构思设计（图2-14～2-17）。

四、腰带

腰带放置在护封的下方，主要作用是刊印广告语，如同半个护封。它的设计主要是考虑到封面的字和画面构图，以不破坏护封主体效果为原则（图2-18）。

五、书签带及书签

装在书脊上方的一条细丝带，它是读者根据阅读需要，将它移至某页起到记忆阅读方便的作用。也有用专门设计的卡片夹在书籍中，称之为"书签"。书签与书签带作用相同。书签带用于精装书籍，书签则多用于平装书籍（图2-19、2-20）。

图 2-15

图 2-18

图 2-16

图 2-19

图 2-20

图 2-14

图 2-17

六、顶头布

用专制的布条粘在精装书书脊内上下两端，也称"脊头布"。起保护书脊作用，也有一定的装饰效果，它如同衣服的领口、袖口衬托出一种完整感。顶头布要选择与封面色调一致的纺织品（图2–21）。

图 2–21

图 2–22

七、环衬页

环衬页是指内封与书页连接的部分，衬在上面的叫上环衬，在下面的叫下环衬。平装书有时也采用上、下环衬，作用是使封面翻开不起皱折，保持封面平整。精装书的环衬主要作用是使硬封包过来的材料起装饰收口作用，环衬是连接封面（封二）与书芯的两页四面跨面纸。它也是设计者的用武之地，可以是花纹装饰，也可以图文烘托，其图纹前后环衬可完全一致，但不宜繁杂、喧宾夺主。因为环衬与扉页是互补与渐进关系，正如房子不能打开门就是卧室需要作过渡。精装书籍后加插空白页，是让阅读者逐步从封面喧闹气氛中安静下来，这才是真正为读者着想的设计（图2–22～2–26）。

图 2–23

图 2–24

图 2–25

图 2–26

八、扉页

扉页又称为书名页，是正文部分的首页。扉页基本构成元素是书名、著、译、校编、卷次及出版者。作用是使读者心理逐渐平静而进入正文阅读状态。扉页字体不宜过于繁杂而缺乏统一秩序感（图2—27）。

图 2—27

图 2—28

九、目录、章节页

目录页是给阅读者提供书籍内容索引。所以设计应突出条理清晰、便于查找的特点。

章节页是插附于书籍的章节之间，设计要注意单纯和导向性强，亦可加插小图作装饰，但须把握尺度（图2—28）。

十、正文及插图页

正文页是书籍的内容部分，读者视觉接触时间最长的部分。它设计的优劣直接影响读者的心理状态。正文页设计属版面设计范畴，主要是版心设计、字体、字号、字距、行距的选择。

插图页是书籍装帧设计的构成元素之一，离开书籍，插图便失去了意义，插图画家应时刻记住这一点。而装帧设计者也应让插图画家充分了解书籍设计的设想，以便让插图阅读真正成为书籍不可分割的一部分。插图在书籍版面设计中形式主要有独幅插图、文中插图、固定位置放图三种形式（图2—29～2—31）。

十一、版权页

版权页是一本书的出版记录及查询版本的依据。版权页应按国家规定统一项目与次序设计。版权页所放位置一般在正文之后，也可放在扉页背面。版权页关键在于项目的完整。版权页上往往置上国际标准书号、责任编辑、设计者、翻译书、原版书名、作者、出版社及出版时间、版次等。

图 2—29

图 2—30

图 2—31

中國高等院校
THE CHINESE UNIVERSITY
21世纪高等教育美术专业教材
The Art Material for Higher Education of Twenty-first Century

CHAPTER 3

书籍形态的概念
书籍形态的发展与演变
书籍形态的整体对比和谐之美

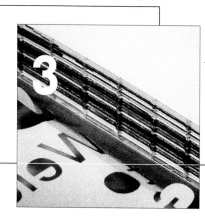

书籍形态之美

第三章　书籍形态之美

第一节　书籍形态的概念

形态是设计学科中一个很重要的概念，它包含两方面内容——"形"与"态"，"形"指的是事物的形式、形状；"态"指的是事物的状态、态势。其中，"形"是"态"的形成基础，"态"是"形"最终要达成的结果，"态"是在"形"的基础上，通过对"形"的感知而生成的感观状态或内容体验。简单地说，形态就是由形所生成的感观状态或内容体验。在我们的周围，形态无处不在，世界就是由各种形态所构成的，自然形态中的山水花草，人工形态中的用品工具，几何形态的冷静理性，有机形态的活脱感性，抽象形态的玄妙模糊，具象形态的清晰明确。书籍作为传承人类文明和信息的载体，是一种人工形态，在千百年的历史流变的过程中，已形成了自身独特的形态美，凡此种种举不胜举（图3-1、3-2）。

图3-1

图3-2

第二节　书籍形态的发展与演变

我国书籍形态经历了甲骨文、青铜铭文、简策、帛书、卷轴装、旋风装、经折装、蝴蝶装、包背装、线装、平（精）装等形态的演变。到现代，平装、精装书已成为最普遍的书籍形态。中国的书籍形态到了现代之所以会选择平装、精装，这与社会的发展、科学技术的进步、西方文化的东渐等因素有关。辛亥革命之后，中国的封建王朝被推翻，这一划时代的社会变革，把当时的中国出版业推向新的发展纪元，西方现代印刷技术的传入，逐步替代了我国传统的印刷术，使书籍生产的工艺也随之发生剧变，同时西方各种文化思想也冲击着从封建统治下走出来的中国，这一切都使得书籍的形态发生着深刻变革。于是，深受西方书籍形态影响的平装、精装书便在中国诞生了。这两种形态的书籍也是现当代人心目中的书籍常态。现代工业为基础的印刷与装订工艺给装帧设计者带来了更大的发展空间。科技水平在一定程度上左右着装帧的面貌。书的结构和形态的演变，展示了人类智慧的足迹（图3-3、3-4）。

图 3—3

图 3—5

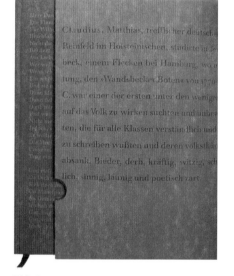

图 3—4

图 3—6

第三节　书籍形态的整体之美

　　"整体性"是书籍设计最重要的特点之一。书籍设计是一项综合的系统工程，在课程衔接上它涵盖大学阶段的三大构成、字体设计、图形创意、编排、印刷工艺等专业课程；在知识储备上它至少涉及艺术学、设计学、文学、工学、材料学、信息学、出版学等学科领域；在成书过程

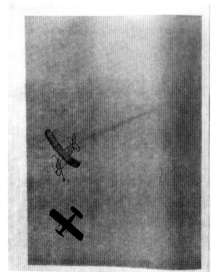

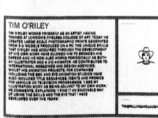

图 3—7

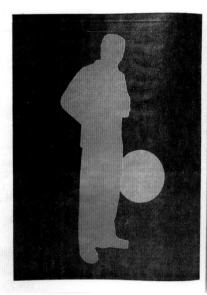

图 3-8

图 3-9

中又凝聚着著作者、出版者、编辑、设计者、印刷装订者等多方面人才的智慧和汗水；此外，书籍独特的结构特点、商品性与文化性共存的特色，以及由它们所决定的复杂的设计内容更使得书籍设计"包罗万象"。正是这种"综合性"、"系统性"决定了书籍设计的"整体性"，从而也使得"整体性"成为检验书籍设计优良与否的试金石（图 3-5～3-9）。

一、形神兼备的书籍形态整体之美

"形神兼备"是书籍形态的整体之美的最终要求，也是贯穿书籍设计始终的基本要求，所谓"形"即书籍的结构形态，所谓"神"即书籍原稿的精神内涵。"形"和"神"之间，"形"为"神"服务，围绕"神"创造理想的书籍形态；"神"是"形"的灵魂，离开"形"，"神"无处依托。"形"与"神"和谐发展，使书籍成为既有肉体又有灵魂的生命体，才能形成书籍形态的整体之美，"形"与"神"若脱节甚至相背，就无法形成完整的书籍形态，更不可能有"整体之美"。

众所周知，书籍设计最重要的功能就是以最恰当的书籍形态来表现书籍原稿内容的精神内涵。书籍原稿内容的精神内涵就是书籍的灵魂，它像指挥棒一样，指挥着参与书籍设计的人员的全部工作，也决定着书籍形态各构成要素的取舍与形式构成。好的设计人员会恰当地把握这根指挥棒，就像优秀的指挥家一样，综合各种优美的旋律使书籍以完整和谐的形态表现原稿的精神内涵，达到形与神的完美结合；经验不足的设计人员则常常顾此失彼，形神背离，有的虽有鳞光片羽似的亮点，但却因与整体不协调，反而破坏了书籍整体的美感。因此吃透书籍原稿，提炼和把握原稿的精神内涵，同时确定准确表现这一精神内涵的形式要素，使"形"与"神"完美结合，达到"形神兼备"的效果，书籍形态的整体之美才会大放光彩。

二、书籍各构成要素交相呼应的书籍形态整体之美

书籍构成要素包括文字、图形、色彩、肌理、留白、书籍页面、书籍外结构，只有了解清楚书籍各构成要素的内容和关系，使其交相呼应，共同表达书籍原稿的精神内涵，才能使书籍的整体之美得到充分的表现。

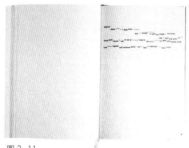

图3—10

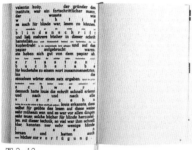

图3—11

图3—12

图3—13

图3—14

1．文字

在书籍设计中，文字是构成书籍的最基本的要素之一。字体的大小、风格、组合形式等方面都会影响书籍的整体之美。一般来说，一本书的内容用哪几种字体，多大的字号，不同字体间采用什么样的组合方式等，都是由书籍原稿的精神内涵决定的。在确定一本书将要选用的字体、字号和组合形式后，成熟的设计师会将之贯穿于整本书的始终，不会随意变化，从而使书籍显得很整体；而初学者却容易忽视这些方面，不是找不准最贴切书籍原稿精神内涵的字体、字号，就是唯感觉适从，随意往版面上堆放各种性状相背离的文体、字号，造成花、乱、杂等无序状况，从而也就影响到书籍的整体面貌，更有甚者，让人造成视觉疲劳，注意力涣散，无法阅读。另外在正式出版物中，字体的选择也应注意其识别性，字体过于花哨、复杂会影响信息的有效传达（故意追求杂乱花哨风格的书籍除外）。在采用汉字书法和英文手写体设计书籍时，应慎重对待，否则还是请书法高手或借用书法字典为好，把握不好，字体设计会给人一种潦草的感觉。在一般情况下，字距一定要小于行距，行距要适中，行距太小，整篇字有透不过气的压抑感，行距太大，则松松散散，缺乏整体感（追求特殊效果书籍除外）。另外，在文字排列方面，为了阅读流畅，一般为左齐、右齐、居中三种，除非设计上要特殊的排列。太小的文字不可用粗黑体、琥珀体等笔画很粗的字体，否则会结成块而影响辨识。笔画很细的字体不宜加投影及汉字处理，否则字形会因受干扰而不易辨认（图3—10～3—14）。

2．图形

在书籍设计中图形是最有吸引力的设计元素。当图形与普通的文字处在同一页面时，人们往往会先注意图形，因此，书籍设计能否打动人心，图形是至关重要的。在这里，图形泛指书籍版面上的图片、图表、元素形状。图形是有风格有性状的，对图形的处理、编排也是有风格有性状的，这种风格、性状只有与书籍原稿的风格、性状吻合，才能有助于书籍整体之美的生成，否则会起到反作用（图3—15）。

图3—15

3．色彩

色彩是最有诱惑力的元素。在设计书籍时，如果色彩用的整体到位，就会在第一时间生成书籍的整体美感，同时俘获读者的心。色彩在营造氛围表达情感上有着得天独厚的优势，火辣的红色，忧郁的灰色，冷静的蓝色，不同的色彩会给人不同的感观，设计者应注意色彩所表现的不同氛围、情感及其对人的心理反应潜力。对书籍的主题又没有把握到位，

图 3—16

图 3—17

图 3—18

的肌理，比如纸张、布料、木料的肌理。此外，通过印刷、裁切工艺产生的肌理同样也很有吸引力。而版面中图形本身的肌理效果对书籍整体之美的把握也是有影响的。肌理效果符合书籍原稿的精神内涵就会有助于书籍整体之美，否则就会破坏这种美感。产生肌理效果有很多方式，下面简要介绍几种：(1) 采用描绘手法产生的肌理——用铅笔、钢笔、毛笔、蜡笔、粉笔、喷笔、油画刀等绘画工具，在纸张、布料、木料等不同材料上描绘获得的肌理；(2) 采用拍摄手法记录的肌理——用相机拍摄事物本身具有的肌理，例如干涸的土地、皱巴巴的老橘皮、蓬松的雪花等；(3) 采用拓印手法产生的肌理——将纸张等材料附在拓印对象上，用铅笔、笔刷等工具进行拓印；(4) 采用压印手法产生的肌理——通过压力使事物表面肌理得以呈现，如指纹、脚印、车辙等；(5) 采用剪贴手法产生的肌理——将适合剪贴的各种材料、图形，通过剪贴组合而成；(6) 采用电脑创造的肌理——电脑可以产生许多肌

图 3—19

不知道用什么样或哪几种色彩能最好地表现原稿的精神内涵，同时又不懂处理运用色彩的常规，那么就很难利用色彩营造书籍的整体之美了。初学者最苦恼的是找不到最能表现原稿的精神内涵的色彩，常常不知其然地将一些很纯、很浓烈的颜色用到不符合这些性状的书籍中，这样一来，很容易造成图书内在精神与视觉感观的不和谐（图 3—16～3—18）。

4．肌理

肌理指的是形象表面的纹理。它能体现事物的质感、属性，同时在视觉、触觉、心理等感官上引起共鸣。在书籍设计中，肌理给人最直观的印象就是书籍用材

理效果，但在书籍设计中这种肌理效果要适当地运用（图3-19）。

5.留白

留白是书籍设计中一个非常重要的内容，文字、图形、色彩、肌理等内容因为有丰富的形象往往很容易引起人们的注意，留白由于其空无的本性使得它很容易被人忽视。实际上，正如老子所说："天下万物生于有，有生于无"一样，因为有了留白，文字、图形、色彩、肌理等实体元素才能得以生成和显现，留白是关系书籍形态生成的最重要的要素。同时，留白对于书籍整体之美的影响也是至关重要的，书籍原稿的精神内涵决定了留白的形式、多少，留白的处理方式又会反过来影响原稿的精神内涵的表现和书籍整体面貌，一般来说书籍其留白处理方式也是贯穿整本书的始终的，而不会随意任性地变化。同时留白也成为辨别书籍种类、风格的测试剂，诗歌、画册之类书籍其留白相对较多，而辞书、工具类书籍由于其内容的丰富性其留白相对较少（图3-20、3-21）。

6.书籍页面

页面是书籍内结构的基本构成单位，页面的叠加堆积便形成了书籍的体量。页面又是文字、图形、色彩、肌理、留白等内容的表现平台，有了这个平台它们才会有所作为。在常规的书籍设计中，书籍页面的搭配形成了一套约定俗成的方案即——按封面（封底）、环衬、扉页、版权页、赠谢（题词、感谢页）、目录页、序言（按语）、正文页、索引（附录）页的顺序安排页面内容的构成，其中版权页可放在扉页之后，也可放在书籍最后的页面上，正文页部分因书籍原稿内容的

图3-20

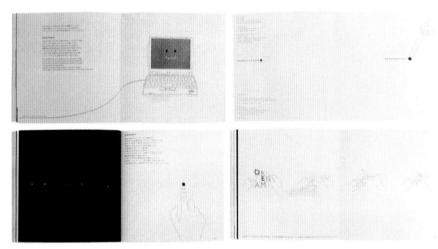

图3-21

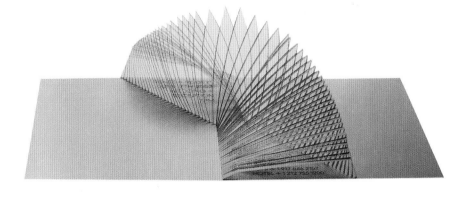

图3-22

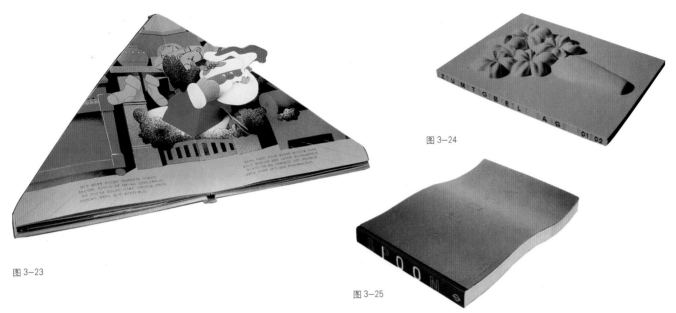

图 3-23

图 3-24

图 3-25

丰富性，而呈现复杂的局面。页面之间的组织，应在满足起码的功能职责的基础上协调发展，达到组织有序，页面之间的过渡自然，联系紧密，浑然一体的效果，才能有效地表现书籍的整体之美。如果各页面都过于强调个性，为了追求视觉效果片面放大各自的功能特性，不注意共性和整体效果，必然导致页面之间互相冲突对立，就像大杂烩一样，破坏了整体的和谐。同时页面的形状、大小、性状也应该是相对统一的，这样才有力于形成整体的形象（当然一些刻意追求与众不同的设计效果，故意杂糅各种形态页面的书籍不属此探讨范围）。此外，页面与页面之间在翻阅的时候会形成三维空间，通常情况下人们容易忽视它。实际上，这种空间是可以利用的，通过它不仅可以更紧密地联系页面之间的关系，而且可以创造更有趣的书籍内结构形态，从而使书籍形态的整体之美得到更充分的演绎（图3-22、3-23）。

7．书籍外结构

书籍外结构即书籍的未被翻阅时呈现出来的外观，它一般包括：护封、前后勒口、腰带、函套（书盒）等设计，还会涉及印刷、材料、装订工艺等方面。在通常情况下，为了适应机械大批量生产的需要，书籍的外结构都被设计成六面立方体的形式。现在由于科学技术水平的进步，书籍外结构的多样性逐步得到发展。

书籍内外结构交相呼应，是确保书籍形态整体之美生成的基础，它们彼此不可或缺，互为伯仲。只有对书籍的内外结构进行整体的全面系统的考虑、设计，才能创造出表里如一，内外浑成的优秀书籍（图3-24、3-25）。

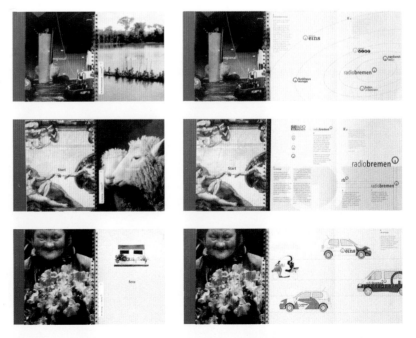

图 3-26

34

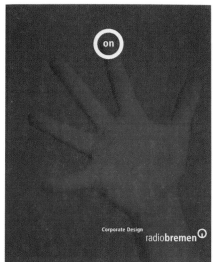
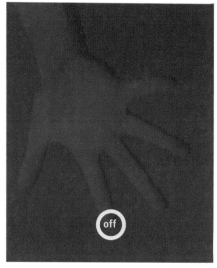

图 3-27

三、各种感官综合的书籍形态整体之美

书籍的内容信息最终通过各种感官融合于心，读者便形成了对书籍的一定印象和认知。这其中主要包括：视觉、触觉、嗅觉、听觉等感官。

1. 视觉

视觉是人们对书籍的感官。书籍中的文字、图形、色彩、留白、页面关系、视觉流程、书籍外观、印刷工艺、材料、装订工艺等都会从视觉感官上对读者产生影响。这些内容的视觉感官应该统一在书籍原稿的精神内涵的总指挥下，相互协调，共同作用，将完整的书籍形态整体之美呈现在读者面前（图 3-26、3-27）。

2. 触觉

触觉是书籍给人的又一重要感官，也是常规书籍区别于电子书的一个重要标志。书籍是可拿可放可触可翻的实体物，而不是闪现在视频上的虚拟物。它真实可靠，耐人寻味。手与书之间在相触的一刹那便开始相互交流。设计优良的书在读者手指的摩挲下，会焕发出温存贴心、亲切感人的本性，让人爱不释手，甚至像古玩一样成为人们欣赏把玩的宝贝；而设计水平低劣的书，则会破坏读者伸手去拿书的冲动。书籍的翻动、用材、形态结构、体量、印刷装订的工艺等都会产生相应的触觉感受。中国古代传统的蝴蝶装、包背装、线装书，由于用材大都是质地非常轻盈的植物纤维纸张，书籍体量也较适度，使得整本书的重量非常轻，捧在手上感觉特别轻巧体贴，宛如服帖的绸缎睡在手中。在翻阅的时候得小心翼翼，以免损伤页面或是破坏了这种虔诚读书的感觉，这种书籍的触感与中国传统文化那种温雅的气韵不谋而合。现在很多书籍受西方传统书籍形态的影响，所选材料无论质地还是重量都较中国古书厚实沉重，其体量形态也喜欢追捧大体量，使得大部分书籍都过于沉重，用"砖块"来形容一点不为过，这必然给人们的阅读带来麻烦。很多书已经不能像从前那样随心所欲地捧在手中，只能是老老实实地放在桌面上看，这样看来，一本容积非常大的书似乎最大限度地利用了资源，节省了成本，但这一切是以牺牲人和书的亲密关系为代价的，不知是否值得。故此我们可以看出触觉感受对于书籍来说是多么的重要。当然，书籍的触感应与书籍整体风格相一致，这样才能创造更整体完美的书籍（图 3-28、3-29）。

图 3-28

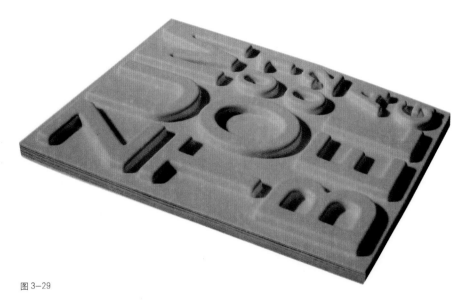

图 3—29

3．嗅觉

嗅觉主要体现在书籍用材所特有的气味、印刷油墨的气味、人为附加的气味上。嗅觉在书籍设计中往往作为不多，但并不是无可作为，只要符合书籍原稿的精神内涵，独特的书籍气味也许会给人带来与众不同的惊喜。

4．听觉

听觉主要体现在页面的翻阅之中。对这一感官的设计相对比较薄弱，但却是书籍设计可以突破的方向。特别在这样一个资讯越来越发达、媒体竞争越来越激烈的今天，如何将声音与常规书籍的设计相结合，应该是值得思索的问题。

第四节　书籍形态的对比和谐之美

对比和谐是书籍设计最鲜明的特色之一，由其生成的美感也是书籍形态之美最重要的内容之一，这是设计的形式美规律决定的，也是书籍本身的特点决定的。对比是把两种不同的事物或情形作对照，相互比较，互相衬托，从而使各自的特征更加突出。对比在日常生活中随处可见，例如个子的高矮对比，体形的胖瘦对比。在设计中对比也经常被运用，例如线条的曲直对比，曲线在直线的对比衬托下显得更圆滑、流畅、柔情、活力、律动而有弹性；直线在曲线的对比衬托下则显得更阳刚、坚定、挺拔、严峻、冷静而直率。和谐与对比相反，对比是把形状、大小、位置、方向、色彩、肌理等造型诸要素中的差异性表现出来，突出各自的特征，强调差异性；和谐则把对比的各部分有机地结合在一起，使其互相呼应、调和，共同作用，达到最终完整统一，有生动有趣的和谐效果。对比中不能没有和谐，过分强调对比，容易造成生硬僵化脱节的效果；对比中不能没有和谐，过分强调和谐会抹杀个性，造成平淡无奇没有生气的效果，两者相互依存，协调发展，才能创造理想的书籍形态。书籍形态的对比和谐之美至少包含：书籍版创设的对比和谐之美，动静结合的对比和谐之美，虚实相济的对比和谐之美，感性与

理性兼容的对比和谐之美等内容。

一、书籍版面创设的对比和谐之美

书籍设计相对于其他平面设计门类的一个重要的特色在于：在翻开的书籍中，其版面是一个呈对称形式的版面。左右两个版面各有其独立性，又共融在一个大环境中，若干个这样相连的版面堆积叠加便形成了书籍的大致体量。恰当地利用书籍版面的这一特点，可以营造出非常丰富有趣的对比和谐之美。

书籍版面中的对比和谐之美涉及书籍版面中文字（图形）的形式性状、风格、色彩、数量、肌理、位置、留白、方向等方面的对比和谐。如何把握这些内容的对比和谐是书籍形态美创设的关键之一（图 3—30）。

二、动静结合的对比和谐之美

书籍形态的独特之处还在于它所具有的动态美感和静态美感的对比和谐。书籍的动态美感体现在：书籍视觉流程的流动性；书籍结构所导致的空间体量的生成变化上；书籍成书工艺所营造的动态美感；书籍版面各元素互相呼应所形成的互动效果；书籍版面各元素所具有的动感性状。书籍的静态美感体现在书籍版面上严谨系统的排版表现出的静态美感和安静的阅读氛围；书籍版面各元素互相呼应所形成的静态效果；书籍版面各元素所具有的静态性状。"动静结合"是中国传统的形式美法则，更是生成书籍形态之美的法宝，二者相得益彰定能创造出理想的书籍（图 3—31、3—32）。

图 3—30

图 3—31

图 3—32

三、虚实相生的对比和谐之美

"虚实相生"是我国古代美学的传统法则，也是经常使用于书籍设计中的一条重要的设计原则。这条原则运用得好，就能营造出恰到好处的对比和谐之美，我国清初画家笪重光的名言："虚实相生，无画处皆成妙境。"即是对这种效果最好表达。书籍中的"虚实相生"主要体现在各种要素在书籍形态空间内相互对比协调，例如用材上，透明与不透明的纸张的

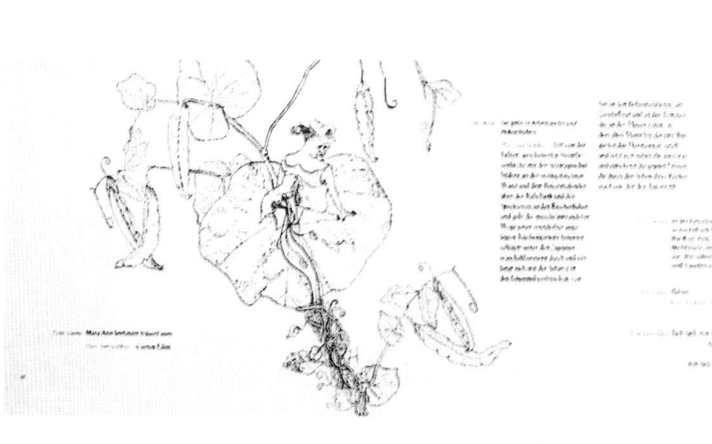

图 3—33

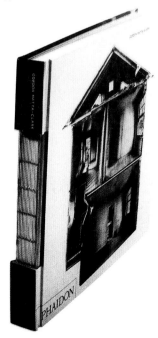

图 3—34

图 3-35

图 3-36

图 3-37

穿插; 印刷工艺上, 凹凸压印部分与未压印部分的对比调和; 版面构成上, 留白部分与印刷实体部分的虚实互补; 空间形态上, 实体空间与镂空的虚空间的呼应等 (图 3-33~3-36)。

四、感性与理性结合的对比和谐之美

书籍形态的对比和谐之美还体现在感性与理性相结合上。书籍形态是人们感性情感和理性智慧凝结的精华, 缺少其中任何一方面都不完整。感性情感和理性智慧看起来是矛盾的是对立的, 但事实上, 处理好两者的关系却可以生成出十分精彩的对比和谐之美。书籍设计离不开感性情感, 书籍原稿内容经过设计者的解读, 会引发设计者诸多的感性联想和情感的生成, 这是书籍创意的基础。如果设计者对原稿内容没感觉, 无法激起其内在的情感和想象, 那么创造符合原稿精神内涵的书籍形态恐怕就会成为空谈。同时, 书籍设计也离不开理性智慧。书籍设计是对信息进行再加工和传递, 这就决定了信息传递的系统性和秩序性, 而如何将错综复杂的信息按照合理的秩序传递给读者是设计者必须解决的问题。光有震撼人心的形象是不够的, 书籍不仅仅只是创设画面, 如何巧妙地传达表现也很重要。感性情感与理性智慧就是在这种既对立又共存的情况下生成出书籍形态的对比和谐之美。优秀的设计者正是恰当地处理了感性情感与理性智慧的关系, 而使书籍设计获得成功 (图 3-37)。

中國高等院校

THE CHINESE UNIVERSITY

21世纪高等教育美术专业教材

The Art Material for Higher Education of Twenty-first Century

CHAPTER 4

书籍设计的过程
书籍设计教学
学生作品欣赏

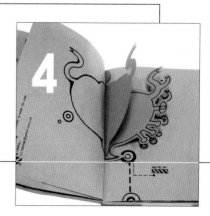

教学 探索
创意 求新

第四章　教学探索　创意求新

第一节　书籍设计的过程

书籍设计是一项系统综合的工程，从选题、阅读原稿、到构思、到草图、到设计方案，再到最终的成品的诞生，每一步都充满智慧和汗水。

一、选题

选题是书籍装帧的第一步，在出版社，选题的工作大多已由编辑们完成，但在教学活动中，选题由学生自主完成的。它意味着由学生根据自己的情况，在教师所确定的大致范围中选择书籍装帧的命题。这样一来，学生的积极性和自主性会得到很大提高，但同时也会导致与正式出版物的受限性相背的情况，一般情况下，正式出版物的设计，设计者不可能根据自己的喜好选择，只能根据对象来培养感情，再进行设计。因此在策划选题的时候，教师应适时引导，既要使学生掌握一般的选题技巧，又要培养学生开阔的视野，使他们不会因设计的受限性而产生疑惑。

二、阅读原稿阶段

原稿是书籍设计服务的对象，一本书设计成什么样一般都是由原稿的内容决定的。书籍设计不是设计者个人情感、才气的随意宣泄，它必须忠实于原稿，依据原稿来创造。仅仅根据原稿来设计是不够的，好的书籍设计还应该在充分演绎原稿内容、精神内涵、风格的同时，使原稿增值，使看似平平常常的书籍原稿经过设计者一番设计加工，成为由内而外都渗透着令人赏心悦目的魅力。如果说原稿是一块还未加工的璞玉，那么设计者的工作就是琢玉成器。而这一切都是以理解、吃透原稿内容为出发点的。

三、构思阶段

构思阶段是在理解、吃透原稿内容的基础上，在脑海中构思整本书的大致形态，这是文字内容的视觉化构想阶段，此时，有很多内容需要考虑、分析和选择。首先应找准与书籍主题思想、精神特质、风格相对应的视觉化的基调，比如说如果原稿内容是当代网络爱情小说，那么在构思的时候就得针对这本书所反映的时代特点——当代、体例特点——网络爱情小说、作者文笔的特色（幽默还是浪漫，深沉还是梦幻）、情节构成方式等方面作综合的考虑，最终形成对其视觉化表达的大体印象。而印刷、装订、裁切等成书工艺，书籍体量、材料、开本形式等最好也在此阶段有所构想。此外，书籍将要面对的读者群，设计者也应作相应的考虑，以便书籍的设计更有针对性。

四、草图阶段

草图就是用笔将心中的构思大致勾勒出来。这样既有利于捕捉头脑中稍纵即逝的灵感，也有利于设计者对构思的系统化、条理化。一般说来，草图做得精致些会更有利于后续工作的展开，同时也有利于更充分地发挥展现创意。

五、设计方案阶段

设计方案是在草图的基础上通过电脑将草图要表现的视觉效果直观地展现出来，这一阶段工作任务繁重，要求精细，是书籍最终出样前的成品方案。它将解决书籍印刷前的所有视觉形式的表现，比如：色彩、图形、文字、编排形式、开本大小、留白等内容的具体形象，是书籍设计成败的关键一步。

六、成品阶段

成品阶段主要是在输出公司和印刷厂完成的，但并不意味着设计者无事可做，相反这一步也是十分重要的。设计者应根据设计的需要对出片、印刷、裁切、装订等工序密切关注，以便最终完成理想的书籍形态，稍有疏忽都会直接影响到书籍的品质。同时，这一阶段必须作好与各工序师傅的沟通和配合，因为很多效果并不是设计者想得到就一定做得到。

第二节　书籍设计教学

书籍设计教学可分为：传统书设计和概念书设计两种。

一、传统书设计

传统书设计在教学中主要指的是适合机械批量生产的精（平）装书的设计。本书主要对此进行了探讨，在此不做赘述。值得一提的是，这一类书籍设计在教学中，学生往往容易满足于电脑的方便快捷，而忽视对材料、印刷、装订等方面的探求，同时学生对版面形式的组织也容易出问题，不是版面设计得过于花哨，脱离书籍内容本身的要求；就是版面之间互相脱节，使一本书的形态支离破碎；要么因为担心达不到好的效果，干脆简化设计，从而使版面过于贫乏单调，提不起读者的兴趣，也使书籍显得单薄无味；还有的对设计书籍的综合性把握不到位，常常顾此失彼，注意了排版却耽搁了书籍的造型创意，有了好的书籍外形又无法兼顾材料、印刷（打印）等的选择，凡此种种现象，都值得重视。

以《版画系毕业作品集》这本书为例（图4-1），它体现版画系较强专业构成特色为主创意，书籍护封（封面、封底）的图形由木版、石版、丝网版、铜版画等版种的印面效果组成，着重表现出不同版种画面肌理以及版画"版"、"印"的特色。色彩以版画独有的黑白强烈对比的语言为基调，中间大块黑白图形为木版纹理，四边则分别穿插了铜版画、石版画及丝网版画的印痕。不同版种画面效果的表现，封面图形所采用的压凹凸工艺，概括出版画系基本的构成内容即由木版、铜版、石版、丝网版、书籍装帧等专业组成的特点。有意采用铅笔手写效果作为封面文字，也是为了与版画作品印制完成后用铅笔记录画题张数、签名的形式一致。而这一切又使这本书护封的版面构成了一张完整版画印制完成效果，从而更突出了这本书的"版画专业"特色。

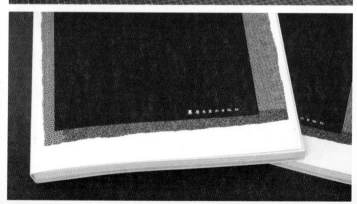
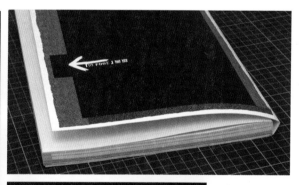

图4-1　书籍设计：肖勇

图 4-5 版式设计：肖勇

图 4-2 版式设计：肖勇

《作品集》（图 4-2～4-5）的扉页、目录页、章节页也采用封面图形作为设计的主要构成元素，以增强整本画册的整体性及前后呼应的效果。内页版面则采用网格系统版式，网格系统的特点是严谨有条理，采用这种方式主要是为了使作品的编排显得规整有序，方便读者的欣赏阅读。

书籍的形态方面采用四折页方式使封面、封底打开后形成长条形宽阔感，对折后也可增加书籍封面、封底的厚度感。这样一来，书籍不仅在造型上会更加独特，而且书卷气也会更加浓厚。

由上分析，我们可以看出，一件好的传统书作品应具有与书的内容相一致的创意构思，恰当的形态表现，优良的可读性，同时符合批量印刷生产及后期工艺制作的经济性和合理性。

二、概念书设计

1.概念书的定义

在我国，现阶段概念书设计主要限于大学院校的实验及探索性的教学活动中，很多优秀的作品并没面对大众，走向市场。究其原因主要是受到技术、成本等条件的束缚，大多数的概念书是手工制

图 4-3 版式设计：肖勇

图 4-4 版式设计：肖勇

作，不能批量生产，其中优秀的作品也是艺术品，读者群有限（多为艺术家、书籍爱好者、收藏家）。虽然现阶段我国概念书的市场不太理想，但它对书籍设计自身发展创新，对学生思维的锻炼、创意及动手能力的提高，综合素质的培养是大有裨益的，因此多年来，"概念书"设计一直是广州美术学院书籍装帧教学的传统内容。随着各方面对"概念书"理解和认识度的提高，相信"概念书"设计会发展得越来越好。

图4-6

何为"概念书"，在教学中，"概念书"设计意味着对人们司空见惯的书籍形态进行大胆的创新，创造出既有书籍本质特征，又与众不同，有新意的书籍。具体的说，"概念书"设计就是表达某种概念，保留住传统书籍的本质特征，创造出形意完美融合、新形态的书籍（图4-6、4-7）。

图4-7

（1）表达某种概念

在这里，概念与思想、观念、理念相通，概念书的一个基本要求就是通过一定意义上的书的形式表达某种思想观念，这也是概念书之所以称为概念书的一个重要原因。概念涉及的范围很广，一般说来可划分为两大范围：一是围绕书籍概念本身，二是书籍概念之外，其他的思想、观念、理念。就第一个范围而言，概念书着重书籍概念本身的探讨，如对千百年来积累下来的书的形态及其某一部分的思索，它包括对各种传统的书籍形态结构特点、文字、图形、色彩、肌理、留白、书籍页面、书籍的视觉流程、书的结构、书的体量、开本等方面内容的继承和创新；对成书工艺（印刷、材料、装订）的表现和探索；对书的隐含义、象征义的思考；对书籍功能的延伸和创造等内容。就第二个范

围而言，概念书着重于借鉴和利用一定意义上的书籍的某些形态和特点，来表现某种想法、观念，从而创造出新的书籍形态。这两者并不是截然分开的。某些时候，设计者可以将它们统一，创造出既在书籍概念本身有所创新，又表达了一定深度的观念的作品。从"概念"这个意义而言，"概念书"的设计跟装置艺术、观念艺术都有一定的内在联系。

（2）保留住传统书籍的本质特征

传统书籍的本质特征是什么？众所周知，书籍为交流、传承信息而生，几千年来，在人类文明的发展进程中，书籍的形态随着社会和科技的进步不断变化，唯一不变的是传递信息这个基本的功能。

同时这种传递依赖于一定的实体媒介，从最初的结绳记事中用的绳子，甲骨文中用到的龟甲兽骨，钟鼎铭文依赖的青铜器；到竹简中用到的竹子、木牍，帛书中用到的绸缎；再到后来造纸术的发明成熟，纸张的普及使后来的卷轴装、蝴蝶装、包背装、线装、平装、精装书大多都用纸张作为传达信息的媒介，如此丰富的装帧形态无一例外地都选择了实体媒介作为传递信息的载体。因此可以明确，传统书籍的本质特征中应该还包括依赖一定的实体媒介传递信息这一内容。这样一来，网络时代来到后，在网络上出现的电子书籍就不在我们这里探讨的概念书之内了，因为它虽然也传递信息，但其

依赖的媒介是虚拟的网络，不属于实体媒介范畴，不属于本章探讨的范围，故将其排除在外。综上所述，传统书籍的本质特征是依赖于一定的实体媒介传递信息的实体物。需要说明的是：信息是传统书籍传递的主体内容，一般来说是一系列文字、色彩、图形等形式符号的综合，是一定思想、观念的表现；但在概念书的范畴里，信息可以是实体媒介本身，不需要依附文字、图形等视觉符号，这样一来，概念书的形态就容易与雕塑、产品之类发生混淆（有的时候概念书就是传统书与雕塑、产品的结合）。因此，在设计概念书时尽可能考虑借鉴和研发传统书籍形态特点，以免脱离书籍这个范畴。

（3）创造出形意完美融合、新形态的书籍

形意完美结合，是设计作品优劣的评价标准，也是设计者努力追求的目标。对于概念书设计而言，这一点也很重要。我们不能为追求"概念"而忽视形的意义，也不能为追求"形"的奇特而不顾概念的要求。新形态是形意完美融合的基础上结出的果实，也是概念书设计的终极目的。概念书设计是对学生创意思维、能力、设计素养、才华的综合锻炼与表现，求新求变是它的宗旨，因此创造出形意完美融合、新形态的书籍，也是概念书设计的一个重要的评价标准。

综上所述，凡是综合了以上三点内容要求的书籍，就是本章所探讨的概念书。

2.概念书设计实例赏析

《快餐时代》概念书设计分析

概念书《快餐时代》(图4-8~4-13)力图以带有装置艺术性质的系列概念书

形态，反映设计者对当下中国"快餐化"的社会现象的感受和思考，同时希望这些精心调制出的"文化快餐"通过"售卖"（展示）的方式能引起人们对这个时代的关注。这里的"快餐"不是真正意义上的快餐，而是一种隐喻和暗示。灵感主要来源于日常生活中司空见惯的各式快餐，最开始发觉快餐盒这种形式可以与书籍的形态发生联系，后来又觉得这不起眼的快餐盒可以是一个时代的象征，而这个时代很多有"快餐"特色的事物和现象又特别引人注目，于是便决定以"快餐时代"为主题，做一套带有装置艺术性质的概念书。显然，"快餐"是整套书的核心概念和灵魂，所有的工作都围绕它展开，包括书籍文字内容的采集整编（文稿内

容主要包括：生活快餐、语言快餐、情感快餐、视觉快餐、网络快餐等内容，文字风格尽量轻松愉悦、直爽朴实，体现"快餐"风格）；内容和形式风格的定位；整套概念书的形态结构特征；色彩、字体、字号、图形、版式等版面构成的设计元素的选择与设计；材料、装订、打印等成书工艺的确定；成套系列概念书的体量大小的安排、制作；以及最终的展示效果、方式的构想等方面。为了丰富书籍的表现力，还就相应的内容绘制了插图，并设计了此套概念书的海报，以求全方面的表现主题（内页版式：图4-14~4-19，海报：图4-20~4-24，最终效果：图4-25~4-27）。

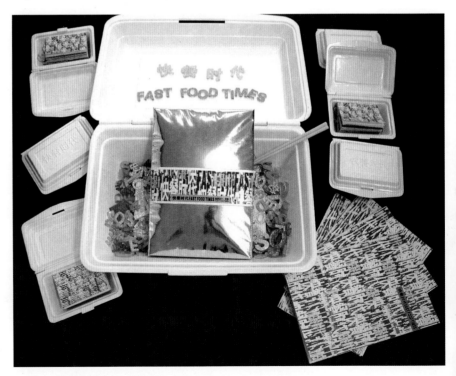

图4-8 《快餐时代》设计：肖静

图 4-9 《快餐时代》设计：肖静

图 4-11 《快餐时代》设计：肖静

图 4-10 《快餐时代》设计：肖静

图 4-12 《快餐时代》设计：肖静

图 4-13 《快餐时代》设计：肖静

图4-14 《快餐时代》内文版式设计 肖静

图4-17 《快餐时代》内文版式设计 肖静

图4-15 《快餐时代》内文版式设计 肖静

图4-18 《快餐时代》内文版式设计 肖静

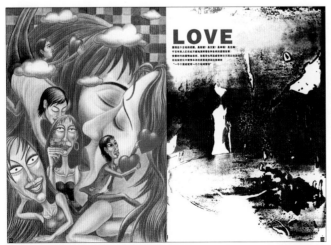

图4-16 《快餐时代》内文版式设计 肖静

图4-19 《快餐时代》内文版式设计 肖静

图4-20 《快餐时代》系列海报设计 肖静

图4-21 《快餐时代》系列海报设计 肖静

图4-22 《快餐时代》系列海报设计 肖静

图4-23 《快餐时代》系列海报设计 肖静

图4-24 《快餐时代》系列海报设计 肖静

图4-25 《快餐时代》设计：肖静

图4-27 《快餐时代》设计：肖静

图4-26 《快餐时代》设计：肖静

第三节　学生作品欣赏

概念书设计是锻炼学生创意思维能力，激发学生与时俱进、求新求变精神，培养学生动手能力、综合素质的最好方式之一，也是一项实验性、探索性很强的课程。教学中应多鼓励、引导学生，循序渐进，因材施教。在多年的教学实践中，涌现出了许多优秀的作品。这些书中，学生们根据自己确定的主题概念，有的在书籍外形结构上大胆创新（图4-28）；有的在书籍材料上独辟蹊径（图4-29～4-35）；有的在页面结构上大做文章（图4-36、4-37）；有的利用剪、烧、绣、拼贴、涂鸦、绘画等各种方式表现主题（图4-38～4-41）；有的在书籍概念或其所辐射的范畴，如：文化艺术、人类文明、印刷科技、信息社会、文字、图形等范畴上，创造出有一定深度的概念书（图4-42～4-44）。

图4-28 《书的海洋》林菲菲　这件作品造型独特优美，色彩鲜艳响亮，视觉效果震撼，既是一本成功的概念书，又是一件颇有玩味的艺术品。

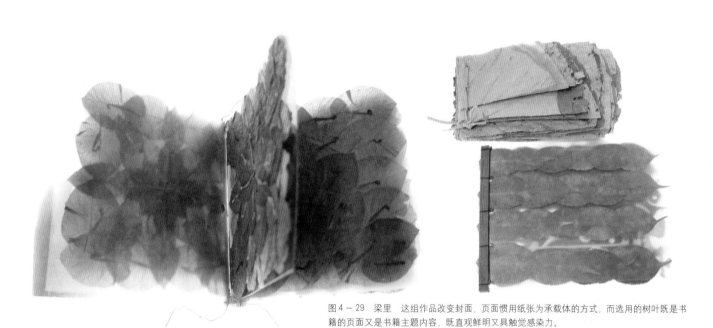

图4－29　梁里　这组作品改变封面、页面惯用纸张为承载体的方式，而选用的树叶既是书籍的页面又是书籍主题内容，既直观鲜明又具触觉感染力。

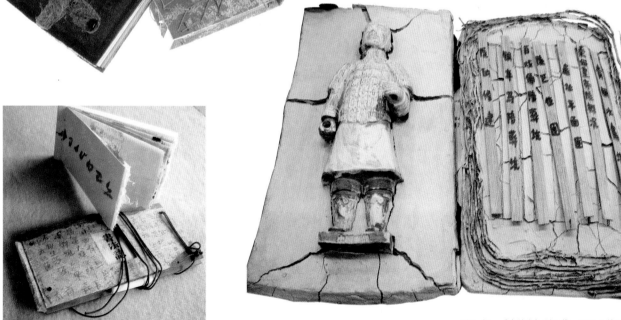

图4－30　《稻草人》这组作品在书籍的封面和函套上用与书籍主题十分契合的稻草实物组成图形和装饰，独具趣味。

图4－31　《秦始皇》刘丹萍　用泥土替代纸制书籍页面，用兵马俑纪念品实物和竹简直观展现了秦始皇陵主要内容。泥板的干裂、竹简的拙朴，使它也成为具有历史味道的艺术品。

50

图 4—32 《稻草人》这件作品的页面是各种材料的拼贴，同时这些材料又是书籍所要表达的主题内容。

图 4—35 《爱情日记》陈冠秀 这组作品的封面材料选用毛料，十分形象地再现了动物的可爱，很有亲和力并独具舒服的触感。

图4-36 《黑⊙鸦》这组作品的页面结构设计生动有趣，充分利用了页面间互相呼应的空间关系，其中生成的立体形态增添了书籍内容的表现力，此外，这本书设计整体统一，设计风格鲜明，编排到位也是此书一大亮点。

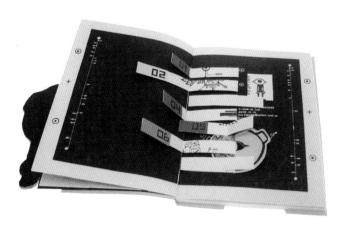

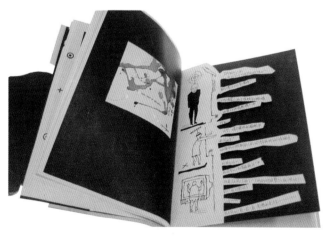

图4-37 易玉婷 这组作品的主题是"铁达时"表的产品介绍。为了与品牌特色相符合，书籍选用长方形开本，多留白，同时手绘了很多卷曲的植物图案，并将之运用到很多页面上，再利用透明的硫酸纸在不透明的铜版纸之间穿插，衬托出手表的高贵。而按一定递进比例大小重叠的（绘有图案的）透明硫酸纸页面构成，则是本书的最大亮点，它不仅使阅读的流程更生动有趣，而且丰富了书籍的页面形态。

图4-38　这组作品利用各种材料和拼贴、裁切等方式表现主题，色彩鲜艳，形式大胆活泼，很富童趣。

图4-39　《服装面料》李里　利用拼贴、刺绣、手绘等多种方式表现主题，造成丰富的视觉效果。

图4-40　黄志华　用火烧、水浸等方式表现主题，无论视觉、触觉还是内页形态上都达到了好的效果。

图4-41　《药》这本书是一本介绍常用中药的概念书。其最大特点在于将被介绍的药的实物粘贴在相应的手绘药材图形上，很富生趣。

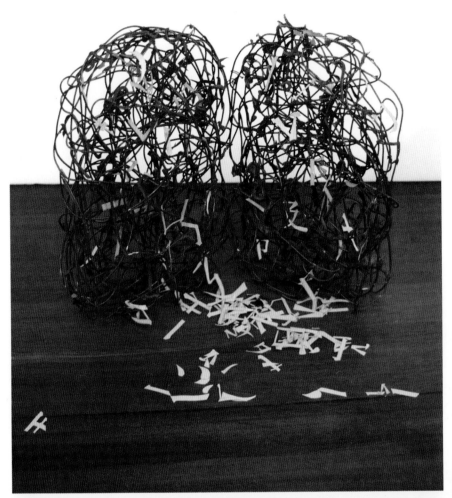

图4-42 《梦》耿超 这件作品的概念借用书的某些特征表达有关文化流失的思考。首先将文字翻模印制到石蜡上，再将墨刷到字模上使字显现，然后加热石蜡使其熔化同时用ＤＶ记录熔化的过程，表达设计者对书籍发展命运的关注和探讨。

图4-43 《部首》叶坤华 这件概念书作品将中国文字的偏旁部首杂乱地粘贴于团状混乱的铁丝上，表达出对中国文字现状的关注。

图4-44 《城市与市民》叶坤华 这本概念书和形态突破常规，直观地展现出城市人生活的普通场景，并通过它有趣地表达主题。

4-42	4-43
	4-44

学生优秀作品欣赏

（见图4—45～4—54）。

图4—45　《中国先锋诗歌档案》王聪颖　这本书的外形设计独特到位。函套所采用的木盒形式，字体的形式及色彩都很有先锋特色，它们共同表现书籍的主题。

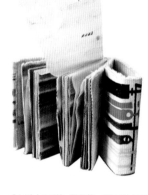

图4—47　《生活小百科》谭伟怡　利用油画语言表现主题。材料的丰富多样性恰当地表现出"小百科"的综合性。

图4—46　《指示》顾慧华　这本书在书籍开本形态上进行了有意义的探索，给人特殊的美感享受。

图4—48　《心情日记》罗玉鑫　这本书用国画语言表现主题，所用的印花布、宣纸、硫酸纸等材料，充分体现出设计者所学的国画专业的背景。

图4—49　《广东话》陈珊　这本书的主题是"广东话"，选题新颖，利用能够代表广东特色的红蓝白编织袋作为书籍函套的主材料，材质和内容结合得比较好。

图4-50 《LULU》梁绮霞 这是一本个人作品集，采用缝纫、粘贴等方式鲜明地表现出作品的主题——服装。

图4-51 《大宅门》黄任 这本书籍外形古朴雅致，门环的运用很好地表现出"门"的特色，也寓意封面即为"门"。捆绑的牛皮绳虽然增添了阅读的麻烦，但正是通过这种"麻烦"的体验，表现出书籍内容的复杂性。

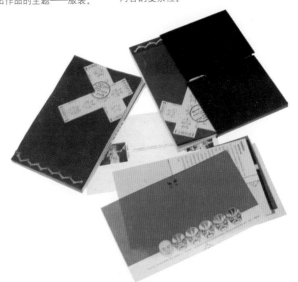

图4-52 《感受天朔》杨力 这件作品的装订巧具匠心，封面使用的有机玻璃也衬托出书籍的独特。

图4-53 《京剧脸谱》冯伟安 这本关于脸谱的书籍，采用传统线装形式，版式疏朗，色彩大方，较好地融合了古今设计语言。

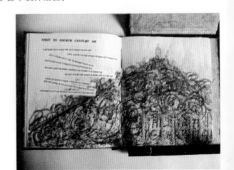

图4-54 这本《CHURCH》书运用黑色的织布及彩色珠片组成教堂的形态封套设计，很好地突出书的形式与内容，给人一种神秘气氛。

中國高等院校

THE CHINESE UNIVERSITY

21世纪高等教育美术专业教材

The Art Material for Higher Education of Twenty-first Century

CHAPTER 5

汉字的视觉与错觉

字体的分类

字体与设计

文 字 设 计 的

视 觉 作 用

第五章　文字设计的视觉作用

文字设计是探讨文字笔画、字架、行间和编排的组合形态，了解它的功能及性质，在特定的空间上使文字达到视觉美，在构造上实用功能颇高的文字，让阅读者能够收到视觉传达的效果。

第一节　汉字的视觉与错觉

汉字的视觉与错觉主要分为T形错觉、水平二分错觉、垂直二分错觉及方形字错觉等；汉字笔画组合与文字大小编排修正：

1.T形错觉

将两条粗细长短相等的笔画，摆成T字形，竖笔画在视觉上显得要比横笔画粗些，因而需把竖笔画作适当的缩短，使两者笔画看上去粗细长短相等（图5-1）。

2.水平二分错觉

水平二分等分笔画时，在视觉上产生上长下短的错觉，为了要获取视觉心理上具有安全平衡的文字，像此类框架的字形需上短下长或上小下大的变化取得平衡视觉效果（图5-2）。

图5-2

3.垂直二分错觉

人的眼睛习惯从左向右看，画面的左边似乎比实际面积显得轻，为了取得左、右两边的平衡，往往把左边画得大些（图5-3）。

4.方形字错觉

独立方块是汉字的特点，正方形作为汉字书写的基本方格。在视觉的错觉下，我们通常把正方形错视为矩形，因而正方形的文字结构需要作上、下稍扁的视觉调整（图5-4~5-5）。

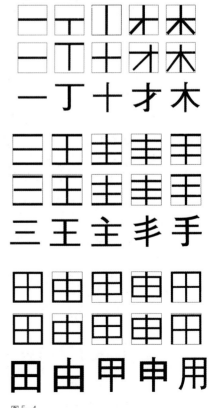

图5-4

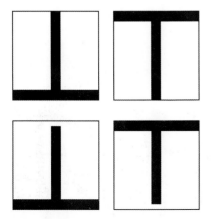

图5-1

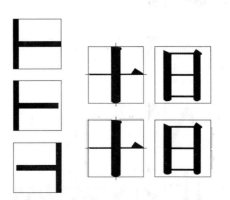

图5-3

图5-5

图5-6

5.汉字笔画组合与文字大小编排修正

汉字是由各种笔画组合而成的，由于视觉上的关系，某些汉字的笔画组合、文字大小编排应作适度的修正（图5-6）。

第二节　字体的分类

书籍装帧设计中，常常使用的中文字体主要分为：书法手写字体、电脑字库字体及手绘设计字体三大类。

1.书法手写字体

自人类创造出用来记录表达思想的文字以来，文字已成为人类沟通不可缺少的表达方式。它是经过由象形文字符号进化而来的，由篆、隶书发展到楷、行、草书。时至现在，书法手写字体在书籍装帧设计中，成为文化传承非常流行的字体之一（图5-7、5-8）。

2.电脑字库字体

| 篆书 | 隶书 | 楷书 | 行书 | 草书 |

图5-7

图5-8

在印刷技术发达的今天，电脑字库字体已成为印刷界的主流字体，以往的印刷字体都要经过铸字、检字、排版及印制打样的复杂过程，现在这些过程经过电脑字库处理，不但能一次完成，而且通过电脑内装字库的活用，同一字体可变成众多大小、形状不同的字形。

3. 手绘设计字体

在书籍的设计中，如需要为某含义而设计特别的标题字，则需要在以上的书法字体及电脑字库字体基础上创造出新的设计字体（图5-9～5-11）。

图5-9

图5-10

图5-11

第三节　字体与设计

东西方由于文化发展及历史背景不同，均有自己所特有的文字形态。东方文字蕴藏深意，每字均有独立的表形、表音、表意功能的方块字结构，应用国家包括中、日、韩等。西方文字字母本身没有意义，必须通过串联成字，字形外表具有长短不一的形态差异，字义不能初见即解的表音拉丁文字。东方方块字则大多含义明显，在古代象形文字基础上做的延续。西

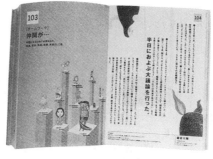

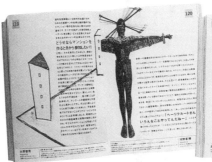

图5-12

方的拉丁文字外表变化较多，但含义不明确。因此，东西方文字各具优劣特点。

一、汉字字体的设计

汉字字体设计主要是以字体的使用功能、视觉美观及适合时代为目的。设计主要在汉字的编排、装饰造型、汉字的含义三方面进行设计。

1. 汉字的编排

为了达到阅读流畅、编排美观的实用功能，要注意文稿的图形比例与字款、

字级大小；字距行间清晰，点句分段清楚、明确，排字格式新颖（图5—12）。

2．装饰造型

通过字体形态变化，把文字的部分空间加入图案、摄影及插图元素，使汉字变得富有情趣的视觉效果。但要特别注意文字的可读功能，及图形性格与字形的配合（图5—13～5—16）。

3．汉字的含义

把握汉字的意义，以汉字的笔画空间或部首结构作灵活的变化，是汉字构成美妙的特殊视觉表现（图5—17～5—21）。

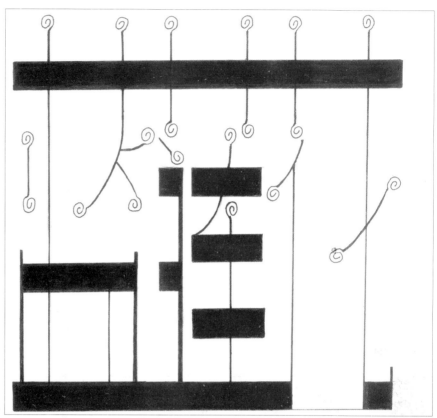

图5—14

图5—13

图5—15

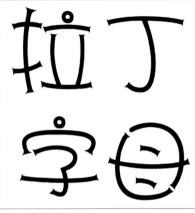

图 5-16

图 5-17

图 5-19

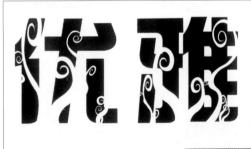

图 5-20

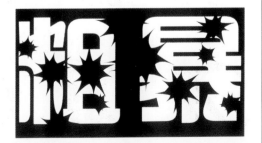

图 5-18

图 5-21

二、拉丁字体与组合规律

拉丁字母由 26 个字母组成，它整体结构主要是以一条水平线为基线，"X"字母为高度，有些字母超出或低出"X"高度线的字母，可通过在"X"高度线上、下做一条平行基线为标准（图 5-22）。

拉丁英文字母主要以横、直、斜、弧基本线条组成圆、方、角的几何图形，加上上升、下降笔画的间隔填补，使字形有一种轻松的节奏感。由于英文字母的外形体态的可塑性，一般不懂英文的人均能从读音辨其形，往往比抽象图形及其他文字略占优势。

三、拉丁文字体的种类及特点

拉丁文字体的种类主要分为四个种类：

1.衬线字体

字母的顶端和字脚处有衬线装饰，整体感觉强烈精致。

2.无衬线字体

字母的顶端和字脚处没有衬线装饰，简洁流畅，力度感、现代感更强。

3.手写字体

近似于汉字手写字体，富于个性和灵活性，字体从传统到当代，从纤细到粗犷，形式多样。

4.设计字体

在以上三种字体基础上创造出的字体,字体现代感强,富于装饰性(图5-23)。

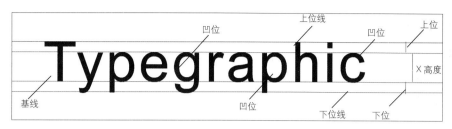

图 5-22

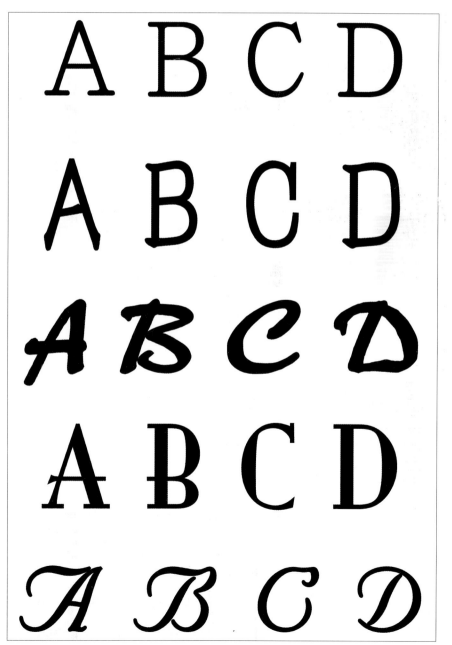

图 5-23

四、拉丁文字的设计

1.拉丁字母的基本结构

拉丁字母的结构基本上是由横线、竖线、圆弧线组成，通过对线条的粗细改变、方向改变、弧度改变、大小改变、松紧关系的改变，达到字体的整体改变。

2.拉丁字母与图形的结合

拉丁字母虽然经过几千年的发展变得更为完善、抽象。有些字母不仅具有相当的具象图形特征，字母也可以与图形、花边结合，成为具有装饰性的字体。

3.重视字母组合的意义

重视字母组合的意义与形式的内在联系，从字体组合的词语含义具有代表性和特征性形态，表现视觉形象的特征（图5-24～5-28）。

图5-24

图5-25

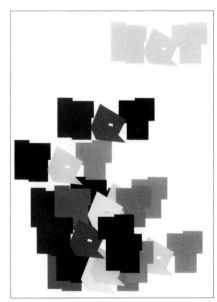

图5-27

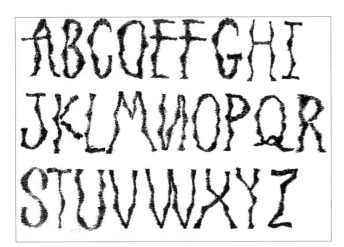

图5-26

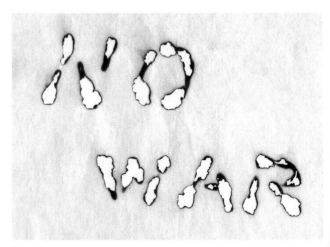

图5-28

064

中國高等院校

THE CHINESE UNIVERSITY

21世纪高等教育美术专业教材

The Art Material for Higher Education of Twenty-First Century

CHAPTER 6

构成版面版调及基调的版心设计
构成版面设计的编排方式
构成版面设计的分栏与行页
构成版面的字号、字距及行距
构成版面设计的图片及插图的设计
版面的空白处理
版面的网格系统

版面阅读魅力
——构成版面
设计的基本元素

第六章　版面阅读魅力——构成版面设计的基本元素

书籍的页面版式功能是用来阅读的。为了减轻阅读压力，给读者可读性及趣味性，因而版面空间是构成书籍风格的基本要素。书籍的版面设计主要是在既定的版面上，在书籍内容的体裁、结构、层次、插图等方面，经过作者合理美感的处理，使书籍的开本、封面、装订

形式取得协调，令读者阅读清晰流畅，在版面中营造一种温馨的阅读气氛。版式设计的好坏直接影响到读者的兴趣，它是书籍设计的重要内容之一。

版式设计涉及的内容主要包括：版心的大小、文字排列的顺序、字体、字号、字距、行距、段距、版面的布局和装饰。

第一节　构成版面版调及基调的版心设计

版面上容纳的文字及图画部分称之为版心。版心在版面上的比例、大小及位置，与书的阅读效果和版式的美感有着密切关系。

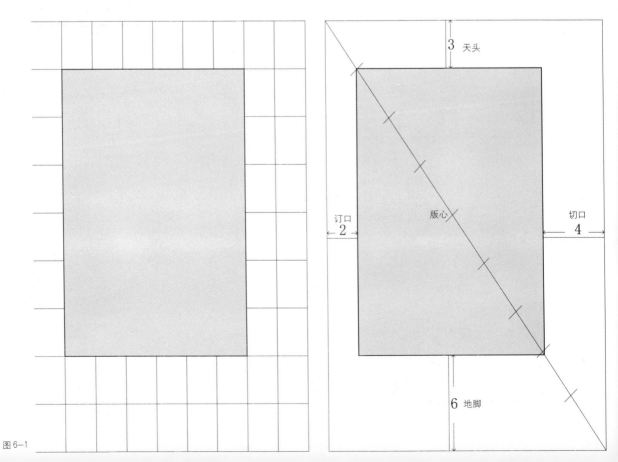

图6—1

版心与四周边口按比例构成，一般是地脚大于天头，外切口大于订口。偏小的版心，容纳字的数量较少，页数随之增加。偏大的版心四周空间小，损害版面美感，影响阅读速度，容易使读者阅读有局促感。

19世纪末20世纪初，欧洲装帧艺术家约翰契肖特对中世纪《圣经》作了大量研究，认为开本比例为2:3是版心最美的比例。版心与四周空间边口比例构成是地脚大于天头，外切口大于订口。

版心的高度应该等于开本的宽度，且四边空白上、下、左、右的比例为2:3:4:6最为适合。

从版面整体效果来看，留出四周足够的空白，易引起读者对版心文字部分的注视，同时也给读者愉悦的阅读感觉（图6—1）。

第二节 构成版面设计的编排方式

编排方式是指版心正文中字与行的排列方式，中国传统古籍书的编排方式都是采用竖排式。这种方式的文字是自上而下竖排，由右至左，页面天头大，地脚小，版面装饰有象鼻、鱼尾、黑口与方形文字相呼应，整个版式设计充满东方文化的神韵与温文尔雅的书卷味（图6—2）。

西方书籍版式设计则注重数学的理性思维与版式设计的规范化，版式文字是采用由左至右的横排。随着19世纪末西方近代印刷术的传入，我国书籍的排版方式也渐渐由直排转变为横排方式。由于文字的横排式更适应眼睛的生理机能，同时横排由左至右，与汉字笔画方向一致，更符合阅读规律，因而现代图书版

图6—3

面编排除少数古籍之外，都采用横排方式（图6—3）。

第三节 构成版面设计的分栏与行宽

由于人的生理视觉限度，据研究，人的视觉最佳行宽为8cm～10cm，行宽最大限度为12.6cm，如果行宽超出以上宽度，则读者阅读的效率就会随之降低，一般32开书籍都采用通栏排版，16开或更大的开本，为了保护视力，不宜排成通栏，宜排成双栏，版式设计可根据实际情况发挥创造。使版面宜阅读之外还增加美观、新颖的设计（图6—4、6—5）。

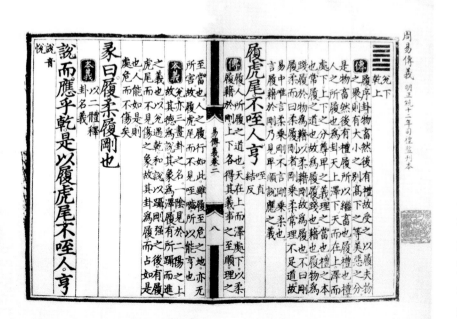

图6—2

图 6—5

第四节　版面构成的字号、字距及行距

　　版面构成中,字号、字距及行距的宽窄设定也应认真对待,它能直接影响到视觉的阅读效率。书籍文字靠字间行距的宽窄处理来提高读者阅读的兴趣并产生空间指引。避免由于行距过窄,文字过密,而使阅读产生串行现象。因此,为了不影响视觉阅读效率,通常行距不小于字高的 2/3,字间距离不得小于字宽的 1/4 为宜(图 6—6、6—7)。

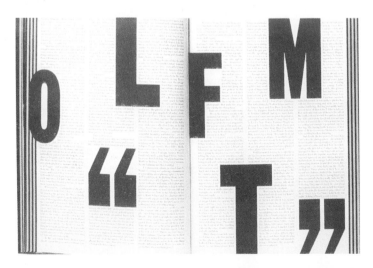

图 6—4

图 6—6

图6-7

第五节　构成版面设计的图片及插图的设计

　　图片及插图是书籍版面设计内容的重要组成部分。文字内容的编排要与图片及插图相配合呼应，在靠近与插图有关的正文处，留出准确的图片及插图空位，图片及插图形式的表现手法多种多样，可充分地发挥版式设计者的智慧与才能，创意出富有特色的设计（图6-8～6-11）。

图6-8

图6-9

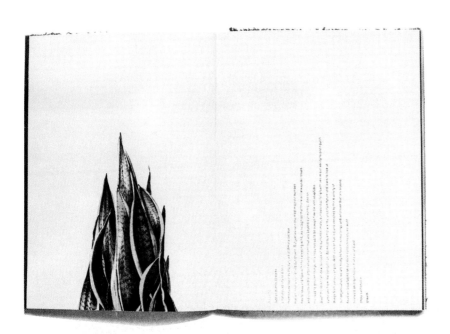

图 6-10

计中，要敢于留空，善于留空，这是由空白本身的巨大作用所决定的。空白可以加强节奏，有与无、虚与实的空间对比，有助于形成充满活力的空间关系和画面效果，设计时必须注意空白的形状、大小及其图形、文字的渗透关系。空白可以引导视线，强化页面信息。还容易成为视觉焦点，使人过目不忘，印象深刻。空白还是一种重要的休闲空间，可以使我们的眼睛在紧张的阅读过程中得到休息，使其变得轻松。留有大片空白的页面元素给观者以无尽的想象空间，留有"画尽意在"、"景外之景"的余地（图 6-12～6-16）。

第六节　版面的空白处理

空白是整个设计的有机组成部分，没有空白也就没有了图形和文字。因此，空白作为一种页面元素，其作用好比色彩、图形和文字，有过之而无不及。在设

图 6-12

图 6-11

图 6-13

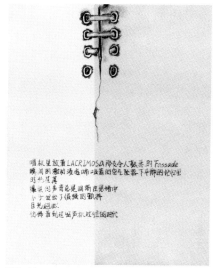

图 6—14

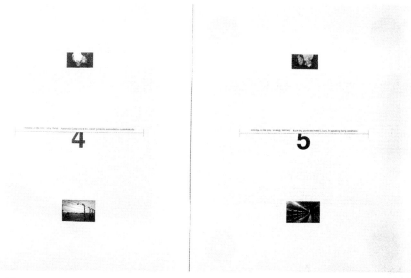

图 6—15

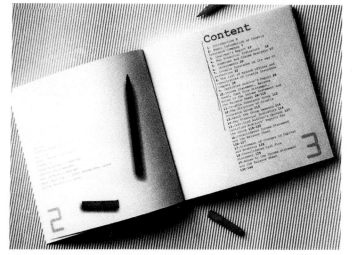

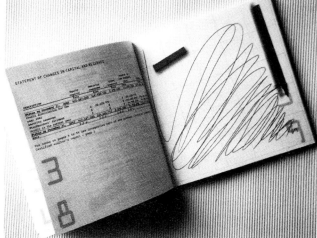

图 6—16

图6—17

图6—18

分，若不起积极作用，必起破坏作用。多一笔不如少一笔，就如前面所说过的，电脑作为工具提供了巨大方便的同时，把设计引向繁杂化、拥挤化。有时摆上了很多东西却让人看不清想说什么，而越说不清就越往上面加东西，出来的效果就变成一堆东西在那里。让人想起"大话西游"里唐僧的啰唆冗长。话要说得洪亮有力，就必须在空旷无人的时候说，设计要醒目明了，就不能有太多的因素打扰，空白就是能产生这种效果的神秘工具（图6—17、6—18）。

第七节　版面的网格系统

版面的网格系统是指在进行文字编排、页边留白、主文字和图片的版面设计时，遵循一种精细和严密的格式。是一种固定的不可改变的页面安排，它是把所有的文字、图片都安排在预先计划好的网格里。网格结构虽然可能会显得过于固定和死板，但是，只要你根据文本实际需要采用适当的网格，就可把杂乱无章的图片、文字秩序化。网格并没有限制，你可以使用所有可能的形状和尺寸设计各种各样的网格结构。运用这种方法可把图片、文字将版面编排得井井有条，相互协调，既统一又有变化。

网格系统是杂志、报纸、画册、图文混排的一种版式设计的常用手法，这种手法给设计者带来整齐、规范、有规律、提高工作效率的好处，是现代版式设计较为常用的方法（图6—19～6—27）。

对于设计者来说，白色总意味着挑战，设计者出于本能更多地依赖色彩增加设计效果。但过多使用色彩会使整体设计显得繁杂，现代设计崇尚"少即是多"的原则，尽可能用极少的元素进行设计，使版面既简洁明了又丰富细腻。极简的极致就是空白，利用空白元素进行设计，通过对其形状、位置的不同组合，产生千变万化的效果，具有简明扼要的美感。因此，留白并不是一种奢侈，它是设计的要素，是信息传递的需要。

马蒂斯说：画面没有可有可无的部

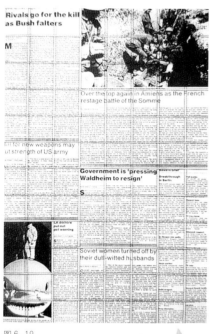

图 6—19

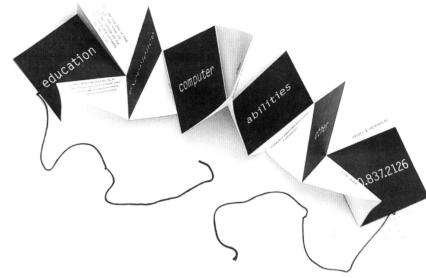

图 6—20

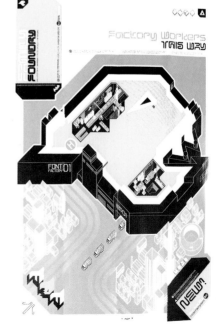

图 6—21

图 6—22

图 6—23

图 6—24

图 6—25

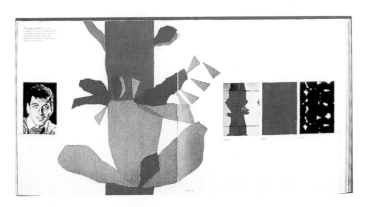

图 6—26

图 6—27

CHAPTER 7

一般意义上的文本与插图的关系
文字语言与视觉语言的转换关系
插图创作的局限性
插图创作的表现手法
插图创作的表现技巧
进入图文互补的读图时代

不 可 替 代 的
书 籍 插 图

第七章　不可替代的书籍插图

第一节　一般意义上的文本与插图的关系

书籍中的文字内容是一门语言艺术，它是运用文字内容来表达思想与情感。插图是视觉艺术，是在文本的基础上对文本的形象、思想内容进行具象的表现。作为语言艺术的文本与作为视觉造型艺术的插图，既有共通性，也有异质性。表现在文本插图上，文本插图对文本具有附属性和阐释性，同时也具有一定的独立性（图7-1～7-7）。

语言艺术与视觉、造型艺术的共通性与异质性，在文本插图问题上的具体体现是文本插图可以用造型语言来表现诗歌中的形象、氛围和意境，对文本具备阐释性和理解的能力，这种阐释对于文本首先具有依赖性或说从属性。但同时这种对于文本的阐释理解，又具有某种独立性，因为插图这种既依赖又独立的关系，在书籍文本中的作用是文字所不能替代的。

书籍插图对于书籍来说具有从属性。从插图应用功能来说，它不能离开文字内容独立存在，而是书籍的一部分。它必须与书籍的文字内容表达的思想内容和艺术风格相一致、相协调。这种从属性是

图7-1

图7-2

图7-3

对于插图的特定制约，书籍插图的这种从属性，要求插图能够体现出书籍文本通过语言所表达的思想，所流露的情感或阐发的哲理。

图 7—6

图 7—4

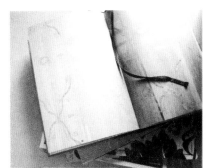

图 7—5

图 7—7

第二节 文字语言与视觉语言的转换关系

插图作为一门视觉造型艺术，一经产生就具有了相对于文字内容的独立性。这种独立性表现在两个方面：一方面是插图艺术作为视觉造型艺术，它所使用的媒介要素不同于诗歌这种语言艺术。书籍用文字语言的特点是形象的间接性、意象性、概括性和模糊性。一般现代的文学理论认为语言艺术具有独特的特点是其他艺术无法替代的（图7-8～7-10）。而插图作为视觉造型艺术，它用的视觉造型语言具有可视的、直观的特点。它所塑造的形象可以直接诉诸人的视觉，与文字语言的不确定性相比，插图具有相对的直观性及具象性。另一方面插图创作者对于文字脚本的独立见解，使插图作品具备了独立性。这种独立性，就是插图创作者本人对于作品的理解是自我一己的，即我们在阅读《红楼梦》时，会产生一千个读者有一千个贾宝玉。从理论上看，就是现代"解释学"或者"接受的差异"。接受美学强调读者对文本理解的主动性和创造性，强调不同时代的不同读者对文学文本有不同的阐解的权利，并将这种权利上升到文学脚本的高度，对文学脚本具有划时代的意义。这样，贾宝玉便有"一千个"，文字脚本中那个我们都能看见的贾宝玉已不具备决定的意义。

客观的、共识性的文字阐释从此不复存在。插图创作者对于文字脚本的理解，同样具有这种接受上的独立性，也因此使得插图对于文字的阐释具备了独立性。

但是，插图创作者相对于文字脚本的独立性是有限的。因此插图相对于文字脚本的独立性也是有限的。这种有限性体现在，一是插图创作者不能穷尽文字脚本的丰富意蕴和内涵；二是指插图创作者对于文字脚本的理解只是对文本的众多理解中的一种。插图的理解和阐释是对文字脚本的丰富意义的发掘，但这种发掘是有其自身的限度。插图不能完全替代语言赋予诗歌的独特魅力，并且也不能充当语言直观的阐释媒介，这是由各门艺术的独特素质决定的。

78

图7-8

图7-9

图7-10

第三节　插图创作的局限性

　　插图创作者通常在绘制插图时常常受到一定的局限性。主要是有以下三种。

1.受制作费用的限制

　　制作费用的多与少，都会直接影响所需插图创作的优劣，如文学作品通常都是黑白文字版，要节省费用，所需的插图也最好是黑白的，这就是为什么文字类书籍木刻版画除具有刀刻味以外，黑白因素也特别适合作为文学书籍插图（图7—11）。

2.受版面设计的限制

　　插图创作者除了把文字脚本表达出来之外，更要把握书籍装帧版面整体设计的文字位置和文字的版面大小形状各方面的配合（图7—12）。

3.受文字脚本内容的限制

　　插图创作者既要考虑文字脚本内容，又要把文字内容透过视觉元素客观地表达出来（图7—13）。

图7—12

图7—11

图7—13

第四节　插图创作的表现手法

1．写实性插图

　　插图创作者对客观对象的写实性表现。如利用摄影图片，渗入创作者的主观意念，使读者产生直观印象而达到创作目的（图7—14）。

2．抽象性插图

　　插图作者利用有机形、几何形或线条组合，运用各种材料混合变化而产生的偶然性效果，这种表现手法通常结合肌理纹样达到视觉效果（图7—15）。

3．卡通漫画式插图

　　为了增加阅读者趣味感而采用的表现手法。如使用夸张、变形、幽默等手法达到视觉效果（图7—16、7—17）。

4．混合式插图

　　以上三种表现手法混合使用，可产生变化丰富的视觉效果。

图7—14

图7—15

图7—16

图 7-17

第五节 插图创作的表现技巧

1. **幽默、讽刺性插图** (图 7-18~7-20)
2. **立体式插图** (图 7-6)
3. **剧叙、意叙、直叙性插图** (图 7-21、7-22)
4. **寓言式插图** (图 7-13)
5. **装饰性插图** (图 7-23)
6. **象征、幻想性插图** (图 7-24~7-27)

插图不能笼统地说是属于何种画种，它可以汇集各种绘画形式，是一门综合绘画艺术，无论是何种形式、何种风格，插图本身有着引人注目的视觉效果。

图 7-19

图 7-18

图 7-20

图 7—21

图 7—22

图 7—23

图 7—24

图 7—25

图 7—26

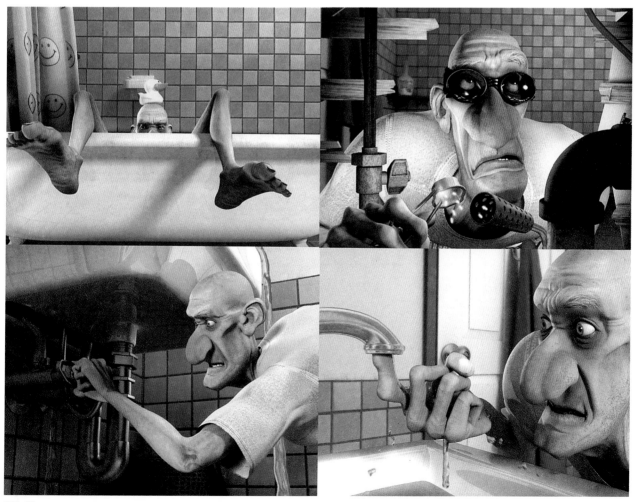

图 7—27

第六节 进入图文互补的读图时代

图文互补适应了现代社会的需要，正是由于插图的视觉功能与文字的阅读功能在阅读中互补，造就了轻松、快捷、直观的阅读方式。随着人们生活节奏的加快，图文互补的快捷阅读方式正广泛受到读者的欢迎（图7—28、7—30）。

文字与图的最大不同就在于传达信息的主动性和被动性。随着社会信息转变，各种传媒接踵而来。新的工具和技术不断出现。为读者带来新的视觉刺激与知觉感受。新的时代信息对审美空间的刺激，终究使插图的存在状态不断演变。电脑造型技术、影像艺术、光动、声动等综合效应的应运而生，带给读者视觉、听觉、触觉、生理和心理等多方面的新体验。这种契合时代脉搏的新艺术形式，代表了人类发展的精神追求，同时也给现代插图艺术提供了更广阔的表现空间和技术空间。但无论是何种形式，也不管技术与工具如何地反作用于插图创作，图文互补的阅读方式终是占有主导地位，这正是插图赋予读者乐此不疲的阅读方式（图7—29）。

图7—29

图7—28

图7—30

84

中國高等院校

THE CHINESE UNIVERSITY

21世纪高等教育美术专业教材

The Art Material for Higher Education of Twenty-first Century

CHAPTER 8

印刷的概念与要素

印刷工艺选择的种类、特点及应用

印刷工艺与油墨

印刷制版工艺

印刷工艺与印纸

书籍设计与装订工艺

书籍的材质美感

印刷工艺与材
质美感表现

第八章　印刷工艺与材质美感表现

本节教学目的是要求学生能了解书籍印刷工艺常识，同时要求学生熟悉材质，把握创意与材质的合理运用。

第一节　印刷的概念与要素

印刷的概念是以文字原稿或图像原稿为依据，利用直接或间接的方法制印版，再在印版上敷上黏附性色料，在外力的作用下，使印版上的黏附性色料转移到承印物表面上，从而得到批量复制印刷品的技术。

常规印刷必须具备原稿、印版、承印物、印刷油墨、印刷机械五大要素（图8-1、8-2）。

1. 原稿

原稿是指制版所需的复制物的图文信息，原稿质量的好与坏，直接影响印刷品的质量。因此在印前，一定要选择和制作适合于制版、印刷的原稿，以保证印刷品的质量标准。

86

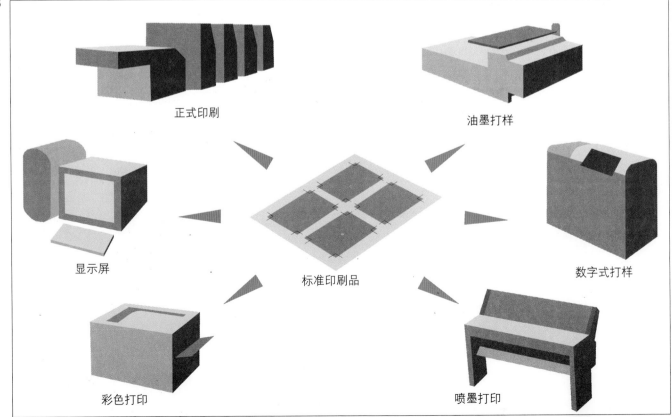

正式印刷　　　　油墨打样

显示屏　　标准印刷品　　数字式打样

彩色打印　　　　喷墨打印

图8-1

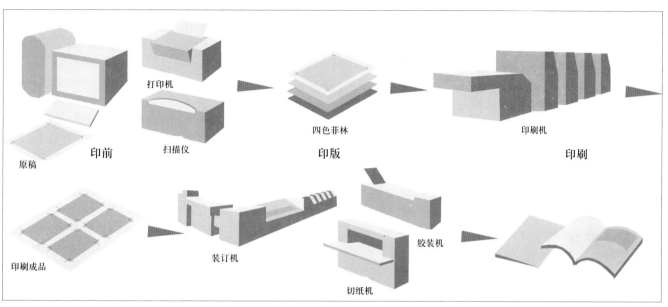

图 8-2

按印刷工艺来分，一般分为文字原稿和图像原稿两大类。

2.印版

印版是把油墨转移至承印物上的印刷图文载体。印刷上，吸附油墨的部分为印纹部分，也称图文部分，不吸附油墨的部分为空白部分，也称非图文部分（图 8-3）。

3.承印物

承印物是承受印刷油墨或吸附色料的各种材料，常用的承印物是纸张。

随着科技的进步，印刷承印物的种类不断扩大，现在不仅是纸张，还包括各种材料，如纤维织物、塑料、木材、金属、玻璃、陶瓷、皮革等等（图 8-4）。

4.印刷油墨

印刷油墨是把承印物上的印纹物质转移到承印物上。承印物从印版上转印成图文，色料图文附着于承印物表面成为印刷痕迹。

印刷用油墨是一种由色料微粒均匀分散在连接料中，并有填充料与助剂加

图 8-3

图 8-4

图 8-5

入，具有一定的流动性和黏性的物质（图8-5）。

5.印刷机械

印刷机按印版类型分为凸版印刷机、平版印刷机、凹版印刷机、孔版印刷机。

印刷机按印刷纸幅大小分为八开印刷机、四开印刷机、对开印刷机、全张印刷机。

印刷机按印刷色数分为单色印刷机、多色（双色、四色、五色、六色、八色）印刷机（图8-6、8-7）。

第二节　印刷工艺选择的种类、特点及应用

印刷工艺选择的种类有凸版印刷、平版印刷、凹版印刷、孔版印刷四种不同类别的印刷方式。

1.凸版印刷

凸版印刷的印版，其印纹部分高于空白部分，而且所有印纹部分均在同一平面上。由于空白部分是凹下的，加压时传承印物上的空白部分稍微突起，形成印刷物的表面有不明显的不平整度，这是凸版印刷物的特点（图8-8）。

凸版印版主要有：铜版、锌版、感光性树脂凸版、塑料版、木版等。现时感光性树脂凸版占主导地位。

凸版的优点主要是：油墨浓厚、印文清晰、色调鲜明、字体及线条清晰，油墨表现力强。缺点是铅字笔画易断，油墨深浅不易控制，不适合大版面、大批量印刷，彩色印刷价高。

凸版的应用范围：名片、信封、请柬、表格等，是油墨表现力最强的版种（图8-9）。

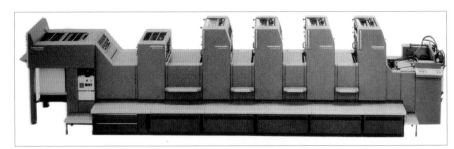

图8-6

图8-7

图8-8

图8-9

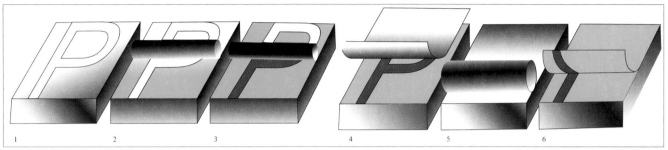

图 8-10

1 印刷版面	3 再经墨辗，印纹附上油墨 5 加以压力
2 经水辗后，非印纹吸收水分	4 加上纸张 6 印刷完成

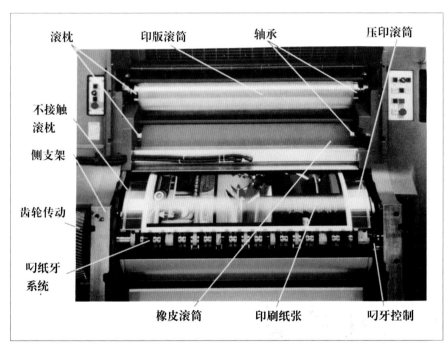

图 8-11

2.平版印刷（胶印）

平版印刷在印版方面，印纹部分与空白部分没有明显高低之分，几乎是同一平面上。感光印纹部分或转移方式具有亲油性，空白中部分通过化学处理具有亲水性。利用油水相斥的原理，现代平版印刷先将图文印在胶皮筒上，再转印到纸上着墨，这种方式属于间接式印刷（图8-10、8-11）。

平版印刷的特点是：印纹边缘淡，中央深，由于是间接印刷，因而色调浅淡，它在四大印刷中色度最淡。

平版印刷的优点是制版简便，复制容易，成本低，套色准确，层次丰富。适合彩色图版印刷，并可以承印大数量的印刷品。缺点是色调再现较低，着墨量薄，油墨表现力较弱，通常使用红、黄、蓝、黑四个色版进行套印。

应用范围常用于印刷报纸、书籍刊物、画册、宣传画、挂历、地图等。

3.凹版印刷

凹版印刷的印版，印刷部分低于空白部分，而凹陷程度是随图像的层次而表达出不同的深浅，印纹层次越暗，其深度越深。空白部分则在同一平面上。它是通过压力把凹陷于版面以下的油墨印纹印在纸上（图8-12）。

凹版印刷的特点是墨色表现力强，虽

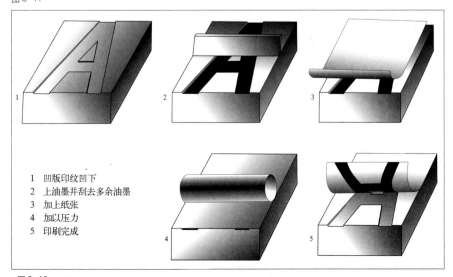

1 凹版印纹凹下
2 上油墨并刮去多余油墨
3 加上纸张
4 加以压力
5 印刷完成

图 8-12

印纹边缘发毛，但印纹富有立体厚度感。

凹版印刷的优点是色调丰富，图像细腻，版面耐压性强，印数大，适合于单色图像印刷，能满足特殊要求印刷。缺点是制版工艺复杂并难以控制。制版印刷费高昂，不适合印量小的印刷品。

应用范围常用于钞票、有价证券、邮票等一些特殊要求印刷。

4. 孔版印刷

孔版印刷又称丝网印刷，它的印刷部分是由孔洞组成。油墨通过孔洞移印到承印物上形成所需印痕，非孔洞部分则不能通过油墨。丝网按材料分为绢网、尼龙丝网、涤纶丝网、不锈钢丝网。誊写版印刷是最常见的一种孔版印刷基本方法（图 8–13）。

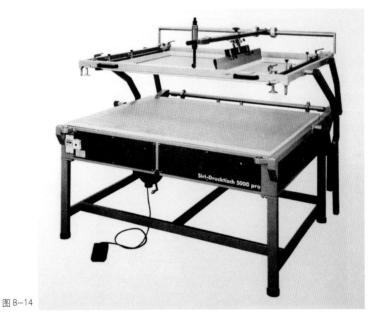

1 丝绸蒙在框架上
2 将非印纹部分遮盖
3 将网架放在印件上
4 用刮板将油墨刮过
5 印纹使转移到纸上
1
2
3
4
5

图 8–13

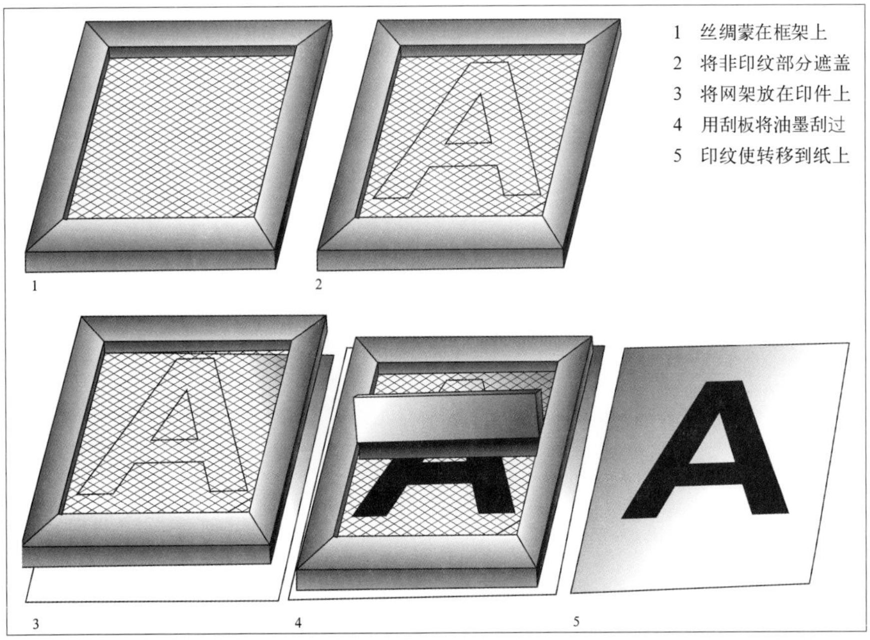

孔版印刷早期是手工刻画制版印在手工艺品上，现在已发展为自动化印刷。在制版方面已利用照相制版方法制成印版，最适合印制特殊效果印件。可印在任何材质上，如：花布、塑料、金属、玻璃等材质，也可印制在曲面的圆形及不规则的立体形版面上（图 8–14）。

Siri-Drucktisch 5000 pro

图 8–14

孔版印刷的优点是油墨浓厚，色调艳丽，可应用任何材质印制及所有立体形面印刷。

孔版印刷的缺点是印刷速度慢，生产量低，不适合大量印刷物印制。

第三节　印刷工艺与油墨

油墨是印刷用的着色料。是一种由颜料微粒均匀地分散在连接料中，具有一定黏性的流体物质。油墨的种类繁多，可按各种方法分类。

1. 按印刷方式可分为凸版、平版、凹版、照相凹版、丝网版等用的油墨。

2. 按承印物可分为纸张、金属、塑料、布料等用的油墨。

3. 按油墨功能特性可分为磁性油墨、防伪造油墨、发泡油墨、芳香油墨、记录性油墨等。

4. 按油墨原料性成分可分为干性油型、树脂油型、有机溶剂型、水性型、石蜡型、乙醇型等。

5. 按形态可分为胶状、液体、粉状油墨。

6. 按油墨的用途可分为新闻油墨、书籍油墨、包装油墨、建材油墨、商标用油墨等。

7. 特殊功能油墨可分为金银色油墨、

荧光油墨、磁性油墨、微胶囊油墨、防伪油墨、导电油墨、复写油墨、食用油墨等。

由于印刷油墨种类繁多，因而在印刷使用时，要根据印刷的不同方式选择不同类型的油墨。如设计中要达到特殊效果，可使用荧光油墨。食品包装印刷一定要使用食用油墨才能符合国家卫生标准等。

第四节　印刷制版工艺

一、制版分类

印前处理图文必须制作成印版后才能到印刷机进行印刷。这一过程叫制版，制版方式主要分为凸版制版、平版制版、凹版制版、孔版制版四大种类。

1.凸版制版分为铜锌凸版、感光性树脂凸版、铅版、塑料版、电子雕刻凸版等。

2.平版制版常用的有PS版、平凹版、蛋白版、多层金属版等。

3.凹版制版可分为照相凹版制版、雕刻凹版制版、复制凹版制版等。

4.孔版制版分为誊写版制版、丝网印版制版。

5.计算机直接制版(CTP)(图8-15)。

这种系统制版不经制作软片、晒版等中间工序，直接把印前处理系统编辑、拼排好的版面信息，通过激光扫描方式，直接在印版上成像形成印版。直接制版技术实现了传统工艺中的电分扫描输出、拼版、拷贝及晒版等处理，大大简化制版工艺，加快制版速度，是制版技术一个新的里程碑。

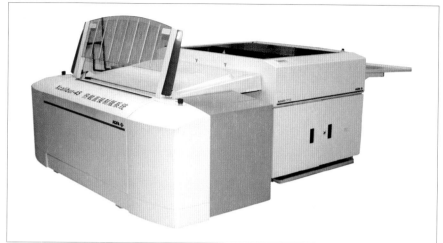

图8-15

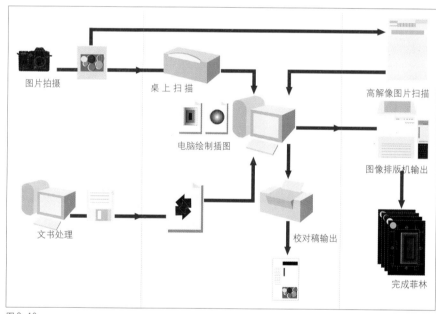

图片拍摄　　桌上扫描　　高解像图片扫描

电脑绘制插图　　图像排版机输出

文书处理　　校对稿输出　　完成菲林

图8-16

二、印前图文信息处理

1.四色桌面出版系统工艺流程

四色出版系统(CCTP)的工艺流程，首先通过计算机键盘输入文字信息，利用平台或滚筒式图像扫描仪输入图像信息，或通过磁盘、光盘等媒体及局域网(LAN)等通信网络从其他系统直接获取数字化的文字或图像信息，然后在微电脑或计算机工作站上，运用图形设计软件，图像处理软件和版面制作软件对原稿信息进行图形图像处理，图文组版、分色处理和信息存储处理。最后通过光栅图像处理器，由激光印字机、激光照排机(CTP)等将完整的页面图文信息记录在纸面或软片上(图8-16)。

2.四色印刷是用四种基本色

黄(Y)、洋红(M)、青蓝(C)及黑(B)，在实际工作中通过四色重叠产生千变万化的色彩、色调，可真实地重现和复原原稿，遇文字、图形、纹样需用彩色

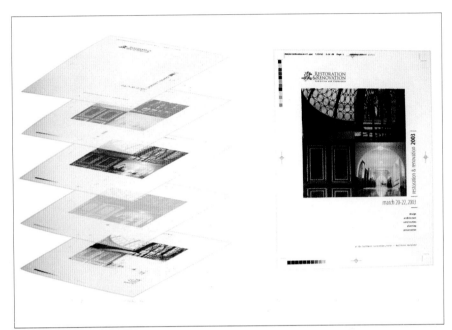

图 8-17

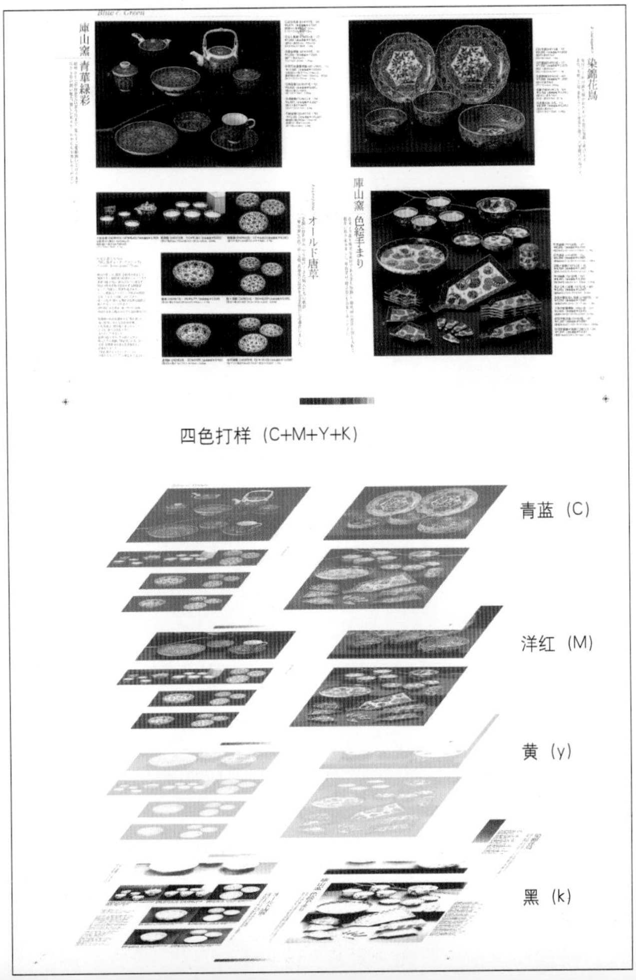

四色打样 (C+M+Y+K)

青蓝 (C)

洋红 (M)

黄 (y)

黑 (k)

图 8-18

来表现,采用以上手法 (图8-17、8-18)。

金、银及荧光色是属专色,必须另加色印刷。

3.四色桌面出版系统主要设备

四色桌面出版系统主要由输入设备、图文处理设备、图文输出设备三个部分组成。

(1) 输入设备

四色桌面输入设备是将彩色图像输入到彩色单面系统中进行各种处理的设备。主要有以下四类:

①彩色扫描仪它的用途是把彩色照片、彩色底片和幻灯片等媒体上的图像输入到桌面系统中,这种设备按照素描方式不同分为平板式扫描仪和滚筒式扫描仪两种。一般滚筒式扫描仪档次较高,价格昂贵,是专业扫描仪。但平板式扫描仪也有档次较高的产品 (图 8-19、8-20)。

②摄像机、录像机、电视接收机的功用是把动态的影视彩色图像信息输入到四色桌面系统中,它是通过视频图像采集卡把摄像机摄取的图像、录像机放映的图像或电视机接收的图像输入到四色桌面系统中。利用这种输入图像信号的缺点是分辨率不高,仅可满足在特殊情况下要求不高的出版印刷需要 (图 8-21)。

③数码照相机。它是由普通照相机身与数码照相机两部分组成,用一种专用磁盘代替普通照相机胶卷,可把拍摄的图像直接以数码形式记录在磁盘上,这种相机不用胶卷,一次可以记录数幅彩色图像,并可根据拍摄的图像分辨率进行高低调节,它用一根计算机的信号电缆线与桌面系统的图像接收设备相连,即可把它拍摄的图像输入桌面系统中,经软件处理后使用,它输入速度快,质量较好,是一种理想的图像输入设备 (图 8-22)。

图 8-19

图 8-20

图 8-21

图 8-22

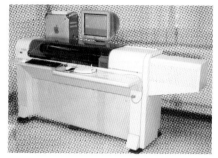

图 8-23

图 8-24

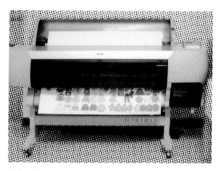

图 8-25

图 8-26

④电子分色机。电子分色机可把电分机扫描的图像信号输入到桌面系统中，是一种高质量、高档次的彩色图像输入设备，它的特点是速度快，质量高，输入图像尺寸大，由于利用计算机图像处理功能，使输入图像的亮度、反差、色相、饱和度、颜色标准、灰平衡、层次标准、细微层次加强，底色去除，颜色加强在扫描处理中完成（图 8-23）。

（2）图文处理设备

处理设备主要是指彩色桌面系统的核心和中枢主机和系统。它指挥和协调外围设备的工作，并对各外围设备的信息进行信息反馈运算处理，因而对工作站的性能、速度和储存量提出很高的要求。苹果公司 Macintosh 个人计算机和 IBMPC 个人计算机在桌面系统中得到广泛应用。尤其是 Macintosh 机应用于桌面设计更普遍（图 8-24）。

（3）图文输出设备

输出设备是桌面系统把经过扫描输入，由图像工作站处理后而形成的电子文档转换成模拟形式的样张，供校对和制版用。电子文档在正式输出分色软片之前，必须进行打样，经核对合格后，输出正式分色软片。传统打样成本高，制作周期长，无法适应彩色桌面系统高效、快节奏的要求。现阶段常用的彩色打样机有热转印式、热升华式和喷墨式三种，但传统打样对一些色彩要求高的画册类书籍还是较为有保障（图 8-25）。

三、桌面出版系统的常用软件

计算机硬件部分只有配置相应的软件才可以完成图像、图形、文字印前处理工作，现在常用的印前处理系统软件通

7.5 网线

15 网线

30 网线

65 网线

85 网线

100 网线

图 8-27

120 网线

133 网线

常被分为三类（图 8-26）。

1.彩色绘图软件

主要用于彩色线条原稿的制作及复制处理，常用的有 Adobe 公司的 Illustrator 软件和 Freehand 软件，利用这些软件功能可以输入并编辑文字和图形信息。

2.彩色图像编辑软件

主要用于原稿复制处理,常用 Adobe 公司的 Photoshop 软件。它可利用扫描彩色连续图像进行标色、层次调整、图像处理编辑等一系列图像处理工作。

3.彩色排版软件

主要用于文字、图像的编辑、排版处理,常用有 Adobe 公司的 Pagemaker 软件及 Quark 公司的 QuarkXpress 软件。它的作用是可以完成精确复杂的版面设计工作。

四、制版技术应用的网点及网屏

印刷图片成品是由大小不同黑色网点组成。它与原照片不同，是用网点方式构成深浅层次阶调的图片方式。这种"挂网"是印刷工艺的需要，网点按百分比计，由0～100%，分点级体现图像制成品的深浅。制版挂网用的网点又称为网屏，网屏的种类很多，除普通网屏外，还有特殊网屏。网屏线数又有30线至400线多种。印出的成品效果越细腻，网线越高。网线体的网点大小粗细影响到图像层次的清晰度，线数的使用与印刷的纸张有密切的关系。如用新闻纸印刷，用80线的网线就可以达到图像基本阶调再现。用胶版纸印刷使用100线也就够了。精美的画册用纸多为铜版纸或亚粉纸，采用的网线数通常为175线。用200线至230线则必须有表面细滑的纸张配合。反之则会产生"糊版"。因此网线数的确定，应根据用纸的档次予以区别（图8-27）。

第五节 印刷工艺与印纸

印纸是以植物纤维为主要原料制成的薄片物质，随着科学技术的不断进步，现代纸的含义已经扩展到更大的范围。就原料而言，有植物纤维，如木材、草类；矿物质纤维，如石棉、玻璃丝；其他纤维，如尼龙、金属丝等。此外，还有用石油裂解得到的高分子单体制成的合成纸。尽管如此，目前用于书写、印刷、包装的纸仍主要以植物纤维为主要原料制成，弄清楚这类纸的组成及其作用对于认识其性能及印刷适性是十分必要的。

印纸是书籍印刷最主要的印刷媒材。纸张等级并非完全代表印刷成品优劣，如何发挥纸材特有的特质，使印刷成品趋于完美，才是用纸的正确观念。如果经费有限无法采用高价位的高级纸张，则不妨选择等级较低的其他产品。其实许多优秀的印刷品是产自低级的纸材，高级纸材未必是印刷品质的保证，最低成本做出最佳的品质才是成功之道。

一、纸张的重量与厚度

纸张的厚薄分类，主要是依据纸张的基本重量来定义。基本重量又可分为令重与基重两种。我们把500张标准全开纸称为一令，一令纸的重量称为令重。单位为千克／令，同一尺寸的纸张其令重越大，即表示纸张越厚；令重越小即表示纸张越薄。使用"令重"时一定要注明其纸张基本尺寸，由于每种纸的标准全开纸是大小不一，若不加以注明即使令重相同的两类纸，也无法区别其纸张的厚度。另外，基重是以每平方米单一纸张所称得的克数为其计算纸张厚度的基准，单位为：克／米^2；基重与纸张基本尺寸无关，只要基重相同，即表示该同种纸类的厚度是一样。目前国际倾向采用基重为纸张的重量单位。

纸的规格与印刷的关系十分密切。纸的尺寸大小必须与印刷机相匹配。现今我国国家标准规定，新闻纸、印刷纸、书皮纸等的尺寸，平板纸（宽度×长度）为787mm×1092mm，850mm×1168mm，690mm×960mm，880mm×1092mm等。此外，近年来又增加了880mm×1230mm，889mm×1194mm，这是国际通用的平板纸尺寸。但实际印刷使用较多的平板纸尺寸是如下4种：即787mm×1092mm（正

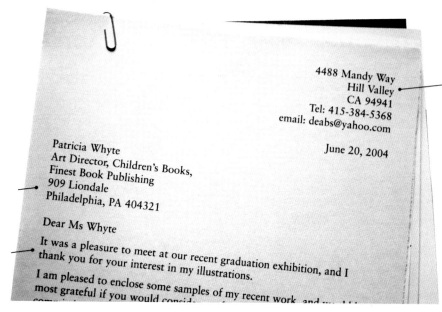

图8-28

度）；850mm×1168mm（大规格）；880mm×1230mm（特规格）；889mm×1194mm（大度）。

二、纸的种类

纸材的种类、尺寸、重量与厚度等规格种类繁杂。对设计新手而言的确会造成许多认识的混乱，以下主要论述的都是目前市面上通用且供应稳定的印刷用纸材。纸张在制作时为了满足各方面的需要，所以市面上的纸张种类繁多，很难将其单独分类。以下就几种常用的纸类加以说明。

1.事务用纸类

事务用纸的价格一般较其他纸类低廉，但质地坚实。具备耐用、耐擦、吸墨性强、抗曲卷性高的特点，其纸面光洁平滑，普遍用于办公室事务，适合影印机、喷墨印表机、镭射印表机的复印、列印等拷贝作业或快速印刷（图8-28）。

2.书写用纸类

书写用纸是属于等级较高的事务用纸类，是事务用纸类中厚度最高，加上其纸浆内含较多百分比的棉质长纤维，所以纸质坚实、安定、耐久而不变质，外观精美，适宜有细腻图文的文件印刷。书写用纸类的表层处理方式多样，有光滑、纹理、粗糙、织纹等，纸色则有纯白、象牙白、灰白等多种选择。擅长于表现典雅、高贵的印刷品气质，是设计师在制作高档书籍、视觉识别系统的事务性用品。书写用纸类常有浮水印记，用以标示纸张之上下（天地）、正反方向，在印刷时标示纸张方向的正确依据。

所有书写纸在生产过程中都受到严格的品质监控，因此具有稳定且优良的品质，很适合精致的印刷。但此类纸有多种表层纹路，有光滑、纹理、粗糙、织纹等，如果高网线数图文层次精致的四色印刷，尽可能选用表面洁滑的纸质。表层具有纹理的纸张在印刷时无可避免地会产生缺陷。如纸经过印刷机的每个单元时，因所需较大的滚筒压力，所以很容易

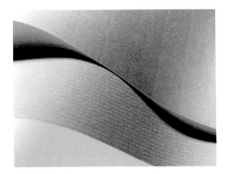

图 8-29

图 8-31

货号	颜色	克重	纸张尺寸（mm）
F911—150	普兰特1.8	80	889×1194
F911—155	普兰特1.8	100	889×1194
F911—126	普兰特1.5	70	889×1194
F911—130	普兰特1.5	80	787×1092
F911—003	普兰特1.5	100	787×1092
F911—165	普兰特1.8	150	889×1194
F912—020 F912—021	纯质纸	115	787×1092 889×1194
F912—025 F912—026	纯质纸	150	787×1092 889×1194
F912—036	纯质纸	200	889×1194
F912—030 F912—031	纯质纸	240	787×1092 889×1194
F910—102 F910—105	林克斯	115	720×1020 889×1194
F910—135	林克斯	150	889×1194
F910—205	林克斯	200	889×1194
F910—212 F910—215	林克斯	240	787×1092 889×1194
F910—302 F910—305	林克斯	300	720×1020 889×1194

图 8-30

产生纸张变形，造成纸张对位不准。织纹纸是以水平与垂直的线纹交叉形成，可以分散过大的滚筒压力，虽不如光滑纸面平顺，而且也具有吸墨特性，但它却不容易产生纸张变形而造成对位不准的缺点。书写纸除了白色外，尚有象牙白、淡灰等其他底色，这些底色多少会干扰油墨色泽，此时可以要求制版公司按你选定的印纸打样预检其色泽。这是设计者须注意的问题（图 8-29）。

3. 模造纸类

模造纸类属于碱性法制成的高级印刷与书写用纸，可保存百年以上，白洁度高且印刷优良清晰，适合印刷书籍杂志、高档印刷品。模造纸类表层纹理与底色和书写纸类同，选择的样式繁多。

三、平版印刷用纸与印书用纸

这两种纸从外观或印刷性质都十分相似。常用的印书用纸全纸为正度（787mm×1092mm）、大度（889mm×1194mm）开本，有足够的图文编排与裁切空间，非常适合印刷书籍。纸纹也有多样选择性，从较粗糙至表面光滑皆有。这种纸张大多是非涂布纸，所以稍微会产生网点扩散现象，并不适合高网线的精度印刷，最佳网线为120线至150线之间，最常用的网线数则是133线（图 8-30）。

平版印刷用纸与印书用纸的价格等级很多，纸张的选择应与印刷方式配合，并非价格越高的印纸一定保证有最佳结果，充分发挥每种纸的特色才是最佳的选择；价格最低的纸专供黑白或单色印刷；套色与网版印刷等适合采用中间价格的纸张；高级的书籍则选用高价格的纸张。印书用纸有各种不同克数的规格，两面均可印刷。克数低的纸适合内文印刷用纸，克数高的纸则适合封面印刷用纸。平版印刷用纸一定是最适合平版印刷，因平版印刷术是利用油与水互相容原理来印刷，因此印纸必须禁得起湿气，且不容易伸缩变形。又因为平版印刷术是间接印刷，对纸张的平滑度要求颇高。大部分的印书用纸都适合平版印刷。

图 8-32

四、非涂布纸类与涂布纸类印刷

非涂布纸类是由化学纸浆与机械纸浆按不同性质需求及不同比例混合填料而制成，纸张表面没有经过涂布处理，其纸张特性与涂布纸张完全不一样，所以

图 8-33

96

在印刷过程中，考虑滚筒压力轻重也不尽相同。最明显的一点就是非涂布纸类需要较长油墨干燥时间，这是因为非涂布纸张表面层较粗糙，因而吸墨量较多，待其干透较费时间。而尚未完全干透的油墨在印另一面纸会粘在压力滚筒上，造成印反面时污染破坏整个画面，这样不但浪费时间也影响整个制作成本。

涂布纸又称铜版纸、单面涂布纸、双面涂布纸等。均具有光亮平滑表面，适合表现鲜艳且层次细腻的印刷效果，常用于精美书籍、画册、日历等印刷。

涂布纸类吸墨速度快，而印刷留下涂布层上的色料，在短短的几分钟内就能够用手触摸而不粘手。因为涂布纸有这样的特性，即它的油墨膜层比非涂布纸需要的油墨膜层更薄，但其色彩表现都更饱满艳丽。由于油墨干燥减少许多等待时间，只要连续几个小时工作就能全部完成。

涂布纸的分级主要是以涂布的分量与压光的程度为依据，可分为四级。特级、高级、一级和二级，等级越高加工越细、价格越高（图8-31）。

整个印刷设计中的纸张选用是一个决定完成品优劣的重要因素，假如纸张选用错误，即使创意再完美，也是一件遗憾的作品。从参与、学习印刷用纸的过程中，以增强自己的知识面，建立良好的审美观念，应本着以人为本的原则从事设计工作。但这并不意味永远都使用低档的纸张，应该针对设计的要求与有限的条件，应用你的专业素养，选用最恰当的用纸，才是真正好的设计者（图8-32、8-33）。

第六节　书籍设计与装订工艺

装订是书籍印刷的最后一道工序。是书籍从配页到上封成形的整体合成过程。书籍在印刷完毕后，仍是半成品，只有将这些半成品用各种不同的方法连接起来，再采用不同的装帧方式，使书籍完成从书页先后顺序整理、连接、缝合、装背、上封面等加工程序。使书籍加工成牢固、美观，易于阅读、便于携带及保存收藏的目的（图8-34～8-36）。

一、东西方书籍的装订形式

我国书籍有着悠久的历史。当我们中华民族的祖先在大量使用竹简、帛书的时候，西方一些国家还在用泥砖、纸草和羊皮写字记录。直至我国发明了造纸术并通过阿拉伯国家传入欧洲为止。中国最早纸书的形式跟帛书一样是卷轴装，一部书有许多卷，外面用麻布或绸布包起来，每五卷或十卷包在一起叫做一"帙"。

卷轴装书，由三个主要部分组成，即卷、轴、带。以纸或缣帛作成的"卷"；用旋转便利舒卷的木质"轴"，两端以各种材料的轴头，是保护卷免于破裂。卷装纸书流行不久，由于阅读不方便，于是慢慢发展成了折本和旋风装的形式。它是把一张长方形的纸由左右折叠，再在其两面加上一块硬纸作为封面、封底。旋风装与经折装不同之处是将前后的封面、封底连成一张纸，使其首尾相连宛如旋风状，因此取名旋风装。但后来又发现这两种形式在翻动的时候容易产生拉破、撕裂的缺点，便把每页纸反折过来，将折粘贴在背纸上，就如蝴蝶伸开两只翅膀一样，这种装订形式的书籍叫蝴蝶装。是我国宋代非常盛行的一种形式。蝴蝶装虽然改进了翻书的缺点，但因书页反折而形成中间两页是空白影响阅读的连接性。于是人们便把书页背对背地折起来，用一张纸包住书背而

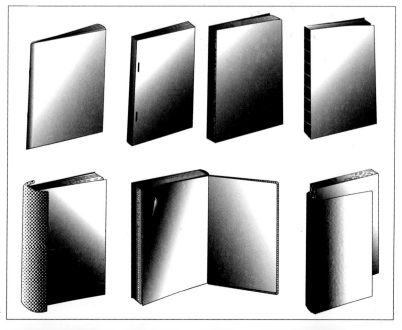

图8-34

图 8-35

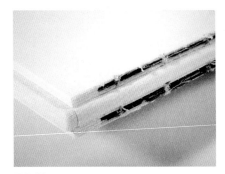

图 8-36

图 8-37

成包背装。但包背装存在着书页不牢固、费事的缺点。后来，把包背装的整张封面接前后两个单张封面、封底连同书芯一起打孔穿线装订成册。至此，中国书籍形式经过一段漫长的发展轨迹终于形成了册页的中式书籍形式。

我国书籍的册页装直到明朝中叶才完善起来，线装书的出现在我国书籍发展史上具有重大的意义。它是最早将书

图 8-38

成册形成订口，用丝或麻线穿连成册，再用织物把木板或厚纸板包成硬质函套，用骨签将函锁住，从而形成精美的古籍线装书。时至今日，有些珍本书、古籍影印本及一些富有传统创意书籍的出版，仍在采用线装书的装订形式。

另外一条图书形式发展的轨迹又称西式书的装订形式。那是一百多年前，西方的印刷机传入我国之后，西式书籍的形式也渐渐成为我国书籍装订的主要形式。它分为平装书和精装书两种。

1.平装书

平装书为通常读本，其书芯外有一裹背的封面。由于生产工艺的逐步改进和消费水平的提高，对待平装书的看法也有改变。早年的"平装书"以"平订"、"骑马订"的方法装书，并以此为辨别的依据。这两种装订方法用的材料都是铁丝，容易生锈，影响书籍的美观与牢固，因此又有用线缝的。骑马订只能是薄薄的小册子，平订书的厚度也有一定的限制，并且不容易打开摊平，不便于阅读。

现在，人们观念中的"平装书"，即凡不是硬壳封面的书都是平装书。即使是"索线订"、"无线订"，封面加"勒口"，书内加"环衬"的书（"简精装"书），也都视为平装书（图 8-37）。

2.精装书

精装书是与平装书相对而言的，凡是书芯外有硬壳，封面带有顶头布的书都称为"精装书"。精装书的灵活性很大，有的硬封外加彩印的"护封"，有的还加上"腰带"、"书签带"，高档书还会加上"封套"。精装书的用料也较平装书讲究：用各种质地、肌理纸做精装书面料的称为"纸面精装"；用各种质地的纺织品做面料的称为"全织物精装"；如果书脊用织物或皮革，封面、封底用纸作面料，称之为"纸面布（皮）脊"，也称"半精装"；而供作礼品的"豪华本"、供收藏用的"特装本"，封面用料往往是锦缎或皮革。很多精装书还用电化铝、金分为四眼订、骑线订、太和式订、六眼坚角线订、龟甲式订、麻页订等（图 8-38）。

二、装订工艺方式与种类

为了适应各种书籍不同的装帧要求，因此设计者必须先对装订方法有一定的了解，才能在封面设计及内页编排上作出合理的选择。常见的书籍装订方法为：索线胶订、骑马订、活页订、册页订及中国传统书籍装订方法线装等。

1.索线胶订

每帖书页中缝处穿线连接，把书帖按顺序连接成册，再将书芯与书背打毛施胶粘订。这种装订坚固耐用，书页不容易散落，便于翻开。一般常用于精装、平装及多页书籍的书芯装订（图8-39）。

2.骑马订

骑马订是用于书芯页折叠的中缝处，用金属铁丝订合成册。骑马订的书无书背。常用于薄的书籍装订。

3.活页订

活页订是用于书页装订处打孔，用胶夹、胶圈、爪订、丝带等合成册的，活页订常用于手册、挂历及活动性较强的印刷物装订。书籍偶尔可见（图8-40~8-42）。

4.册页订

册页订是把册页装为单页散装，再将印页裁切一致，按顺序排齐，外加包封即成。常用于小页大开本的画辑、教学范本及挂图（图8-43）。

5.线装

线装是中国传统书籍装订方法。线装的装订方法是打眼穿线订，但穿线形式有所不同。由于订线完全暴露在封面上，因此非常讲究形式美。这些形式的装订方法牢固，具有浓厚的传统特色。常用于古典著作、仿古书籍及书画册等。它根据打孔的位置不同，穿线的形式可分为

图8-40

图8-39

图8-41

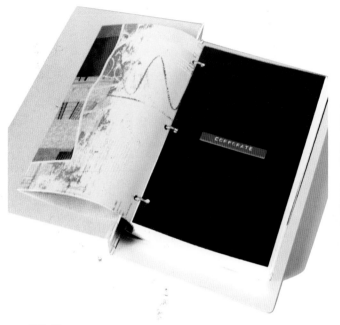

图 8-42

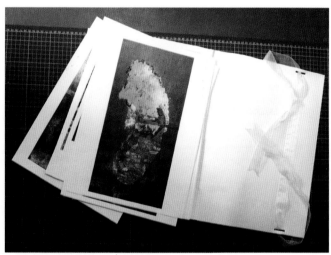

图 8-43

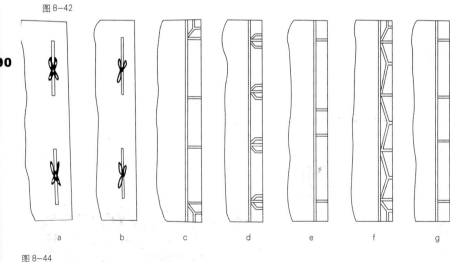

图 8-44

a　　b　　c　　d　　e　　f　　g

图 8-45

四眼订、骑线订、太和式订、六眼坚角线订、龟甲式订、麻页订等（图 8-44、8-45）。

三、组版与装订

1.组版

把已完成的每一页依印刷机的大小、纸张尺寸、装订方式、印刷方式等，拼贴成一张含于印刷尺寸的大印刷底片，以利制版、印刷、加工等后续工作称为组版。

设计者为了预先掌握每一页的正确落版位置，会先折叠缩小比例的纸张，再由上而下填写页码，摊开全纸就可知落版情形，我们称此缩小比例的纸张为"落版样本"。了解组版有助于决定不同的颜色页的分配，如一份 16 开画册，部分需要颜色，而另一部分需要单色黑白印刷，则可把四色印刷的页安排在印纸的同一面，需单色印刷的页安排在印纸的另一面，这样就可以减少许多成本与时间的浪费。如有些书籍的图片和文字

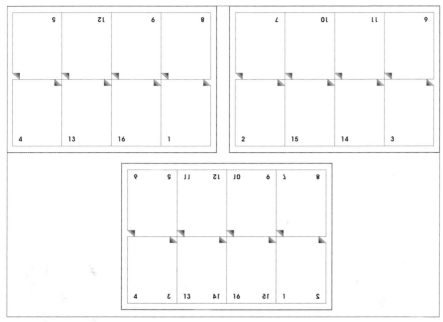

图 8-46

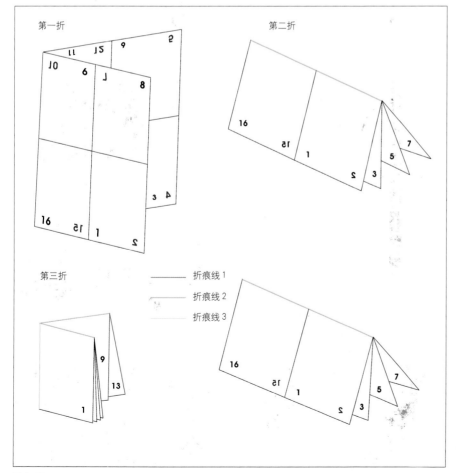

图 8-47

是公开的，或是某些页数要套色而其他页数不套色，在编辑设计时又如何分辨套色是哪几页，而不套色又是哪几页，这时，只要借助组版单即可分辨了（图 8-46、8-47）。

2.配帖

将一张纸经折页后成一帖。各种书籍，除单帖成册外，都必须经过配帖的过程才能成册。配帖方式有套帖式及配帖式两种：

套帖式——是将一个书帖按页码顺序套在另一个书帖上成为一册书芯，最后把书芯的封面底套在书芯的最外面，供订册成书。常用骑马订方式装订成册。

配帖式——是将各个书帖，按页码顺序一帖一帖地叠加在一起，成一册书籍的书芯，供订本后再包封面、底。这种方式常用于各种平装书籍、精装书籍粘订成册（图 8-48）。

书籍的装订还有许多附加部分，如书签带、腰带、护封、函套等。而这些附加部分是被看做保护书籍；提高书籍的档次的一种重要装订手段（图 8-49）。

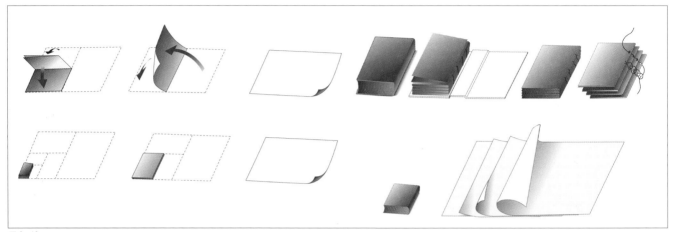

图 8-48

图 8-49

第七节　书籍的材质美感

　　随着科技的发展进步、大众文化生活水平的提高，读者不但要求出版品种多、内容新的好书，而且在书籍的装帧形式与工艺材质加工方面要求也更高。

　　熟悉材质的用途，了解材质的特性，学会选择和使用最为合理的质料，结合形成审美趣味，在今后的书籍装帧艺术的学习与创作过程中提高我们的设计质量，从而提高我们的生活质量。

　　书籍的函套、封面都是通过各种不同的精致造型加工而成的，特别是书籍封面的表面材料，选用了织品、皮革、涂塑料等粘制后，再用不同质地和颜色的烫印材料烫上各种文字、花纹图案等加以装饰，更显美观大方，富有艺术感，使书籍不仅

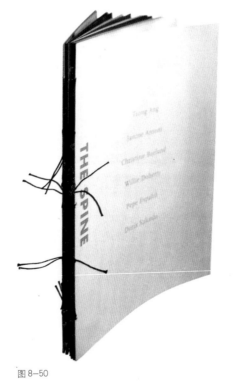

图 8-50

图 8-51

图 8-52

图 8-53

图 8-54

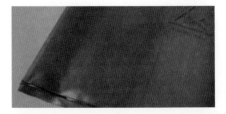

图 8-55

图 8-35

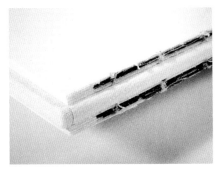

图 8-36

图 8-37

成包背装。但包背装存在着书页不牢固、费事的缺点。后来，把包背装的整张封面接前后两个单张封面、封底连同书芯一起打孔穿线装订成册。至此，中国书籍形式经过一段漫长的发展轨迹终于形成了册页的中式书籍形式。

我国书籍的册页装直到明朝中叶才完善起来，线装书的出现在我国书籍发展史上具有重大的意义。它是最早将书

图 8-38

成册形成订口，用丝或麻线穿连成册，再用织物把木板或厚纸板包成硬质函套，用骨签将函锁住，从而形成精美的古籍线装书。时至今日，有些珍本书、古籍影印本及一些富有传统创意书籍的出版，仍在采用线装书的装订形式。

另外一条图书形式发展的轨迹又称西式书的装订形式。那是一百多年前，西方的印刷机传入我国之后，西式书籍的形式也渐渐成为我国书籍装订的主要形式。它分为平装书和精装书两种。

1.平装书

平装书为通常读本，其书芯外有一裹背的封面。由于生产工艺的逐步改进和消费水平的提高，对待平装书的看法也有改变。早年的"平装书"以"平订"、"骑马订"的方法装书，并以此为辨别的依据。这两种装订方法用的材料都是铁丝，容易生锈，影响书籍的美观与牢固，因此又有用线缝的。骑马订只能是薄薄的小册子，平订书的厚度也有一定的限制，并且不容易打开摊平，不便于阅读。

现在，人们观念中的"平装书"，即凡不是硬壳封面的书都是平装书。即使是"索线订"、"无线订"，封面加"勒口"，书内加"环衬"的书（"简精装"书），也都视为平装书（图 8-37）。

2.精装书

精装书是与平装书相对而言的，凡是书芯外有硬壳，封面带有顶头布的书都称为"精装书"。精装书的灵活性很大，有的硬封外加彩印的"护封"，有的还加上"腰带"、"书签带"，高档书还会加上"封套"。精装书的用料也较平装书讲究：用各种质地、肌理纸做精装书面料的称为"纸面精装"；用各种质地的纺织品做面料的称为"全织物精装"；如果书脊用织物或皮革，封面、封底用纸面料，称之为"纸面布（皮）脊"，也称"半精装"；而供作礼品的"豪华本"、供收藏用的"特装本"，封面用料往往是锦缎或皮革。很多精装书还采用电化铝、金分为四眼订、骑线订、太和式订、六眼坚角线订、龟甲式订、麻页订等（图 8-38）。

097

在印刷过程中，考虑滚筒压力轻重也不尽相同。最明显的一点就是非涂布纸类需要较长油墨干燥时间，这是因为非涂布纸张表面层较粗糙，因而吸墨量较多，待其干透较费时间。而尚未完全干透的油墨在印另一面纸会粘在压力滚筒上，造成印反面时污染破坏整个画面，这样不但浪费时间也影响整个制作成本。

涂布纸又称铜版纸、单面涂布纸、双面涂布纸等，均具有光亮平滑表面，适合表现鲜艳且层次细腻的印刷效果，常用于精美书籍、画册、日历等印刷。

涂布纸类吸墨速度快，而印刷留下涂布层上的色料，在短短的几分钟内就能够用手触摸而不粘手。因为涂布纸有这样的特性，即它的油墨膜层比非涂布纸需要的油墨膜层更薄，但其色彩表现都更饱满艳丽。由于油墨干燥减少许多等待时间，只要连续几个小时工作就能全部完成。

涂布纸的分级主要是以涂布的分量与压光的程度为依据，可分为四级。特级、高级、一级和二级，等级越高加工越细、价格越高（图8-31）。

整个印刷设计中的纸张选用是一个决定完成品优劣的重要因素，假如纸张选用错误，即使创意再完美，也是一件遗憾的作品。从参与、学习印刷用纸的过程中，以增强自己的知识面，建立良好的审美观念，应本着以人为本的原则从事设计工作。但这并不意味永远都使用低档的纸张，应该针对设计的要求与有限的条件，应用你的专业素养，选用最恰当的用纸，才是真正好的设计者（图8-32、8-33）。

第六节　书籍设计与装订工艺

装订是书籍印刷的最后一道工序。是书籍从配页到上封成形的整体合成过程。书籍在印刷完毕后，仍是半成品，只有将这些半成品用各种不同的方法连接起来，再采用不同的装帧方式，使书籍完成从书页先后顺序整理、连接、缝合、装背、上封面等加工程序。使书籍加工成牢固、美观，易于阅读、便于携带及保存收藏的目的（图8-34～8-36）。

一、东西方书籍的装订形式

我国书籍有着悠久的历史。当我们中华民族的祖先在大量使用竹简、帛书的时候，西方一些国家还在用泥砖、纸草和羊皮写字记录。直至我国发明了造纸术并通过阿拉伯国家传入欧洲为止。中国最早纸书的形式跟帛书一样是卷轴装，一部书有许多卷，外面用麻布或绸布包起来，每五卷或十卷包在一起叫做一"帙"。

卷轴装书，由三个主要部分组成，即卷、轴、带。以纸或缣帛作成的"卷"；用旋转便利舒卷的木质"轴"，两端以各种材料的轴头，是保护卷免于破裂。卷装纸书流行不久，由于阅读不方便，于是慢慢发展成了折本和旋风装的形式。它是把一张长方形的纸由左右折叠，再在其两面加上一块硬纸作为封面、封底。旋风装与经折装不同之处是将前后的封面、封底连成一张纸，使其首尾相连宛如旋风状，因此取名旋风装。但后来又发现这两种形式在翻动的时候容易产生拉破、撕裂的缺点，便把每页纸反折过来，将折粘贴在背纸上，就如蝴蝶伸开两只翅膀一样，这种装订形式的书籍叫蝴蝶装。是我国宋代非常盛行的一种形式。蝴蝶装虽然改进了翻书的缺点，但因书页反折而形成中间两页是空白影响阅读的连接性。于是人们便把书页背对背地折起来，用一张纸包住书背而

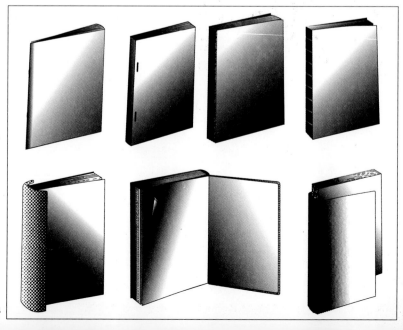

图8-34

仅是具有阅读功能的物品，而且可以独立成为一种艺术品而存在。

书籍装帧在材质运用方面涉及的材料主要是订联材料、书芯装帧材料、函套、书封装帧材料。

一、订联材料

订联材料主要是锁书用线。书芯用连接线要根据书芯的帖数、厚度、纸质、品级等进行选用，不能随便乱用，以免造成装帧后效果不佳。常用的连接线大致有棉线、化学纤维、丝线、热熔线。以上连接线除丝线因材料来源困难，价格较贵而极少用外，其他都是比较常用的订联材料（图8—50）。

二、书芯装帧材料

书芯采用的装饰材料多为半成品书芯脊背用料，其主要作用是牢固书芯，装饰书籍外观。其种类主要有书背布（纱布）、书背纸张（牛皮纸或胶版纸）、堵头布与丝绳带、硬衬纸板、筒子纸（图8—51）。

三、函套、书封装帧材料

函套、书封装帧材料主要由三部分组成：纸板、表面软质材料、表面金属硬质材料、烫印材料、黏合材料。

1. 纸板——每平方米重量在250克以上的纸制品称为纸板。纸板制作是由数层纤维膜经压合制成，是函套、书封的主要材料之一。常用精装书纸板的厚度为1.5mm～2.5mm，也有用1mm或3mm。主要种类有草纸板、灰纸板、灰白纸板、黄纸板、纤维纸板等（图8—52）。

2. 表面软质材料——软质材料指粘裱在纸板上的软质封面材料。它包括织品、皮革、漆布、漆纸、塑涂纸、塑料等多种。织品作为封面材料，是我国书籍加工使用最早、最广泛的一种装帧材料。早在一千多年前当出现丝绸后，就有绵帛，随着科技的发展，材料种类不断增多，函套、封面的使用种类也在不断变革、改进。常用的织品面料有棉布、丝绸、化学纤维、涂布封面布料、涂漆纸料等（图8—53～8—55）。

3. 表面金属硬质材料——金属硬质材料指通过螺钉固定、焊锡焊接加热变软等方法制作的函套、封面材料。它包括木材、金属板、塑料面料、陶瓷等。木材比金属和塑料的质地轻，加工容易，便于组装，是书籍函套、封面装帧较常见的材质。金属形态多样，线形、网状、板材非常丰富，但日常生活中较难加工。如果有工具，就变得较为简单。像铝板可以用螺钉固定，铜材料可以焊锡焊接。但这种装法不但需要运用好材料，且加工复杂、难度大，一般都需要手工制作完成。因而价格昂贵，不宜大量制作（图8—56～8—59）。

图8—56

图8—57

图8—58

图8-59

图8-60

图8-61

图8-62

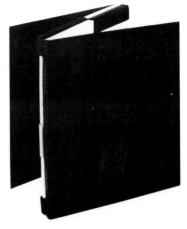

图8-63

4.烫印材料——指在封面上用加热、加压方法烫印各种图形、文字的材料。它包括电化铝箔、色箔、色片、金属箔类等。

5.黏合材料——书籍所用黏合剂的原材料来源较广，主要从动物、植物及人工合成而得，随着人工合成黏剂发展和使用，给材质黏合加工带来很多方便。常用的黏合材料有动物类胶剂中的骨胶、明胶、鱼胶；天然树脂类黏合剂的虫胶、松香；合成树脂类的乳白胶、聚乙烯醇等。

工艺材质设计在书籍的装帧中占有很重要的地位，尤其是书的封面、函套设计，要根据以下三个原则决定其材质选择（图8-60～8-63）。

1.书籍的使用价值与保存价值及档次。

2.书籍的内容，即根据内容选定设计方案及材质的品种。

3.出版、设计者的方案要符合工艺加工的可能性要求。

以上三个原则运用不好，书籍的材质表现就不可能达到理想的效果，而往往是想得好，做不出来。因此一本书籍装帧的成败，从设计、出版、材质到后期加工，是一个整体，任何一方面的疏忽都不可能是一件成功的作品。

中國高等院校

THE CHINESE UNIVERSITY

21世纪高等教育美术专业教材

The Art Material for Higher Education of Twenty-first Century

CHAPTER 9

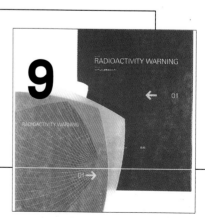

精 美 的 书 籍

图 库

第九章　精美的书籍图库

近年来,随着科技的日新月异,中外书籍装帧的材料发展很快,一些传统材料已被很多新型材料所取代,使书籍装帧水平有了很大提高。世界书籍艺术的发展源远流长,并以各自独有的风格并存。已涌现出不少有成就的装帧艺术家,创作出不少出类拔萃的好作品。如代表欧美的英国、法国、美国等。代表东方的日本、中国、印度等一些亚洲国家。现本人把一些收集的国内外书籍装帧作品通过最美的书籍图库介绍给大家。

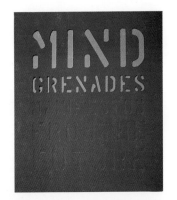

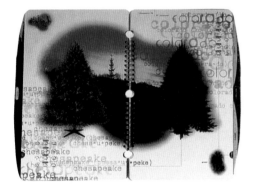

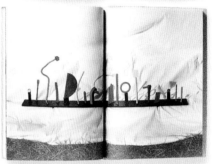

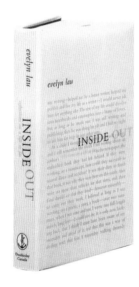

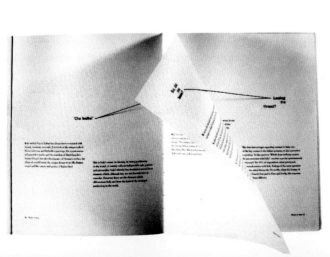

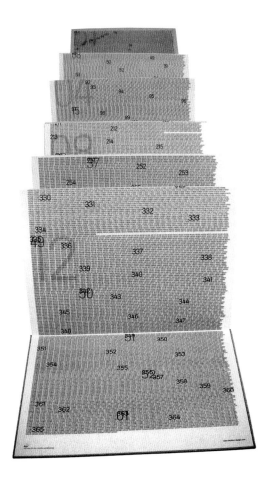

Until quite recently one often heard it stated that design should be "anonymous." Not knowing who had created a design was said to be a virtue, a sign that the design was doing its job. Design was functional and practical; its role was to convey a message, or to give you something to sit on. Humble items such as the paperclip, which seemed to have existed forever, were praised as quintessential examples of design. Of course, there were always a few designers who became famous. Some, like Raymond Loewy, actively courted fame and became familiar public figures, with their faces became internationally famous within the design profession. But most people working in design paid lip service to the idea of anonymity, most were anonymous themselves and for tens of thousands of designers this continues to be the case. In the last twenty years, though, design has changed. A class of design stars has emerged and for anyone going into design now it must be clear that fame is an achievable goal. There are various reasons why this has happened. In broader terms, it corresponds to deep changes within the culture. Andy Warhol's prediction that in the future everyone would be famous for fifteen minutes has come to pass. In the new celebrity culture, you can be famous for being famous, with no real achievements to your name. Docusoaps and game shows take ordinary members of the public and turn them into national figures. Tabloid newspapers spin endless stories about the activities of this new celebrity class. In such a climate, the idea that designers – a group with no lack of ego – would dedicate themselves to a life of unassuming anonymity is absurd. Moreover, design's support and promotional system is much more developed now.

Countries such as Britain, the USA, Germany, and Japan have always published stylish design magazines. These days, from Mexico to Russia, from China to the Czech Republic, many countries have their own specialist publications, which glorify the works of the same roving band of transnational design stars. Lecture invitations, conference appearances, and exhibitions add to this group's growing prestige. Ten years ago, only the most stellar and durable design figures would find themselves lauded in career monographs, which design book publishers regarded as commercially risky ventures. Today, publishers compete with each other to sign deals and publish lavish, celebratory tomes. None of this would be happening, if there wasn't a huge appetite within the design profession, particularly among younger designers, to admire, learn about, and learn from its inspirational figures.

At the same time, there is a growing interest outside the design world in the people who shape our visual reality. Three-dimensional designers are the usual beneficiaries of this attention, but occasionally a graphic designer – Neville Brody, Tibor Kalman, David Carson – achieves wider renown. Stefan Sagmeister belongs to this new international class of famous designers. He wears the acclaim lightly, but he seeks it nonetheless. On the title page of his own monograph, Sagmeister: Made You Look, published in 2001, there is an inscription in his own handwriting that reads "Another self-indulgent design monograph." This is winning and disarming, but if he really felt the book was unacceptably self-indulgent, why would he publish it? Clearly, he doesn't actually think this. The inscription continues, in parenthesis, underneath: "(Practically everything we have ever designed in-

16

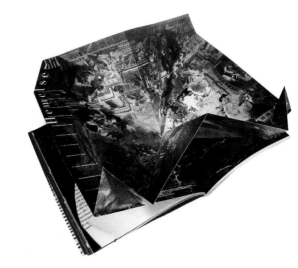

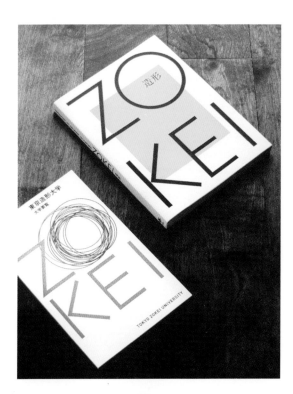

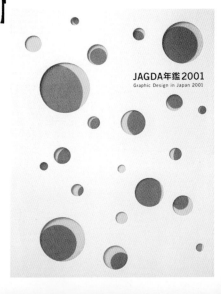

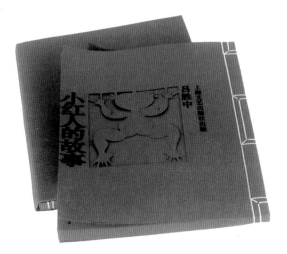

入社案内vol.3　4beat
1997　入社案内
日本衛星放送　放送事業
【W105×H148　72p】

Agency：リクルート　DF：リクルート　CD：別府博文
AD：内村健一　D：磯貝ともみ　内村健一　PH：矢野正
CW：佐藤康生、塩畑泰男　Printed by：北斗社

参考书目

《中国古代书籍史话》　任继愈主编　商务印书馆　1996年

《欧洲古籍艺术》　杨志麟主编　湖北美术出版社　2001年

《书籍装帧设计教程》　张进贤著　辽宁教育出版社

《书籍装帧》　邓中和著　中国青年出版社

《印刷概论》　万晓霞　邹毓俊编著　化学工业出版社　2001年

《现代书刊报设计便览》　江红辉主编　教育科学出版社

《印刷媒体技术手册》　赫尔穆特·基普汉著　谢普南　王强主译　世界图书出版公司

《印刷设计色彩管理》　Rick Suther Land Barb Kary 原著　陈宽祐译　视觉文化

《平面设计手册》钟锦荣编著　岭南美术出版社